チョコレートの真実

キャロル・オフ著
北村陽子訳

英治出版

BITTER CHOCOLATE

Investigating the Dark Side of the World's Most Seductive Sweet

by

Carol Off

Japanese translation published by arrangement with
Random House of Canada, a division of
Random House of Canada Limited
through The English Agency (Japan) Ltd.

チョコレートの真実

目次

シニコッソンの子供たちに。
そして彼らについて命をかけて真実を追い
求めた、ギー-アンドレ・キーフェルに。

BITTER CHOCOLATE

＊訳注は本文中に〔……〕として記した。

＊通貨については一ユーロ＝六五六ＣＦＡフラン（固定）、一ユーロ＝一六二円（二〇〇七年五月末現在）で換算。なお、ＣＦＡフラン（セーファーフラン）は西部・中部アフリカの旧フランス植民地の各国で用いられている通貨。

序章

善と悪が交錯する場所

夢の中で私は、チョコレートを夢中で頬ばり、チョコレートの中に寝転がります。少しもごつごつしていないのです。むしろ人の肌のように柔らかで、まるで無数の小さな口が小刻みに休みなく動いて、私の体をむさぼっていくようです。このまま優しく食べ尽くされてしまいたい。それはこれまで味わったこともない、誘惑の極致です。

——ジョアン・ハリス『ショコラ』

コートジボワール最大の都市アビジャンから延びる幹線道路は、地図には二車線の道路と記されている。しかし市街を離れるとすぐ、車一台やっと通れるほどの幅しかないでこぼこ道になってしまった。絡まった蔓や低木が両側から迫り、トンネルのようにうっそうとしている所を通り抜けていく。ここでは雨が絶えない。むっとする霧から激しい雷雨、そしてまた霧へと変わる果てしないサイクル。ジャングルが目の前で生い茂っていくのが見えるようだ。

今回の探検旅行の車を走らせているのは、コフィ・ブノワ。コートジボワール人。沈着冷静な彼に私は絶対の信頼を寄せている。同乗しているアンジュ・アボアは、「ラ・ブルス（奥地）」の案内役をしてくれる。熱帯雨林地帯のことを彼はフランス語でそう呼んでいる。アンジュはロイター通信の記者で、混沌としたアフリカビジネス界の暗部の解明に努めている。

アビジャンから西へ向かうと、リベリアとの国境まで数百キロにわたって熱帯林と辺境の農園地帯が広がる。これから私たちはその奥深く入り込んでいく。目的は、コートジボワールの最も価値ある商品作物、カカオについて真実を探ることだ。

同行の二人は奥地の事情に通じているとはいえ、よそ者にすぎない。ここの人々は自分の氏族の人間しか信用しない。歴史と風土の壁を越えてこの国の深奥を探るには、地元の住人の助けが要る。

小さな村で、ノエル・カボラという人物と落ち合った。ノエルはベテランの仲買人《ピストゥール》だ。毎日、細い小道をたどって農園を回り、袋詰めのカカオ豆を集荷している。私たちはブノワのルノー車を降りてノエルのおんぼろトラックに乗り込み、道路を離れて熱帯林の奥へと分け入る。アンジュは荷台に陣取って、地元の人たちと話し込んでいる。私はノエルの隣に座る。ブノワは残り、できたばかりの知り合いとお茶でも飲むと言う。

世界のカカオの半分近くが、この高湿な西アフリカの熱帯雨林から来ている。ここを出たカカオはやがて、世界のチョコレート・ファンの食生活を彩り、心を潤すお菓子に生まれ変わる。ボンボン、トリュフ、ココア、クッキー、ケーキ、チョコレートパフェ、そしておなじみの板チョコ。バレンタインデーには、この甘い粒に寄せて「アイ・ラブ・ユー」のメッセージが伝わることになっている。「メリークリスマス」や「ハッピーバースデー」にもなるし、ハロウィーンには子供たちに配られるお菓子に、復活祭には卵をかたどったイースターエッグにもなる。こうした行事を彩り、私たちの胃袋におさまるまでの長い旅が、このうだるような熱帯から始まっている。しかし、先進国で大切にされるそんなセレモニーの晴れやかな場面から、ここほど遠く隔たっている所はない。深緑色のコートジボワールの森の中、悪路を行きながら、私はそう感じる。

ノエルが指差す先に、カカオの木立がある。丈の高いバナナやマンゴー、ヤシの木の陰に隠れるような格好だ。エキゾチックな緑や黄色や赤のカカオの実（カカオポッド）。その二〇センチほどの楕円形の実が、今にも落ちそうに、すべすべした幹から下がっている。これが学名テオブロマ・カカオ、「神々の食べ物」という名をもつカカオの木だ。

熟した実をナタで切り落とし、割って中の宝物を取り出す。パルプと呼ばれる淡黄色の果肉に包まれて、くすんだ紫色をした、アーモンド大の種が数十個ある。向こうを見ると、バナナの葉を敷いた台の上に、取り出した種を果肉ごと積み上げてある。そうやって数日間、湿気と熱気の中で発酵させると、驚くべき錬金術が行われる。熱帯の強い日差しにさらされるうちに、果肉から甘くとろりとした液が浸み出し、種がその中に浸る。強烈な匂いを発しながら、微生物が働き出す。これが何の変哲もない豆を魔法のように、世界で最も魅惑的なお菓子に欠かせない原料に変えるのだ。

異臭の中で五、六日発酵させた後、台に広げて乾燥させる。さじ加減の難しい、こうした手作業の積み重ねとチョコレート製造技術のおかげで、有史以来、世界で何百万人もの人間がチョコレートのとりこになってきた。子供たちはお小遣いを握りしめて一かけらのチョコレートを買いに行き、女性たちの中にはセックスより上等のチョコレートの方がいいという人もいる。昨今の科学は、コレステロールを下げるとか、性欲を増進するとか、チョコレートの健康上の効能を数え上げる。

チョコレートは、誘惑そのものだ。わけもなくやみつきになる。だからこそ巨額の貿易が、そして一つの産業が成り立っている。この産業は飽くことを知らないかのように原料を求める。業界を支配する大企業の命運は、遠い西アフリカの農園と、そこで手間暇かけて発酵・乾燥されたカカオ豆を集荷するため日々熱帯林の道なき道を行く仲買人たちにかかっている。

時にはすっかり消えてしまったかと思うような心もとない道を、ノエルは事もなげにたどっていく。途中であちこちの丘の上に、日差しを求めるカカオ農園があるのを教えてくれる。彼はそれぞれのカカオ豆の品質に一家言を持っている。発酵も乾燥も申し分なしとお墨付きをもらえる農園もあれば、いつも出来が悪いと厳しい評価を受ける所もある。時折、一部屋だけの学校や小さな礼拝堂が見える。その周りを囲む、みすぼらしい泥壁の家に、「神々の食べ物」を育てる農民が住んでいる。

この地域が世界市場向けのカカオの生産地になったのは比較的最近で、一九七〇～八〇年代のことだ。コートジボワールの建国の父、フェリックス・ウーフェ‐ボワニ（一九〇五～九三。一九六〇年の独立時から死去まで大統領を務めた）。慈悲深い独裁者ウーフェは、この肥沃な農地から黄金にも匹敵する作物がとれることに気がついた。彼は、フランスから独立を勝ち取ったばかりの国を、西アフリカ経済の原動力にしたかった。ジャングルをエデンの園に変え、国民が自らの労働の成果を享受できるようにすると六〇年代に表明。この建国のビジョンは軌道に乗り、しばらくの間コートジボワールは、アフリカで最も安定し、繁栄を謳歌する国になった。それを可能にしたのは何よりも世界市場へのカカオの供給だった。――しかし、今では何もかも様変わりした。

「親父さん《ル・ヴィユ》」、コートジボワールの人々に敬愛の念をこめてこう呼ばれるウーフェは、絶対的指導者だった。一九九三年の彼の死後、権力は、志のより低く、欲のより深い人間たちの手に移った。以来、コートジボワールは混乱と暴力の渦に陥った。特にカカオ農園の所有権をめぐって欲望が渦巻き、たびたびの停戦にもかかわらず、戦闘状態が続いている。楽園は煉獄か、時には地獄の様相を呈するようになった。コートジボワールの農地が生み出す莫大な富の支配権を、軍隊や民兵組織が争っている。カカオ生産に関わる者はいつも攻撃の危険にさらされている。

　農園を回り、カカオ豆の詰まった麻袋を集荷しながら、ノエル・カボラは用心を怠らない。カカオ豆はギニア湾の港から工場へ出荷され、最終的には北アメリカやヨーロッパのお菓子売り場に並ぶ。戦闘の脅威はあるものの、各所にカカオ豆の袋が山と積まれ、ノエルを待ち受けている。結局、戦争で商業活動が妨げられることはない。ここでは誰にとってもカカオが経済的な頼みの綱だ。兵士たちの給料はカカオの利益で賄われており、流通を妨げてはならないことくらい、彼らもわかっている。とはいえ、武装した民兵が至る所で金を脅し取ることはなくならない。「特別通行料」を要求する検問にあちこちでひっかかる。金を受け取るのは、安物のヤシ酒の匂いをさせた武装民兵だ。彼らは私のような外国人への軽蔑を隠そうともしない。だが、ノエルも毎日彼らの蔑視にあっていると言う。隣国ブルキナファソから来た彼は、差別とゆすりの標的にされることが多いのだ。

私たちのおんぼろトラックは唸りをあげて急な坂を上っていく。すり減ったタイヤを空回りさせながら赤土のぬかるみを抜け、やっと上りきった。着いたのは、ノエルと同じブルキナファソ出身の農民による共同農園だ。村の名前シニコッソンは、コートジボワールの公用語であるフランス語に訳せば「明日のために」という意味だという。現実は、何もかもその日暮らしで、明日に残せるものなどほとんどない。トウモロコシ、キャッサバ〔根茎がタピオカの原料となる〕、食糧としてバナナも植えているが、中心は国際市場向けカカオの生産だ。カカオを売った金で米と油を買うと、たいていあとは何も残らない。

村は孤立し、私が見た中でも地域で最貧層に属する。みな疲労の色が濃く、満足には食べていないようだが、少なくとも当面は、周辺を荒らしまわる暴力からは免れている。最後の検問で見た酔っ払いの兵士たちは、村を襲って金を脅し取ろうにも、ここまで坂道を上ってこられなかったらしい。

遠い国からの訪問者の到着は、シニコッソンでは大事件だ。たちまち村の中央にある家の屋根付きベランダは人でいっぱいになる。男性と少年たちばかりだ。奥のほうに女性と少女たちの姿も何人か見える。彼女たちはおそらく米とトウモロコシで質素な食事の支度をしているのだが、こちらの話を聞き逃すまいとしているようだ。

年寄りたちはニュースを待ちかねている。戦争はどうなった？　政府の公約通り選挙はあるのか？　フランスの平和維持部隊の増派はあるのか？――村々を襲撃から守るために平和維持部隊はすでに派遣されているが、大して役に立っていない。

年寄りたちの話によれば、ここに村を開いたのは一九八〇年だという。初めは地主に雇われて働き、やがて収穫共有協定によって自分たちの農園を持った。当時、未開墾の肥沃な土地が広がっていたが、労働力はきわめて少なかった。そこで「親父さん」は、隣国ブルキナファソとマリのやせた土地から貧しい農民を数千人も移住させ、奇跡の経済成長の原動力にした。彼らは喜んでやってきたのだが、今、立場は弱い。ブルキナファソ出身の彼らは、二〇年以上も農園を営んできた土地に対して、法的な権利を誰からも得ていない。土地所有権を裏づける証書も書類もない。もちろん土地は自分たちのものだと彼らは思っている。道義的には確かにその通りだ。しかし彼らの将来は、ウーフェ存命中に交わされた口約束や握手のあやふやな記憶にかかっている。今までこの土地の所有権が争われたことはないが、そうなるのは時間の問題だ。

村の生計を支えているのは「神々の食べ物」だが、ここは楽園とは程遠い。学校に行っている子供は一人もいないし、電気、電話、診療所や病院といった公共サービスはまったくない。銃を振り回す民兵がのさばる一帯で、この丘の上は何とか生活が営まれているというだけだ。それでも、彼らはここに満足しているように見える。これほどの問題を抱えながらも、旱魃《かんばつ》に見舞われた祖国にいるよりはよかったという。祖国は慢性的な飢餓状態なのだ。

私は、カカオについて本を書こうとしていることを説明した。皆そろってうなずく。カカオについてなら、彼らには豊富な知識がある。カカオ豆の品質、気まぐれな雨、当てにならない収穫、農薬の値段、病害の脅威、乱高下する価格、法外な税金。この地域でカカオを育てる苦労なら、知らないことはない。

「もしもカカオを栽培できなくなったとしたら、どうされますか?」と聞くと、

「おしまいだよ」と誰かが答え、皆の顔が曇る。

「カカオはここの皆の命ですから」と村長のマハマド・サワダゴが言った。マハマドは五四歳だというが、ずっと老けて見える。三人の妻と一一人の子持ちだ。

「ここのカカオはどこへ行くのですか?」とアンジュが聞く。戸惑ったような沈黙が広がり、皆がマハマドを見る。

「サンペドロの港です」とマハマド。彼の言葉には重みがある。「その後、欧米諸国へ行きます」

皆うなずく。

「欧米では、カカオ豆をどうするのですか?」

再び沈黙、皆の視線がマハマドに集まる。しかし今回は彼も困ったようだ。「知りません」

何かを作るのは確かだが、何を作るのかは知らないと言う。

「チョコレートを作るのです」と私は説明した。「食べたことがありますか?」

遠出をしたとき食べたことがあるという人が一人。おいしいと思ったと言う。他は誰も、それが何なのかさえ知らない。

コートジボワールのカカオ産業をめぐって報道しているアンジュ・アボアでさえ驚くほど、ここの人たちは、自分たちの作物について何も知らない。アンジュは、ノートのページを破りとって筒状に丸めてみせ、欧米ではカカオを粉にして砂糖をたっぷり加え、このくらいの大きさのチョコレートを作るのだと説明した。とても甘くておいしくて、ミルクやピーナッツが入っていることもある。欧米の子供たちは、よくおやつにもらうのだ、と。

アンジュが、そのチョコの値段は約五〇〇CFAフラン〔約一二〇円〕だと続けると、信じられないというふうに、みな目を丸くした。そんなちっぽけなお菓子にそんな大金。それだけあれば、立派な鶏でも米一袋でも買える。少年の日給、三日分よりもまだ多い――もちろん、給料が払われていればの話で、払われているとは到底思えないが。

私の国の子供たちは、一つのチョコレートを二、三分で食べてしまうと説明すると、少年たちは本当に驚いている。何日も苦労して働いて作られたものを、地球の反対側では一瞬で食べてしまうのか。しかし、彼らは北アメリカの子供のそんな楽しみを妬むわけではない。西アフリカの人々は羨ましいという気持ちをめったに表に出さない。

私の国には学校へ向かいながらチョコレートをかじる子供がいて、ここには学校にも行けず、生きるために働かなければならない子供がいる。少年たちの瞳に映る驚きと問いは、両者の間の果てしない溝を浮かび上がらせる。なんと皮肉なことか。私の国で愛されている小さなお菓子。その生産に携わる子供たちは、そんな楽しみをまったく味わったことがない。おそらくこれからも味わうことはないだろう。

これは私たちの生きている世界の裂け目を示している。カカオの実を収穫する手と、チョコレートに伸ばす手の間の溝は、埋めようもなく深い。

「私の国でチョコレートを食べている人は、それがどこから来たのか知らないの」私は、チョコレートを知らないシニコッソンの少年たちに言った。誰がカカオを収穫しているのか、その人たちがどんな生活をしているのか、私の国ではほとんど誰も知らないのよ。

それならあなたが教えてあげればいい、と少年たちは答えた。

第1章 流血の歴史を経て

このカカオの主な利用法として、インディオはチョコレートと呼ばれる飲み物を作る。これは、この国ではやたらと珍重されている。表面に泡というか、かすのようなものが浮いており、慣れない人間には飲めたものではない。……（中略）貴重な飲み物とされ、国を訪れる賓客に供される。スペイン人、とりわけスペイン女性が、この黒い飲み物、チョコレートに夢中になっている。

——ホセ・デ・アコスタ『新大陸自然文化史』
（一五九〇年）〔増田義男訳、一九六六年、岩波書店〕

オルメカ人の不思議な飲み物

物語の始まりは、人類史の黎明期、三〇〇〇年以上前にさかのぼる。少なくとも、メソアメリカ〔メキシコ南部および中央アメリカ北西部。マヤ、アステカなどの高度な文明が栄えた地域〕のオルメカ人に関する乏しい資料から推し量る限り、それが始まりということになる。オルメカ人についてては断片的なことしかわかっていない。おそらく初めは女性たちが、自生するカカオのまだら模様の大枝から色鮮やかな実をもぎ、果肉から種を取り出したのだろう。種をつぶして、水やでんぷんと混ぜ、脂肪分の多い、粘り気のあるどろどろしたものにする。これを口にしたのは上層階級だった。

オルメカ人の主食はトウモロコシだ。背の高い壷の中に、水や木灰と共にトウモロコシを一晩入れておく。壷にはライムや砕いたカタツムリの殻を入れることもあった。朝早く、女性たちは中身をすくい上げ、トウモロコシの透明な外皮を洗い落とす。それからすりつぶして、なめらかなペースト状にする。それを主人に供するのだが、そのとき暗褐色の摩訶不思議な物質を加える。これこそ彼らが「カカワ」と呼んだ豆、すなわちカカオから作った、粘り気のある物質だった。

調理法としては完璧な組み合わせだった。でんぷん質の豊富なトウモロコシが、脂肪分の多い、こってりとしたカカオバターを吸収し、消化を助ける。一方で、カカオの豊かな風味は食欲をかきたてる。オルメカ女性たちはこれを、どろりとした苦い飲み物として供した。

覚醒作用と高い栄養価だけでなく、オルメカ人は、この飲み物に癒しの力もあると信じていた。賢者たちは、この暗褐色の苦いものが加わるとなぜ不思議な作用が起こるのか、説明を迫られたことだろう。なぜ弱った者を回復させ、健康な者にもいっそうの活力を与えるのか。なぜ困難は耐えやすくなり、楽しみは倍加するのか。疲労、絶望、また兵士たちにとっては恐怖心を、なぜその物質が乗り越えさせてくれるのか。その疑問は解けなかったものの、カカオに効能があるという信念は、時と共に深く根をはり、揺るぎないものになっていった。

今日、オルメカのチョコレート飲料の純度と不思議な力に出会うことはできない。私たちがチョコレートとして知っている大量生産の加工製品は、代替品にすぎない。しかし、変わらないことが一つある。当時も今も、チョコレートは、一握りの人々の贅沢品だということだ。何千年にもわたって、特権層のチョコレート熱は、下層の人々の過酷な労働によって満たされてきたのだ。

マヤ人が愛した「カカワトル」

「神々の食べ物」は現在、赤道をはさんで地球を一周するカカオベルトで生育する。生育には高温・高湿という条件が満たされることが必要だ。しかし三〇〇〇年前、オルメカ人が初めてその貴重な豆を収穫した時代、カカオが生育していたのは中米とメキシコ南部の熱帯雨林に限られていた。人類学者ソフィー・コウとマイケル・コウによれば、カカオの生育に適した多産な気候は、同時に、カカオ栽培についての記録を消失させる完璧な条件でもある。オルメカの繊細な工芸品も多くが失われた。

残ったものは、メソアメリカで最もよく知られた遺物の一つ、巨石人頭像〔人頭を表した高さ約三メートルの石像〕。無表情の彫像は、時が消し去った歴史と同じく、何も語ろうとしない。

コウによれば、おそらくオルメカ人は、南北アメリカ大陸で最初に階級社会を形成した民族だと考えられる。その社会では、選ばれた少数者が、他の多数者の苦役の上に、快適な生活を送っていた。オルメカの氏族は村に定住し、経済は農業に依存していた。使用人階級を使って、オルメカ人は洗練された料理法を発達させた。その中にカカオを使う最初のレシピがある。

オルメカ人とマヤ人の関係をめぐって、考古学者の議論は割れている。マヤ人は、オルメカ人の子孫だったのか、それとも交易相手だったのか、あるいは単に隣国だったのか。オルメカ文明は、ちょうどマヤ文明が地域の支配者として登場する頃に姿を消した。紀元後一、二世紀のことだ。いずれにせよマヤ人が、先行の支配民族から何世紀にもわたる知恵と技術を受け継ぎ、集約したことは間違いない。それにはカカオを調合するための高度な技術も含まれていた。

数世紀を経て、マヤ人は、現在のベリーズ、ホンジュラス、グアテマラにまたがる地域とメキシコのユカタン半島を支配するようになった。この肥沃で高湿な地域は、最高品質のカカオを産出する。特にクリオロという種類のカカオは、今日のチョコレート会社が渇望する、さしずめワイン通にとってのカベルネ・ソービニョン種だ。そしてマヤは古代ギリシャや古代ローマに勝るとも劣らない高度な文明を誇った。マヤの陶磁器、絵画、織物は見る者の目を奪った。その堂々たる都市には、ピラミッド、石造りの家、公園、庭園が建設されていた。そして彼らがカカオから作った美味なる飲み物には、現代の最も熟練したチョコレート職人でさえ顔色を失うだろう。

マヤ人がチョコレートをどのように作っていたか、ある程度はわかっている。文書が残り、陶器やフレスコ画にも宮廷生活の場面が詳細に描かれている。「カカオの水」を意味する「カカワトル」を作るには、豆を水に浸してから空気にさらし、すりつぶした後、多種多様なスパイスや香料を混ぜる。チリペッパー、各種の花、バニラ、ハーブ、食紅なども入れられた。貴族はハチミツを入れて飲むこともあった。必ず混ぜたのは、つぶしたトウモロコシだ。混ぜると薄い粥状になる。味わいの秘密は泡にあった。この液体は、飛び散るほどの勢いで容器から容器へと注がれ、空気を含んでいく。貴族や位の高い戦士たち、食事に招かれた賓客らがうっとりと見守る前で、料理人は「カカワトル」の入った水差しを持って立ち、床に置かれた容器に中身を注ぐ。高ければ高いほど、泡の含有量が増す。それから、客の地位に応じて、ヒョウタンの杯か粘土のカップに入れて供される。泡（かすと呼んだヨーロッパ人もいた）は、特別なごちそうとして最初に飲む。

神聖な食べ物にふさわしく、カカオは宗教儀式や神々の礼拝と結びついていた。現存する数少ない文書の一つ、ドレスデン絵文書（暦、天文、儀式などについて文字と絵で樹皮に記した文書。四冊が現存。収蔵地名で呼ばれる）には、神々がカカオの実と豆の積まれた皿を手に玉座に座る姿が描かれている。新年の儀式を描いた別の絵では、オポッサム神が雨神を背負い、食べ物としてカカオが捧げられている。マドリード絵文書では、神々が自分の耳を刺し、その血をカカオの実にまいている。これは血とカカオの間に強い結びつきがあったことを示している。カカオの豊かな収穫を確実にするために、しばしば人間が生贄《いけにえ》として捧げられたのだ。生贄用の捕虜はチョコレートを飲まされる。そのチョコレートには、血を混ぜておくこともある。そうすることで生贄となる人間の心臓がカカオの実になると信じられていた。神殿の神官たちは、手の込んだ殺害方法を数多く編み出している。首を切る。喉を裂く。押しつぶす。塔から突き落とす。まだ脈打っている心臓を取り出す。哀れな犠牲者が絶命すると、カカオの実に変化したはずの心臓が神に捧げられた。

マヤ神話『ポポル・ヴフ』（林屋永吉訳、二〇〇一年、中公文庫）は、イサパ文明（オルメカ文明と密接な関係があり、チョコレートの秘術をオルメカからマヤへ伝えた可能性がある）に起源を持つと考えられている書物だ。そこではカカオは、神話中の「糧の山」から人間に与えられた聖なるものとされている。とりわけ精彩を放つ物語として、宇宙の創造者である男女から生まれた、双子の英雄の話がある。双子の一人が首を切り落とされ、首はカカオの木の上に置かれるが、やがて支配者の娘を身ごもらせ、再び双子の英雄が生まれる。この双子が後に、黄泉の国の邪悪な住人から人間を救うことになる。

九世紀には、マヤの支配する領土は広大になり、高度な文化が発達していた。だが、偉大な文明が帝国へと移行する過程でよく見られるように、マヤの軍人たちは戦争に明け暮れるようになっていく。版図が拡大するにつれ、多くの敵から領土を防衛するため、頻繁な戦争を強いられる。被征服部族がほとんど融合しないまま、マヤの都市は今日の大都市にも匹敵するほどの人口を抱えるようになった。貴族は退廃して浪費にふけり、マヤは森を失い、耕地はやせていった。

マヤ文明が自らの重さに耐え切れず崩壊したこの時期を、人類学者は「古代マヤ文明の崩壊」と呼ぶ。環境の悪化、長期の戦争、自然災害、そして上層階級に対する下層の人々の反乱、これらすべてが衰退に手を貸した。もっとも、なぜこれほど急に、跡形もなく崩壊したのかは謎に包まれている。マヤ人は今日もわずかに残っているが、偉大なマヤ帝国は一一世紀を迎える前に滅亡した。

カカオに出会ったコロンブス

コロンブスはマヤと出会った。少なくともマヤ帝国のわずかな生き残りと。一五〇二年、新大陸への最後の航海の途中のことだ。現在のホンジュラス沖で、コロンブスたちは先住民の船に遭遇した。コロンブスの帆船は新大陸の先住民にとって驚異だったに違いないが、コロンブスたちの方もその船を見て仰天した。それは木をくりぬいて作られた二艘の大きなカヌーで、長さは一五メートルほどもあり、奴隷が漕いでいた。指揮官たちの衣服は、新大陸へのそれまでの航海で一度も見たことがないほど華麗だった。

もっとも、コロンブスが追い求めていたのは土地と富であって、異文化体験ではなかった。ホンジュラスの海岸を探検し、そこに住む人々について知識を深める時間も余力もなかった。それでもコロンブスは不思議な二艘の船の拘束を命じる。これによって、マヤ文明がかつての輝きをすっかり失う前に、ほんのわずかな知識を得たわけだ。船は品物を満載していた。主に食べ物だが、織物や、目を見張るような工芸品もあった。そして最も興味深い発見は、アーモンド形の奇妙な茶色の豆だった。コロンブスの息子フェルディナンドは、こう記している。

「このアーモンドのようなものに彼らは高い価値を認めているらしかった。というのは、他の品物と共にこちらの船に移されたとき、それが一粒でも落ちようものなら、まるで目玉でも落ちたかのように、皆で探して拾うのだ」

これがカカオと外界との最初の出会いだった。後に、世界のお菓子の頂点に立ち、何十億ドルものの産業を支える運命が待っている。しかし、フェルディナンドが面白がって記した回想以上には、コロンブスはカカオともマヤとも何の関わりも持たなかった。彼は航海を続け、アジア航路を発見できなかった失意のうちにスペインに戻った。

しかしマヤ人は、コロンブスに非常に興味深いことを教えた。彼はこう伝えている。

「内陸の山地の奥に、ヨーロッパ人がこれまで新大陸で出会ったことのない、強大な文明がある」

それはアステカ人の土地だった。アステカ人は、恐れを知らない戦士で、かつてのマヤ帝国の領土を征服しただけでなく、他のすべてのメソアメリカ民族の知識と技術を統合した。

ヨーロッパ人にとって、マヤ文明が驚くべきものであったとしたら、アステカ文明の豪華さ、壮大さは想像もつかなかっただろう。アステカの王は、新大陸のすべての部族から畏怖されていた。その残酷さと強欲さをしのぐのは、彼自身の堕落と退廃のみだという。その乱費ぶりで、後に「チョコレート王」と異名をとることになる。

アステカ帝国のチョコレート王

第九代アステカ王、モテクソマ・ショコヨトルは、モクテスマ二世という名前で知られている。一五〇二年にアステカ王の座に就いたとき、世界最大の富と力を手にした者の一人だったことは間違いない。コロンブスの最後の航海と同年のことだが、モクテスマは自らの広大な領土の外の世界について何も知らなかった。外界の方は、モクテスマの噂を聞いているだけだった。

アステカの首都、テノチティトラン。テスココ湖に浮かぶ小島に建設されたこの都市は、疑いなく当時世界最大の都だった。現在のメキシコ市がある所だ。モクテスマの支配は太平洋岸からメキシコ湾岸に至り、南は現在のニカラグア国境の付近にまで及ぶ。帝国の人口は推定六〇〇万とも七〇〇万とも言われ、マヤ人を含む複数の部族から成り立っていた。

歴史家によるモクテスマ像は、領土拡大にとりつかれ、何千人もの臣下を儀式の生贄として殺害した、残虐な独裁者だ。しかし、モクテスマの下で、アステカが洗練された先進的な社会を発展させたことも事実だ。テノチティトランを貫く大通りには将軍や貴族の壮麗な邸宅が並び、国営の運河網と水道網がモルタルとレンガによって建設され、首都の浄水供給と物資運搬に貢献した。土木工学、建築学、数学、音楽が花開いた。アステカ人は本、とりわけ自分たちが主人公である本を愛し、アステカの詳細な記録を作った。テノチティトランのにぎやかな市場には、アステカ全土、時には国境の向こうからも交易商人が集まり、中心部の広場では、来る日も来る日も、六万人もの人が行き交う。それは当時のヨーロッパに匹敵する文明だった。地図にない大陸のエメラルドの都〔『オズの魔法使い』のオズの住む都〕。

モクテスマの宮廷では、毎日のように大宴会が開かれ、何百種類もの料理がテーブルを飾った。もっとも、王は小食だったという。王は食事を貴族や戦士、遠来の商人と共にした。アステカの支配下にある、あらゆる地方から富をテノチティトランへ還流させるのが、商人たちの仕事だった。

何が供されたにせよ、食事のクライマックスは、メソアメリカの人々が昔から求めてやまない食べ物の一つ、「カカワトル」だった。チョコレートの杯が食事を締めくくった。モクテスマだけは食事の合間にもチョコレートをすすった。彼の日々のカカオ消費量は膨大だった。彩色したヒョウタンの杯で飲むのだが、モクテスマは同じ杯に二度口をつけることはなかった。

マヤの場合と同様、カカワトルを飲むのは完全に上層階級の習慣だった。一般市民にはまったく手が届かない。カカオ豆を収穫する人間でさえなかなか手に入れられなかった。カカオはきわめて価値の高いものとされ、モクテスマの国庫の財産も帝国の公式通貨も、金塊ではなくカカオだった。権力の絶頂にあったとき、モクテスマには一〇億ものカカオ豆の蓄えがあった。すべて、帝国下の過酷な労働によって搾り取られたものだった。

モクテスマの兵士たちは貴族の待遇を受け、チョコレートを飲んだ。彼らはまたカカワトルを遠征に携えて行った。アステカ人は初めて固形のチョコレート片や粒を作っている。携帯用食糧として、水に溶かして飲む。大きめの一片を溶かして飲めば、一日中の移動にも耐えることができた。これで力を補給した兵士たちは、反乱を弾圧し、村を略奪してまわった。暴虐も辞さないこの戦士たちが、テノチティトランを中央アメリカの超大国に押し上げた。彼らに立ち向かうことのできる軍はどこにもなかった。

アステカ帝国の首都にある多くの贅沢品と同様、カカオもテノチティトラン近郊から来るものではなかった。土壌も気候もそうした熱帯性の植物には合わない。カカオがとれるのは帝国の辺境、特に肥沃なカカオ生産地ソコヌスコ（ショコノチコ）地方だった。ここには貴重なクリオロ種が生育する。生産性が高く、誰もがほしがる土地だ。太平洋岸の、現在のメキシコのチアパス地方とグアテマラの一部にあたる。年二回、荷車二〇〇台分の貴重なカカオ豆（カカオの実にして一六万個分）が、ソコヌスコからテノチティトランへ運ばれた。しかし、それでも首都の需要を満たすことはできない。征服されたマヤのタバスコ地方や、後にスペイン人がベラクルスと呼んだ地域からも運ばれた。後者は、昔はオルメカ人のカカオ生産地だった。首都のカカオ消費はとどまる所を知らず、農民・農奴への過大な要求は深刻な影響をもたらしていく。

モクテスマは、一五〇二年の王位就任当時、優れた指導者だった。兵士としても僧侶としても鍛えられ、並外れた資質を持っていた。人格形成に役立つとされた職を二つながら修め、未来の支配者として理想的な準備がされたわけだ。若き王として、しばしば自ら軍を率いて遠征、一方で国内には、どこに出しても遜色のない公共の水道網と運河網を築いた。

しかし盛者必衰の理《ことわり》か。わずか二〇年後、モクテスマの治世は激変し、やがて帝国を滅亡へ導くことになる力が働き始めた。彼は突然、公の場に姿を見せなくなり、ごく限られた側近以外との接触を断った。ほどなく、領民の半分が残り半分の反乱の弾圧にあたるような状態になった。モクテスマが課した税は、宮廷の浪費を賄うために膨大な額になっていた。贅沢三昧の酒宴は、もともと敬虔で禁欲的な民族にとって耐え難いものになる。退廃と快楽にふけるアステカ王宮。その象徴であり中心である傲慢なモクテスマ。かつての忠臣でさえ彼に背くようになった。

モクテスマの周辺、至る所に敵がいた。だが彼は、王への忠誠とカカオの効能で血気にはやる大軍があれば、貧弱で組織力のない反乱軍など恐れるに足りないと考えていた。しかし、モクテスマの並ぶもののない自信と軍事力をもってしても、手に負えないものが一つあった。目に見えない預言の力である。

アステカ人は、自分たちの文化を至上のものとし、自分たちが他者を支配するのは神に与えられた権利と考えていた。彼らの社会は神によって生まれ、ケツァルコアトル神によって島上の要塞都市に導かれたのだと信じていた。ケツァルコアトルは文明の支配者、善と光の力をつかさどる神だ。だがアステカの信仰によれば、ケツァルコアトルはいつの日か、長い髭と白い肌を持つ神々と共に再び現れ、この見知らぬ神々が正統なアステカ王の座に就くとされていた。預言によれば、見知らぬ神々たちの到来の時は近いという。そして、この神々の力に対して王は無力だと言われていた。

スペインの遠征軍、カカオの国へ

神聖ローマ帝国皇帝、ハプスブルグ家のカール五世は、スペイン王でもあった（スペイン王としての名はカルロス一世）。一五一九年、モクテスマが広大だが不安定なアステカ帝国を治めていたとき、カール五世は統一を達成して意気上がるスペインの王座にあった。八世紀に及ぶイスラムの支配から解放されたスペインは、勢力圏を広げ、世界中で植民地を増やしていた。急速に、ヨーロッパ最大・最強の帝国として、地歩を固めつつあるスペイン。しかしカール五世はそれでも飽き足らず、富と支配のいっそうの拡大を求めた。大西洋の向こうの未踏の大陸にあると言われる、豊かな社会。その驚くべき噂を聞いた皇帝は、領土の獲得を決意した。そして富を手に入れるためなら手段を選ばない兵士たちを雇った。後にコンキスタドール（征服者）として知られるようになる一団だ。

その一人がエルナン・コルテスだった。キューバ駐留の砲兵将校だったコルテスは、すでに三〇代だが昇進は望み薄、蓄財もままならず、先の見通しが開けなかった。若々しく、がっしりした肩幅に端正な顔立ち。女が放っておかないタイプだ。一九歳のとき、愛人の夫の嫉妬から逃れるため、法学の勉強を捨ててキューバに渡ってきていた。キューバは新世界におけるスペインの拠点で、新世界の富をスペインに運ぶ財宝船隊の停泊地だ。

将校とはいえ、若くして渡ってきた彼には、部下の兵士たちがイスラム勢力との激しい戦闘で得たような経験がない。部下は歴戦の猛者ぞろいだった。また彼は貴族の出身だったが、人口過多の植民地キューバでは、彼の存在感は無きに等しかった。とはいえコルテスも、戦闘能力や殺気の点では部下に見劣りしたにせよ、富への執着にかけては一歩も遅れをとらない。

キューバ総督ディエゴ・ベラスケスは、誰よりも先にメキシコ湾岸へ侵攻することを狙っていた。そこでは金、銀が出るという噂だった。ベラスケスはコルテスを完全に信用したわけではなかったが、この将校の能力に一目置いていた。コルテスはメキシコ中心部への重要な遠征の指揮を任され、司令官に昇進する。

一五一九年二月一八日、コルテスはユカタン半島へ向けて出航、早春にメキシコに上陸した。キューバ総督への忠誠など忘れたかのように自ら都市を建設し、ビラ・リカ・デ・ラ・ベラ・クルス（「真の十字架を戴く豊かな町」）と名づけた〔以下「ベラクルス」〕。コルテスは、部下が離脱しないよう、一隻を残して全船団を航行不能にした。船底に穴を開けて、マストまで海に沈めたのだ。遠征部隊の指揮権はベラスケスからコルテスに移った。

コルテスは直属の上司を裏切ったわけだが、スペイン王の機嫌を損ねてはならないことは重々承知していた。カール五世の関心は何よりも富と領土にある。しかし一方で皇帝は、自分が単なる強欲な収奪者とは違うことを示したがっていた。だから、コルテス率いるコンキスタドールが、ただの殺人強盗であっては困る。カール五世は、皇帝に仕えるように神にも仕えよとコンキスタドールに命じた。「新世界で出会う先住民をキリスト教に改宗させよ」――この命令で、遠征にいわば錦の御旗が掲げられた。征服がどれほどの蛮行を伴っても、コンキスタドールも皇帝も枕を高くして眠ることができる。自分たちの殺人と征服は、全能の神の名の下に行われているのだから。コルテスは残っていた船でスペイン王宮へ手紙を出した。その中で彼はメキシコ征服について、新世界の哀れな人々にキリストの福音をもたらし、異教の闇に光をともす所存だと述べている。カール五世は、心から成就を祈ると返事を出した。

カール五世の信仰心は疑わしいものだったが、好奇心は本物だった。その点で彼は確かに、コンキスタドールに黄金や領土以上のものを求めた。「新大陸の住民は臣下となるのだから、その習慣や土地の生産物について、できる限り知識を得なければならぬ」――この好奇心がなければ、ヨーロッパがチョコレートを知ることはなかったかもしれない。あるいは知ったとしても、カカオ豆からチョコレートを作る方法を伝えるはずの先住民が姿を消した後のことだったかもしれない。

コンキスタドールの兵士たちに、人類学について高い関心があったわけではない。彼らは富に飢え、何を略奪しようかと物色するだけだった。しかしコルテスは、宣教師も連れていた。先住民を改宗させるのが仕事だったが、彼らは記録係としての役目も果たし、先住民の風俗習慣について丹念に調査し書き記した。彼らの不朽の発見の中に、カカオ豆の処理方法もあった。豆をペースト状にし、それからメソアメリカ社会で愛好された飲み物にする方法だ。

　コルテスが建設した新しい町ベラクルスは、かつてのオルメカ文化の中心部にあたり、メキシコの主要なカカオ生産地の一つにあった。コルテスが現地の習慣に従ってカカワトルを飲まされたと書かれた記録が残っている。この新世界の飲み物に対する好みはついに生まれなかったが、彼は次第にその価値を理解していった。

　法定貨幣としてのカカオ豆の使用は、マヤにさかのぼる。メソアメリカの貨幣制度に深く根を下ろしたため、粘土や石に彩色した偽造カカオの製造が後を絶たないほどだった。商品の価格はカカオを単位として定められた。奴隷はカカオ豆一〇〇個。売春婦の一回のお勤めは一〇個、七面鳥はなんと二〇〇個、人夫の日給は一〇〇個。薄汚れたカカオ豆が、経済的には黄金に匹敵することをコルテスはすぐに理解した。

　土地の習慣を知るにつれ、コルテスは、自分のいる所が未開の荒野などではなく、広大な帝国の辺境であることに気づいた。人口数百万、それぞれ固有の言語と習慣を持つ多様な部族がいる。帝国の中心は高地に築かれた首都で、ベラクルスから二〇〇キロ以上離れているという。ベラクルスから首都までは、外国人に敵対的な土地だ。果敢な先住民の戦士には、イスラム勢力との汚い戦争を経てきた古参兵も知らないような戦闘技術と戦略があった。しかし一方で、土地の住民は、政治的にきわめて洗練された交渉相手でもあった。恐るべき戦士であると同時に、利益があれば協定を結ぶのにやぶさかではないようだ。住民を通してコルテスは、モクテスマに対する不満が非常に高いことを知る。

多くの地域の人々が、支配から逃れたいと切望していた。自分ならその願いをかなえられる、とコルテスは言った。「偉大な国王陛下に拝謁つかまつりたい」

預言が現実になる

白い肌をした見目麗しい一行の到着の知らせは、すぐにテノチティトランに届いた。モクテスマは見知らぬ者たちとその船の検分のため、ただちにベラクルスに使者を送った。スペイン船は、使者の目には、翼を持ち、海に浮かぶ家のように見えた。預言を気にしていたモクテスマは、一行の外見を知りたがり、コルテスと部下、馬、武器を絵に描くよう命じた。宮廷に絵が届けられたとき、大砲も目を引いたが、一六頭の馬にモクテスマたちは仰天した。そんな生き物はそれまで見たことがなかったからだ。しかし、決定的な衝撃を与えたのは、軍備などではない。偉大な王の前に示された絵は、ケツァルコアトルの預言の通りだったのだ。長い髭と白い肌を持つ者がやってきて、正統な王位を継承する。アステカ人にとってこの迷信は、キリスト教徒にとっての救世主の再来と同じ意味を持っていた。

預言の成就が近いという不吉な兆候はあった。新しい神々は、五二年ごとの周期の終わりに現れると言われていたが、一五一九年はその年にあたっていた。自然災害が相次ぎ、顔のない女が水源の泉に現れるなど、不思議な現象が繰り返し起こっていた。モクテスマと宮廷顧問は、コルテス一行到着の知らせに恐れおののいた。王は聖職者や将軍と協議を重ねた結果、抵抗は無益だと考えた。やってきたのは人間ではない。戦っても無駄だ。しかし神々といえども、お世辞と贈り物には弱いはずだ。モクテスマは贈り物を運ぶ奴隷一〇〇人と共に側近を派遣した。それで侵入者をなだめ、機嫌よくお引き取りいただこうというわけだ。

往年のモクテスマであれば、無防備に近い侵入者に対して、ありもしない脅威を感じ、やすやすと屈するようなことはなかったかもしれない。だがモクテスマは、傲慢と隠遁生活のために、帝国とも現実とも接触を失っていた。一方、エルナン・コルテスは狡猾な陰謀家で、駆け引きに長けていた。コルテスは贈り物を受け取り、使者の話を聞いた。謁見の場は設けられないという。話が終わると、コルテスは言った。「私は国王拝謁の栄に浴し、スペイン王に託された挨拶を謹んで申し上げるまで、帰るつもりはない」。コルテスはモクテスマにそう伝えるよう、使者を送り返した。招待があろうがなかろうが、こちらは出向いて行くということだ。

一五一九年の復活祭の週に、コンキスタドールはテノチティトラン遠征への出立準備を整えていた。コルテスは部下を鼓舞すべく演説した。彼は部下の欲望のツボをよく心得ていた。

「諸君の前に輝かしい褒賞が待ち受けている。だがそれは、たゆまぬ努力によって勝ち取られねばならぬ。偉業を成し遂げるには、ただ刻苦あるのみ。怠惰な者に栄光はない。私がこの事業に一切をかけて臨むのは、名誉を愛するゆえにほかならぬ。人として名誉ほど高貴な報奨があろうか。しかし、諸君の中に富を求める者がいるならば、私に誠を尽くせ。私も諸君とこの好機とに誠を尽くそう。そして諸君を、同胞の誰一人として想像すらつかぬ大領土の主とならしめようではないか」

出立後何カ月間も、コンキスタドールはアステカ支持勢力との戦闘をくぐりぬけて進まなければならなかった。メキシコ平原に着くまでに一度の負傷で済んだ者はほとんどいない。モクテスマの敵から支援はあったものの、コルテスは戦闘と熱帯の厳しい気候のために多くの兵を失った。メキシコと中央アメリカの熱帯雨林には、毒蛇などの有毒爬虫類や、病気を媒介する昆虫類もうようよいる。反乱が起きかけたことも何度もあった。兵士は富が目当てのただの武装集団で、統制の取れた軍隊ではなかった。眼中にあるのは略奪のみ。武勇などどうでもよい。そして彼らは自分たちの危険と労力に見合うものを何も手にしていなかった。

コルテスにとっての幸運は、イスラム勢力との激しい戦闘を経験した部下がいたことだった。戦争に情けは無用と考える彼らの中でも、副官のペドロ・デ・アルバラードは最も冷徹だった。彼にはいろいろと軍人の素質があったが、拷問の有用性を大いに評価するのもその一つだ。口の堅い先住民もアルバラードの前に屈し、コンキスタドールは少しずつ首都へ近づいていった。彼らの暴虐を前にして抵抗を続けられる勢力はほとんどなかった。またコルテスの予想通り、すでに勝敗は決したとみて、スペイン側についた部族も多かった。

戦闘とテロに長けたスペイン人だったが、輝くテノチティトランの都を初めて遠く眺めたときは、強い衝撃を受けた。これほどすばらしい都市が、本当に異教徒の手で建設されたのか。

一五一九年一一月一九日、コルテス一行はついにアステカの首都にたどり着いた。モクテスマにとっては、スペイン人が首都まで来たというだけで、彼らは確かに神の使いなのだと信じるには十分だった。私欲にかられた傭兵の寄せ集めにすぎなかったコンキスタドールに対し、これほど誤った見方があろうか。

ヨーロッパ人として最初にアステカ帝国の心臓部に足を踏み入れたコルテスは、城内で出会うものに、すぐに驚きと警戒心を抱いた。三〇万以上の人口を擁する首都は、当時のヨーロッパのどんな都市にも引けをとらない。島の高台には建物が蜃気楼のようにそびえ、たとえようのない威容を見せていた。コルテスはスペイン国王への手紙で鮮やかに描写している。この要塞都市の門で彼を迎えたのは、一〇〇〇人にも上る、「思い思いの贅沢な服をまとった」アステカ人だった。橋を渡ると、「モクテスマが私たちを迎え、二〇〇人ほどの貴族が従っておりました。貴族たちは裸足で、衣服はみな異なっておりました」。モクテスマだけが、サンダルを履いていた。

馬に乗っていたことでコルテスの存在が威力を増したことは疑いない。誰も馬を見たことがなく、初めは馬と乗り手が一体であるかのように思って驚いた人々もいただろう。コルテスは馬から下り、モクテスマに近づいた。皆が息をのんだのは、コルテスがモクテスマの体に腕をまわして挨拶したときだ。モクテスマに触れることは厳しく禁じられていると彼は知らされていた。本来なら、モクテスマの前にひざまずき、足元の土に口づけするのが儀礼だった。これまでのアステカ人の世界が終わりを告げようとしていることを、コルテスは最初から示したのだった。

人口の規模からしても、モクテスマの周囲を固める人々の戦闘能力からしても、馬があろうがなかろうが、自分たちがアステカ人の敵ではないということが、コンキスタドールには見てとれた。しかし彼らが驚き、当然ながら安堵もしたことに、モクテスマはコルテスを宮殿に招き入れた。モクテスマはコルテスに臣下の礼をとり、彼の帝国は白い肌の人間に属するのが正統だと宣言した。コルテスはモクテスマの言葉を字義通りに解釈し、すぐに王を幽閉した。

この驚くべき傲慢が可能だったのは、悲劇的というほかない誤った考えが重なったためだ。神のような白人によって支配されるのがアステカの運命だという考え。可能な限り世界のどこへでも行き、征服と改宗を行うのがスペイン人の聖なる使命だという考え。モクテスマとアステカ人の運命は、自らの悲観的な信心深さによって、すでに定められてしまっていたのだ。

帝国の崩壊

こうして、裏切り者のコルテスは、わずか一〇〇〇人にも満たない軍で、人口数百万、メソアメリカで最も恐れられた支配者が君臨する帝国を支配下においた。モクテスマはすぐに服従し、キリスト教に改宗し、スペイン人に決定権を委ねた。スペイン側は、モクテスマを名目だけの王として据えておくことにし、いまだモクテスマが支配者であるという幻想を維持しようとした。しかしそれも長くは続かなかった。

コルテスはスペイン国王へ吉報を送り、自らの偉業を伝えていた。その中にカカオ生産の支配権を握ったことも含まれていた。コルテスにとってカカオは、怪しげな泡の浮いた飲み物の原料ではなく、通貨だった。獲得した金は、すべて国王と、もちろん自分自身のために取っておいた。

金・銀のような金属は、メキシコではきわめて豊富に産出するので、貨幣としてではなく、装飾に使われていた。コンキスタドールたちは、金が山ほどなくては治らない病気になってしまったとアステカ人に言った。金を食べると言った者さえいる。これ以上の皮肉があるだろうか。コンキスタドールは、自分たちにとって価値があるもの、すなわち金を蓄え、一方、アステカ人はカカオを蓄える。モクテスマの蔵にはカカオ豆が山と積まれ、カカオ版フォートノックス〔米国ケンタッキーにある軍用地で連邦金塊保管所がある〕ともいうべき厳重な警戒体制が敷かれていた。

テノチティトランは掛け値なしにコルテスを魅了した。

「お伝えしようと思う事柄の一〇〇分の一もお伝えできません」

と彼はスペイン国王に書き送り、広い居住地区を描写している。異国情緒豊かな品々のあふれる市場、食べ物の屋台、床屋、薬草医、仕立て屋、織物工房。組織的な市場警察さえあり、市場での取引が法律に則って行われているかどうかを監視していた。コルテスはまた、洗練された石造りの寺院、宮殿、邸宅についても書いている。

「しかしながら、この街について長々と書き連ねて、陛下が退屈あそばしませんよう、私としてはただ、ここでは人々はスペインと同じように、穏やかな秩序ある暮らしをしているとだけ申し上げることにいたします。ここの住民が野蛮人であり、神を知ることもなく、文明国家から遠く離れていることを考えますと、彼らの成し遂げたことはまさに瞠目すべきことであります」

スペイン人はまもなく、その一切に終止符を打つのに手を貸すことになる。

総督ベラスケスに対する裏切りのしっぺ返しがやってくる。総督は、指揮に従わなかったコンキスタドールを逮捕するため軍を送り込んできた。コルテスはベラクルスに戻り、キューバからの追討軍を迎え撃った。そしてコルテスがベラスケスの軍を破り、あるいは金の分け前をちらつかせて買収し、テノチティトランに戻ったとき、首都の支配は崩れていた。

　留守を預かったペドロ・デ・アルバラードの冷酷さが、暴動の引き金になった。宗教儀式を反乱と勘違いしたアルバラードは、数千人ものアステカ人の殺害を命じたのだ。コルテスが戻ってきたときは、大規模な武装蜂起の最中だった。コルテスは、暴動を鎮めるようモクテスマに求めた。モクテスマが群集に呼びかけようとすると、野次と石が飛んできた。

　コルテスたちはいったんテノチティトランから退却した後、攻撃をかけた。このときの血塗られた戦闘は、「悲しき夜」として歴史に残っている。コルテスはテノチティトランを徹底的に破壊した。モクテスマは殺された。コンキスタドールの手によるのか、自らの民の手によるのか、それは明らかではない。

　かつて偉容を誇ったアステカ帝国は姿を消した。わずかな貴重品だけが破壊を免れた。その中にカカオ豆もあった。「神々の食べ物」の実から作られ、人をとりこにする物質。それがやがてヨーロッパに伝わり、そこで最も愛されるお菓子になるだろうということを、コルテスが予見していたからではない。カカオが生き残ったのは、それが文字通り、金のなる木だったからだ。

第2章 黄金の液体

それは、人間の飲み物というよりは、豚に飲ませる物のように見えた。一年以上あの国で過ごしたが、飲みたいと思ったことは一度もない。集落を歩いていると、インディオがこの飲み物を差し出してくる。私が受け取らないと驚いて、笑いながら立ち去る。だがそのうちワインが不足し、水ばかり飲んでいるわけにもいかないので、他の者と同じようにした。

——ジローラモ・ベンツォーニ『新世界の歴史』（一五六五年）

カカオと聖職者たち

司令官コルテスはすぐさま征服した土地を植民地にし、先住民を金鉱や農地に駆り出した。テノチティトランはヨーロッパ風の街に姿を変え、コンキスタドールが破壊したアステカの神殿の跡に聖フランチェスコ大聖堂が建てられた。新しい植民地の基礎が据えられて、カリブ海一帯やその他の国外にいたスペイン人が移り住むようになり、大邸宅が建設されていった。入植者は続々とやってきて、かつてのアステカの要塞都市は新しい首都メキシコ市に生まれ変わった。

コンキスタドールから植民者へと名前が変わったからといって、スペイン人の締めつけが緩んだわけではない。先住民は、主人のトウモロコシを挽く作業をするのにも、まず洗礼を受けさせられた。しかし生活を共にしたことで、スペイン人にも現地の生活様式をいくらか受け入れる必要が生じた。先住民は、使用人、奴隷であり、また結婚相手や愛人にもなった。二つの世界は、文化、言語、料理などの点で次第に融合していった。チョコレートは、モクテスマの世界と勝ち誇るスペイン人入植者たちをつなぐものになった。チョコレートを味わえば、古《いにしえ》の神秘的な、しかしいまや失われてしまった文明の記憶がいつでもよみがえる。

先住民の「カカワトル」を自分たちの味覚に合わせるために、スペイン人は、カリブ海地域産の砂糖を大量に加えた。甘みを最初に加えたのはコルテス自身だったという歴史家もいるが、この発明はスペイン人の司祭や修道士によるものだったようだ。アステカ人やマヤ人も時にはハチミツを入れたことが知られていたが、聖職者たちはこれをさらに一歩進めてみたのだろう。

古くから伝わるチョコレートのレシピの工夫は、ほんの始まりにすぎなかった。現地の習慣を知るにつれ、スペイン人聖職者たちの中に、食べ物だけでなく、先住民とその文化や歴史を高く評価する者も出てきた。異教徒を呪いから救うには、ある程度は親しくならねばならぬ。こうして未開の民をもっと知ろうとするうちに、初めは思いもしなかった先住民の英知の深さや洗練された感覚に、彼らは次第に目を開かれていった。聖職者たちは、一方で彼らに救済を説きながら、一方で彼らから学び、神秘的で危険な新世界で生き抜くための古くからの知恵を習得していった。

メソアメリカの研究におそらく最も没頭したのは、フランシスコ会士フレイ・ベルナルディーノ・デ・サアグンだろう。現地の言語を習得し、聞き取った伝承の多くを一二巻の『新スペイン事物全史』にまとめている。食べ物についての記載の中でサアグンは、先住民の首長が長い食事をどのように満ち足りた気分で締めくくるかを描いている。

「それから、家で一人だけ、チョコレートが出される。緑色のカカオの実、ハチミツ入りチョコレート、花の入ったチョコレート、緑のバニラで風味づけしたチョコレート、鮮紅色のチョコレート、ウィステコリの花の入ったチョコレート、花のように色とりどりのチョコレート、黒いチョコレート、白いチョコレート」

サアグンはアステカとマヤの宗教に魅せられ、先住民といえども堕落した存在ではないかもしれないという考えを抱くに至った。単に、聖霊が異なる形をとって現れただけだとしたら？ 当時は異端審問という組織的暴力の吹き荒れた時代だ。そのような過激な思想を持てば、スペインでは火刑台が待っている。だが新世界での実体験は、キリスト教の優位を当然視するヨーロッパ的な考えを洗い流していた。聖職者たちは、先住民の文明と倫理観の高さに感銘を受けていた。

ドミニコ会士は、現地の食生活を最初に学び、先住民の生活の中でチョコレートが果たしている中心的役割を最初に理解した。彼らは現地の食べ物をスペイン人の味覚に合うように変え、独自のレシピを作った。植民地横断的な飲み物とでもいうべきか。メソアメリカで生まれたチョコレートに、アジアのシナモンと黒コショウを入れ、甘みはキューバの砂糖、西インド諸島の食紅、そしてスペインのアーモンドとヘーゼルナッツを加える。これらを混ぜたものを熱くして飲む。これが最初のココアと言える。

チョコレートはまた、言葉の上でも変化を遂げていた。「カカワトル」（カカオの水）という言葉は、「ショコラトル」になった。今日の世界で使われている「チョコレート」の語源だ。人類学者で『チョコレートの歴史』（樋口幸子訳、一九九九年、河出書房新社）の著者マイケル・コウの推論では、この変化は「カカ」という語幹の音を避けようとして起きたのかもしれないという。今や食生活に欠かせないものになった、どろりとした褐色の飲み物の名前が排泄物を連想させることは、ヨーロッパ人にとって耐えられなかったというわけだ（スペイン語をはじめヨーロッパ諸言語で「caca (kaka)」は排泄物を表す幼児語）。もっとも、「ショコラトル」という言葉は、単にアステカ人がチョコレートを指して使っていた「泡の水」を大雑把に翻訳しただけかもしれない。いずれにせよ、「ショコラトル」が、この飲み物の名前として受け入れられた。豆は以前と同様、「カカオ」と呼ばれ、イギリスに入ると「ココア」（cocoa）と言われるようになった。

チョコレートはすぐに、スペイン風とメソアメリカ風の混じった食生活の中心的な飲み物になり、またソースやシチューの風味づけに使われるようになった。しかし、チョコレートが海を渡って、ヨーロッパ大陸でスペイン文化と融合するのは、まだ何年も先の話だ。後に人気を集めるチョコレートを最初にヨーロッパにもたらしたのが、コルテスだったのかどうか、はっきり示す証拠はない。

コルテスは、メキシコ征服後まもなくスペイン国王に謁見した。たいそうなコレクションを携えていた。野生動物、見事な工芸品、さらにはモクテスマの息子を含むメソアメリカ人まで連れていた。披露された珍しい品々の中にカカオ豆が含まれていたかどうか、記録には何も残されていない。ただコルテスは、一五二〇年に国王に宛てた手紙の中で、カカオ豆のことを書いてはいた。「聖なる飲み物が抵抗力を高め疲労を回復」し、「何も食べずに一日中行軍することができます」

新大陸全体を探検し、征服しようとした人間たちにとって、このような不思議な飲み物の価値は、細かく説明するまでもなかった。しかしコルテスがこれに魅せられた主な理由は、あくまでも新世界におけるカカオの通貨としての価値にあった。彼は国王にこう伝えている。

「この地でこの豆はきわめて高く評価されているため、全土で貨幣として流通し、市場でもどこでも、これでほしいものが何でも買えるのです」

スペイン人は植民地で、カカオで物を買ったり人を雇ったりすることができた。金や銀を採掘する鉱夫や、輸送船までそれを運ぶ人夫へのわずかな支払いも、貴族の大邸宅のために手に入れた土地の購入費も、奴隷や売春婦を買うのも、カカオで賄った。

兵士と貴族が、カカオにもっぱら通貨としての価値を認めていたのに対して、食べ物としての価値を理解していたのは聖職者だった。したがってヨーロッパにチョコレートを持ち込んだのは聖職者たちだった可能性が高い。

スペインの宮廷へ

当時、ヨーロッパ大陸の情勢は混沌としていた。神聖ローマ帝国皇帝、スペイン国王カール五世は、フランスの新興王朝からスペインを守り、かつハプスブルグ家の帝国の伸びきった版図を防衛するため、国を離れることが多かった。帝国主義は高くつき、スペイン国内では、戦費を賄うために増え続ける税金の負担が、人々に重くのしかかっていた。新たな領土は、金銀などの資源を産する上に、現地通貨は木から収穫できる。そのような領地を得られたことは、カール五世にとって神の賜物と思われた。

一五四三年には、カール五世は帝国主義の重荷に耐えかねたのか、スペインの統治を年若い息子に実質的に委ねていた。まだ一六歳だったフェリペをまず結婚させ、国務について一通り教育を受けさせると、カール五世は、この若輩の息子に国を任せたのだ。

フェリペは、遠く離れた経営の難しい新領土にスペインがどのような影響を及ぼしつつあるのか、初めて深刻に受け止めたヨーロッパ王族の一人だった。彼は、コンキスタドールによる先住民の過酷な扱いを知り、これをよしとしなかった。フェリペに新大陸のことを伝えたのは主に、異才のドミニコ会士、バルトロメ・デ・ラス・カサスだった。

狂信によってキリスト教徒が新世界の先住民に対して犯した罪と過ちの中で、人権と正義を守ろうとしたラス・カサス。歴史には彼のような人間が現れる。ラス・カサスは、スペインの政界・宗教界の上層部に対し、スペインは破滅の道に進んでいると警告した。「先住民の虐待は死に値する大罪で、神の怒りがスペインに下るだろう」。ラス・カサスの警告には実際的意味もあった。新世界での事業の成功には、先住民の協力が欠かせない。住民が進んで協力者となってくれるよう人心を獲得するには、強制するより好意と敬意を示す方が早道だ。植民地政策のこのような根本的転換には、政界の頂点に立つ人物の支持が必要だということを、ラス・カサスは見抜いていた。彼が知る限り、フェリペは彼の言うことに耳を傾ける用意がありそうだった。

一五四四年、ラス・カサスが選んだらしいドミニコ会士の一団が、ケクチ・マヤ人の一行をスペイン宮廷へ伴った。彼らはグアテマラの、雲を戴く山々に囲まれた肥沃な谷、新大陸随一のカカオを産出するソコヌスコの森からやってきた。帝国は滅び、人口が減少したとはいえ、マヤ文化は半世紀近く前にコロンブスがホンジュラス沖で初めて出会ったときと変わらない、目を奪う魅力を持っていた。同時に、ラス・カサスの知る限り、マヤ人は当時と同様に誇り高かった。

マヤ人は、数々の贈り物をフェリペに献上した。すべて、古代の神々と王にまつわる品々だった。色鮮やかなケツァル鳥の貴重な羽が数千枚、これは王たちの冠の装飾に使われる伝統があった。聖なるコーパルは、香を炊くのに用いる樹液だ。彩色したヒョウタンの器。そして、チョコレート飲料の入った壷。

若いスペイン皇太子が実際に、この泡立った神秘的な褐色の飲み物を味わったのかどうか。記録は何も語らない。しかし、後に最も愛されるお菓子になるチョコレートが初めて正式にヨーロッパに持ち込まれたのは、私たちが知る限り、このときだった。ドラマのようなシーンが浮かび上がってくる。ひ弱そうな、しかし好奇心の強い少年皇太子。その周りにはいるのは頭巾をかぶった修道士、そして羽飾りと玉飾りの他ほとんど衣服をつけていない、赤銅色の肌のマヤ人だ。王は装飾された壺の中の暗い色の液体に釘づけになっている。──とはいえ、どことなく危険を感じさせたこの飲み物の後世の運命について理解していた人間が、彼らの中にいたとは想像しがたい。

若い皇太子と新たにその臣下となったマヤ人との歴史的邂逅。ラス・カサスの感化を受けていた修道士たちに商売っ気などあろうはずもなく、頭にあったのはあくまで人権のことだった。この点では訪問は失敗に終わったようだ。しかし、この訪問は思わぬ副産物をもたらした。ドミニコ会がカカオの神秘の習得者と見なされるようになったのだ。ほどなく修道士たちは、スペイン宮廷に独自のレシピを紹介するようになる。

ヨーロッパ経済の新たな牽引車

一六世紀の終わりには、カカオは新大陸と旧大陸との交易の主軸になっていた。スペインの修道士は新商品の製造に忙しくなった。中世以来、修道院は食糧生産（および消費）に携わってきた。太鼓腹でよたよた歩く修道士という一般的なイメージは、修道院がワインやビール、チーズ、バターなどの製造に長く携わってきたことによって生まれた。そこにチョコレートが加わったわけだ。他の製品同様、新しいレシピの秘密は明かされなかった。彼らのチョコレート製造は非常な成功を収め、一七世紀に入ってもしばらくの間、スペインはチョコレート製造を事実上独占していた。

スペインはまた数十年にわたって、当時知られていた限り唯一のカカオ生産地を支配していた。他のヨーロッパ諸国は、チョコレートがスペイン宮廷の愛好品になった後も長い間、チョコレートの存在すら知らなかった。一五七九年、イギリスの海賊がカカオを満載したスペイン船を襲ったが、乾燥した茶色の豆を羊の糞と勘違いした海賊たちは、たまらず船に火を放ち、貴重な積荷は海の藻屑と消えたという。

コンキスタドールは、すぐにメキシコ市の外にも勢力を広げ、かつてのアステカ帝国のほぼ全域を支配するようになった。グアテマラに至る中米の肥沃な谷も支配下に収められた。スペインでのチョコレート需要の拡大によって、カカオ農園は儲かる商売となり、増産の圧力がますます高まった。新世界からの金銀の流入によって、ヨーロッパにおける貴金属の価値が低下する一方、カカオは一種の流動資産として、経済的安定の新たな源泉になった。

現在のベリーズ、グアテマラにあたる地域にカカオ農園が広がりつつあり、そこで労働していたマヤ人などの先住民に対して、増産の圧力がますます強くなった。スペイン修道院のチョコレート製造と、メキシコ、スペイン両国の国庫管理人からのカカオの需要は、とどまるところを知らなかった。スペイン人植民者は土地を接収、熱帯雨林を広く切り拓き、カカオ・プランテーションを拡大した。カカオにつきものの特権性がここでも現れ、「神々の食べ物」は上流階層の贅沢品となり、下層の人々がその生産に駆り出された。

修道士と若いスペイン皇太子フェリペの善意にもかかわらず、カカオ・プランテーションにおける労働条件は、さらに過酷になっていった。エンコミエンダ（信託）制（植民者に対し、スペイン王室が先住民統治を信託委任する制度）と呼ばれる中世的な制度により、スペイン人植民者は、領民に労役を課す権利を得ていた。中世ヨーロッパのこうした制度では、農奴が自分の農作物を耕作できるよう、地主は週に何日か休みを与えなければならないとされていた。しかし遠く離れた植民地では、この重要な部分を無視することはいたって簡単だった。事実上、エンコミエンダは次第に公然の奴隷制度となっていった。

スペイン王室は、公にはこのような実態を非難した。特にキリスト教に改宗して「人間」としての権利を持つ資格があると判断された先住民に対しては。ラス・カサスはスペイン王室を説得し、先住民を虐待から保護する法律を制定させていた。しかし、コルテスは植民者擁護の論陣を張るのに成功した。「働くのを嫌がる先住民の労働力がなければ、植民者は生き残れない」。スペイン人植民者は、先住民を働かせるには、力に訴えるしかないと考えていた。

スペインで、また後にはヨーロッパ中でチョコレートの人気が高まった理由として、チョコレートの薬効が広く信じられたという面がある。もちろんメソアメリカでもチョコレートの効能は長く認められ、ちょっとした病気にはしばしば処方されてきた。カカオバターは火傷に効くとされる。新世界のスペイン人はカカオを薬と考え、修道士やコンキスタドールの記録の中には、幻覚剤あるいは媚薬と示唆するものもあった。フェリペの侍医はチョコレートに鎮静効果と解熱効果があると考えたが、強壮剤だとする医師もいた。

今日でも、チョコレートの薬効は科学者の議論の的だ。カカオにはテオブロミン（利尿剤、心筋刺激剤、血管拡張剤などとして使用）やカフェインなど、中枢神経系を刺激し血管を拡張するアルカロイド類が含まれる。また、チョコレートには脳内物質のセロトニンを増やす効果がある。セロトニンは鬱を軽減すると考えられる向精神作用物質だ。またフェニルエチルアミンは、しばしば強精剤と呼ばれ、性欲を増進させると考えられている。ブラックチョコレート一口の中に、赤ワイン一杯分のポリフェノール（抗酸化物質）や、エピカテキンさえ含まれるという科学者もいる（こうした研究がチョコレート会社の出資を受けていることも多々ある）。エピカテキンは癌を抑制すると考えられている物質だ。

一六世紀の薬学者は、やせた患者を太らせる、消化や排泄を促進する、心身の疲労を取り除く、消化器の不調を治すなどの目的でチョコレートを処方した。ベッドに入る前の一杯は、萎え切った性欲を増進させること間違いなしという。

チョコレートが万能薬であれ偽薬であれ、また食べ物であれ飲み物であれ、カカオ豆の市場はスペインで拡大し、その結果、新大陸の安上がりの労働力に対する需要も拡大した。スペイン王室は、過酷な強制労働について新世界の総督や官吏にやんわりと抗議したが、遠く離れた植民地ではあっさりと無視された。時が経つにつれ、当時最優先された経済的要請の前に、善意はチョコレートのように溶けてなくなった。スペインは、旧世界で帝国の座を守り続けるために、新世界で生み出されるすべての富を必要としていた。

過酷な奴隷労働の上に

一五五六年、カール五世の退位に伴って、フェリペ皇太子が即位、フェリペ二世となる。フェリペの少年時代の高い理想は、必要に迫られ後退を余儀なくされる。戦争は続き、重税も続いた。新世界で生み出される富はインフレを呼んだが、国王はなすすべもなかった。思いつくのは、とにかく植民地から富を量産し続けることだけ。アメリカの植民地、さらにジブラルタル海峡の向こうのアフリカの植民地も加わった。砂糖、スパイス、カカオは、帝国の経済にとってあまりに重要だ。ナイーブな理想論にかまける余裕はなかった。

当時のアメリカ大陸の先住民の死亡率を推定することは難しい。ヨーロッパ人との接触以前の資料はない。しかし、一七世紀までに、メキシコの一部とメソアメリカで人口の九〇％が死に追いやられたという推計もある。数百万とは行かないまでも、数十万人が天然痘、はしか、性病で命を落とし、過重労働、虐待、戦争で命を落とした人も数知れない。

ラス・カサスは植民者の悪逆について、新世界で自分が見聞きしたことに基づき、『インディアスの破壊についての簡潔な報告』〔染田秀藤訳、一九七六年、岩波文庫〕（カリブ海地域、中米、メキシコが扱われている）を書いた。大量殺戮の事実を記録し、自分が目にした非道な行いは正義と慈しみの神の罰を免れないと警告している。ラス・カサスはフェリペ二世に写本を献上し、蛮行をやめさせるよう嘆願した。ラス・カサスは議論を巻き起こしはしたが、それ以上のことは起こらなかった。頼みの国王も、彼の仕える教会の上層部も、植民地での暴虐を止めるのに必要な懲罰的措置をとろうとはしなかった。

スペインにせよ他のヨーロッパ諸国にせよ、先住民の権利を侵害し搾取することなしに新世界の富を利用するすべを知らなかった。先住民の命が大量虐殺ともいうべき規模で失われている事実は、確かに危機を告げるものだった。しかし、その危機感は多分に、労働力不足に対する懸念から来たものにすぎなかった。そして幸か不幸か、これには解決方法があった。

アフリカからカリブ海地域の砂糖プランテーションへの奴隷移送は、一六世紀半ばにはすでに確立していた。奴隷労働は、中米とメキシコで不足し始めた労働力を補うためにも必要とされるようになった。何十万人ものアフリカ人が、スペイン支配下の新大陸のカカオ・プランテーションへ送り込まれた。

こうして潜在的に無限の労働力が保証され、砂糖とカカオの供給がいくらでも可能と思われるようになった。このためチョコレートの消費はますます拡大、国境を越えてヨーロッパ大陸全体の市場の注目を集めた。特権階層はどこへ行くにもチョコレートを携えた。広場で行われる催しでチョコレートを飲むのは楽しみだったが、実は他の効能もあった。修道士や貴族にとって、チョコレートの存在は異端審問という気の重い仕事を軽減してくれた。異端の疑いをかけられた者たちの苦しみを彼らは目の当たりにしなければならなかったからだ。

各国に広がるチョコレート熱

一六世紀を通じて、また一七世紀に入ってもなお、ヨーロッパは不安定な情勢が続いていた。同盟を生む苦肉の策として王国間の政略結婚が試みられたが、成功の保証はない。愛のない結婚生活が破綻すれば不和が生まれ、かえって敵意が増す危険も高かった。しかし政略結婚は、必ずしも平和をもたらすものではなかったにせよ、新しい考え方や発見を共有する媒介にはなった。一六一五年、スペイン国王フェリペ二世の孫娘アンヌ・ドートリッシュ（オーストリアのアナ）とフランスのルイ一三世の結婚に際しては、輿入れ道具の中にチョコレートがあった。

フランス宮廷は、この奇妙な調合物を、アンヌに対してと同じように警戒した。それまでフランスは何年もスペインと戦争状態にあった。チョコレートが媚薬としてどんな効能を持っていたにせよ、この結婚は何年も完全なものとならなかった。新郎は男友達と時間を過ごす方を好んだ（ルイ一三世は結婚当時一四歳だった）。しかし、フランスはチョコレートにとって新たな展開の拠点になる。チョコレートを愛好したのはアンヌだけではない。権勢を誇った国王顧問、リシュリュー枢機卿。事実上フランスの支配者だった彼も、チョコレートを常飲していた。

チョコレートはフランスでゆっくりと人気を集めていったが、同じ頃のイタリア半島では素早く広がっていた。権勢を誇るメディチ家は早くからチョコレートの愛好者だった。トスカーナ地方でスペイン貴族に教わったのだ。一七世紀イタリアでは、相争う都市国家間の利害が錯綜していたが、ことチョコレートの効能については国家的コンセンサスが生まれつつあった。コジモ・デ・メディチ三世は、過食による肥満と不健康に悩まされ、腐敗にまみれた彼の体制は、やがて停滞し破滅に至る。しかし、彼はまた芸術と科学のパトロンとしても知られている。彼の庇護を受けた中に、高名な医師で文献学者のフランチェスコ・レディがいる。

今日私たちが、腐敗した肉にウジが発生する理由を知っているのは、レディのおかげだ（生物が親なしでも無生物から自然に発生するとした自然発生説を、レディは対照実験によって否定した）。そして意外なことに、チョコレートを含め、多くのエキゾチックな新機軸もまた彼に多くを負っている。ウジの神秘が解決した後（このハエの幼虫は、腐敗したものに寄ってくる）、飽食のコジモは、スペインのチョコレートにイタリア風の新趣向を求めた。タバコ同様、薬と見なされていたチョコレートに、コジモは感覚的体験としての限りない可能性を見たのだった。レディは、チョコレートにスパイスだけでなく、リュウゼンコウなどの香料を入れた。リュウゼンコウ（アンバーグリス）とは、マッコウクジラの排泄した結石から作られる香料だ。彼が調合した飲み物は、メディチの宮殿で熱烈に歓迎された。レディは、もったいぶった言葉をちりばめて祖国を礼賛する文章を書き、その中で自らの創造的役割を控えめに、チョコレートの歴史に書き加えている。

「チョコレートは、もともとアメリカからスペイン宮廷によって導入され、そこで完成の域に達した。しかしながら、この完璧なスペイン製法に、わが時代、トスカーナの宮殿において、いわく言いがたい、さらに玄妙なる優雅さが加えられたのである。それはヨーロッパにある種々の材料に工夫を凝らしたものだ。シトロンやレモンの皮、ジャスミンの典雅な香りを加える方法が編み出された。この方法は、シナモン、リュウゼンコウ、ジャコウ、バニラと並んで、チョコレートを楽しむ人々に、えも言われぬ効果をもたらす」

チョコレートは必然の成り行きでテムズ川を上り、ロンドンに着いた。紅茶やコーヒーとほぼ同時期のことだ。当時の民主主義の新たな息吹が、かつて特権階級の飲み物だったチョコレートを彩ることになる。イギリスでは、中産階級が誕生したところだった。これは、伸び盛りの貿易業界によって育まれた商人文化が発展したものだ。彼らは、かつては王侯貴族に限られていた特権や楽しみの多くを享受した。チョコレートが主に気取ったサロンで供されていたフランスやイタリアとは異なり、イギリスの都市では、一般市民も入れるコーヒーハウスやチョコレートハウスが登場した。チョコレートは、賭け事や冗談や政治経済談義の合間に手早く準備され、仲間と共に景気づけに喉に流し込む飲み物になった。

一方、ヨーロッパ大陸では、チョコレートはずいぶん長い間、王侯の特権であり続けた。性的欲求不満のルイ一三世の後を継いだ息子ルイ一四世は、太陽王として名声を極めたが、チョコレートを嫌っていた。しかし、スペイン王女だった王妃マリー・テレーズ・ドートリッシュ（スペイン名はマリア・テレサ）は、ご多分にもれず無類のチョコレート好きだった。王妃の影響の下、チョコレートはフランス宮廷、ことに宮廷女性の間で人気を集めた。典型的な飲み方は、バニラエキス（新鮮で脂肪分を多く含んでいなくてはならない）、シナモン、クローブ、コショウ、そしてもちろん砂糖を加える。くぼみのある受け皿に繊細な絵のついた陶器のカップを乗せて、召使が運んでくる。食器はチョコレート専用にデザインされたものだ。宮廷の紳士淑女はチョコレートを飲みながら、時事談義に花を咲かせた。

啓蒙思想と三角貿易

チョコレートが新たな息吹をもたらす社会的な飲み物になったのは、社会構造や人権をめぐる革命的理論の登場と同じ頃だった。チョコレートは啓蒙主義として知られる運動の中心にあったと言うこともできるだろう。教会の至高性、王権、大衆の非進歩性。長く当然視されてきたこうした考え方について一八世紀の思想家が問い直し始めたとき、チョコレートがテーブルの上にあった。イギリスの中産商人階級と同様、知識人、職人、文筆家という新しい層が生まれていた。ヨーロッパ大陸、イギリス、そして北アメリカのイギリス植民地で、普通の人々が新しい思想に刺激を受けて意見交換し、書きとめ、翻訳し合った。

ヒューム、ロック、ヴォルテール、ルソーの思想は、国境も言語の違いも越えて広まった。スペイン宣教師ラス・カサスにならって、モンテーニュらの哲学者たちは、奴隷制度の非倫理性を訴えた。一八世紀初めには、文字を読める人間なら誰でも、本を通して知識を得られるようになっていた。書物の世界は聖職者や学者だけのものではなくなり、ラテン語だけが使われることもなくなった。よりよい存在というものは、かつては神の特権だったが、今では万人の目指すべき目標になり、支配的立場に立つ人間にとっては義務になった。まったく新しい層が公に発言するようになった。

啓蒙思想家――組織に属さない、世俗の思想家である彼らは、自らの原則の他は何ものにも縛られない。そして、新しい意識に目覚めた市民層が思想や情勢について考えることができる場所、それがチョコレートハウスであり、コーヒーハウスであり、サロンだった。そこでは日々進歩する印刷技術によって刷られたばかりの新聞、本、パンフレットを読み、交換することもできた。ロンドンのセント・ジェームズ街の「ココアツリー・チョコレートハウス」は、この街に滞在した頃のヴォルテールの行きつけの場所だった。アレキサンダー・ポープ〔詩人〕の『ダンシアッド（愚人列伝）』には、「ホワイツ・チョコレートハウス」が出てくる。ここは、ポープによって不朽の知名度を得る前から、当時最も有名な会合場所だった。

しかし後代の社会派ディケンズの言葉を借りれば、一八世紀は「およそ善き時代でもあれば、およそ悪しき時代でもあった」〔『二都物語』中野好夫訳、一九六七年、新潮文庫〕。大思想家が自由、平等、博愛を論じ、人権擁護を唱えつつ飲んでいた、砂糖入りのチョコレートやコーヒー。それはいずれも、奴隷の血と汗によって作り出されたものだった。

カリブ海地域とアメリカ大陸の先住民は、コルテスが最初にやってきたときに比べて、人口が激減していた。アフリカ人は、最も厳しい虐待にさらされ、アメリカ大陸で暴虐に耐えていた。

カカオ生産は、三角貿易と呼ばれる恐ろしい制度の上に成り立っていた。商人と大領主はこの商業活動を、ヨーロッパからアフリカ、そしてアメリカへと、大西洋をまたいで行っていた。船はまず、塩漬けの魚から武器までさまざまな商品を積んでヨーロッパの港を出港、西アフリカへ航路を取る。積荷をそこで下ろし、今度は人間を満載してアメリカ大陸へ向かう。到着すると、奴隷を売って農産物を積み込み、ヨーロッパへ戻る。アフリカから連れて来られた人々は労役を課され、砂糖、ラム酒、カカオ、綿花など、ヨーロッパの工場・市場向けの商品の増産にあたる。大成功したこのシステムは、人間の命と尊厳の途方もない犠牲の上に成り立ち、莫大な利益をもたらしていた。

奴隷商人は、地元アフリカ人を雇って汚い仕事をさせた。彼らの手を借りて、何十万人もの男性、女性、子供を一挙に捕らえて村から連れ出し、くびきをはめて歩かせ、一カ所に集める。そして焼印を押し、手かせ足かせをして船倉に詰め込んだ。大西洋を渡る航海の間中、互いの膝の間に座るほどのすし詰め状態だった。航海中に何万人もが死亡し、海に投げ込まれた。病気や反抗的態度を理由に生きたまま投げ込まれることもあった。航海を生き延びた人々も、送り込まれた先の状況はきわめて過酷だった。そのため、いつも人数を補充する必要があった。奴隷貿易が盛んだった四〇〇年間に、一二〇〇万～一五〇〇万人のアフリカ人が奴隷になった。この制度は組織的で、利益を生み、教会にも認められていた。

アメリカ大陸のプランテーションに奴隷を供給する船の現実と、ヨーロッパのサロンやクラブで交わされた高尚な会話との間には、どうしようもない断層がある。人間の向上を目指した啓蒙思想と理想主義の時代。それは同時に商業主義の時代であり、富と権力の見果てぬ夢を追う新興商人層が解き放たれた時代でもあった。新たな対立の時代の始まりと言ってもいい。有力商人は、資本と商品の流れが妨げられることがあれば、ためらうことなく抗議した。課税や規制は抑圧に等しい。市場は自律性を持つ有機体であるべきだ。レッセフェール（自由放任）資本主義という新しい原理が、かつては神学のみに許されていた権威を持つようになる。啓蒙思想家は気の済むまで人権を論じ、それから気晴らしに出かけていく。だが、動き出したこの新たな経済システムが世界を変容させつつあるとき、それを止めようとするものは何もなかった。そしてこの経済システムこそ、思想家たちが思索にふける机に、コーヒーやチョコレートが手頃な値段で置かれることを可能にしたものだった。

新興商人たちは、娯楽に費やす余暇と余分な金を持っていた。迷信、魔術、無知にがんじがらめになっていた中世とは縁を切っている。彼らは、世界中からの商品の消費者としても表舞台に登場した。もちろん、この熱狂とチョコレートは切り離せない。パリでは、新しいショコラティエ（チョコレート店）の銀のポットに入れられ、ロンドンではセント・ジェームズ街のチョコレートハウスで乱痴気騒ぎの乾杯。カカオ豆を挽くのはヌエバ・エスパーニャ（新スペイン、現在のメキシコ）の女性たちだったが、マドリードのしゃれた住宅地で家々をまわるカカオ挽きの専門業者も登場した。かつて貴族にとっての必需品だったように、啓蒙主義の時代には、チョコレートは新興富裕商人や自由を得た識者たちの生活に欠かせないものになった。

フランスではルイ一五世が、多くの愛人にチョコレートを与えていた。あのポンパドゥール夫人もチョコレート依存として知られ、性的不能の治療にチョコレートを用いた。サド侯爵もチョコレート中毒だった。ポルノグラフィーと猥褻容疑で獄中生活を送っていた彼は、多くのチョコレートを届けるよう求めている。

「箱入りの粉末チョコレートとモカ・コーヒー、カカオバター座薬（便秘の民間療法）、チョコレートクリーム、小粒チョコレート、大判のチョコレートクッキー、プレーンの板チョコ」

ヨーロッパのチョコレート需要に対し、メキシコ、グアテマラ、ベリーズのプランテーションの生産能力は次第に追いつかなくなっていった。ベネズエラとブラジル、後には西インド諸島とジャマイカ島にもカカオ農園が現れた。プランテーションでの過剰作付けによって病害が発生、既存品種の栽培に大打撃を与えたため、病害に強い新品種も登場する。

ヨーロッパ知識人の啓蒙運動は、やがてフランスと北アメリカのイギリス植民地で、暴力的な手段で民主主義を求める形をとった。人間の尊厳を認める宣言は、政府の責任と基本的人権の尊重を保障する憲法の制定につながっていく。この崇高な原理は万人に適用されるという。ただし例外がある。経済活動の名の下に、都合に応じて適用範囲から除外することが必要と考えられる場合があるのだ。

除外されるのは、植民地で綿花、サトウキビ、そしてカカオといった農作物の生産にあたる、数百万人の哀れな人間たちだった。

生贄の人間と贅沢な酒宴に象徴されたモクテスマの王宮。そこからやがて、髪粉を降りかけた鬘《かつら》と飾り立てた服が彩る、ヨーロッパ貴族の洗練された宮廷へ。そしてイギリスのジェントリー層が集まる、紫煙もうもう、談論風発のクラブ。さらにサド侯爵の想像力が生みだした歪んだ快楽の殿堂へ。チョコレートはいつも一握りの人間の所へ、最も魅惑的なお菓子としてやってきたのだった。

第3章——チョコレート会社の法廷闘争

パパ！　あたし、こんな船ほしい！　ワンカさんの船みたいな大きな砂糖キャンディーのピンクの船、買ってちょうだい！　それからウンパッパ・ルンパッパ人もたくさんほしい。船を漕いでもらうんだもん。それからほしいのはコレートの川もほしい。それからチョ……ほしいのは……

——ロアルド・ダール『チョコレート工場の秘密』〔柳瀬尚紀訳、二〇〇五年、評論社〕

BITTER CHOCOLATE

バンホーテンのココア革命

ウィリアム・ブレイクやディケンズのおかげで、文化的記憶に刷り込まれているイメージがある。巨大工場群の煙突から吐き出される炎と煙。あばら屋やごみごみしたアパートにひしめく、惨めな労働者階級。じわじわと広がる町が、エリザベス朝の緑豊かな田舎を侵食し、ビクトリア朝の貧困という災厄がやってくる。

これが産業革命のイメージだ。一九世紀のイギリス、ヨーロッパ大陸、アメリカで、経済と社会は大きく変容した。集団移住の時代、人々は辺鄙《へんぴ》な農村から新興の工場町へと出てきた。そこでは汗と腕力と時間が金になった。賃金は、土地と天候の気まぐれな支配から農民を誘い出す。生きるために必要なものを収穫に頼り、あとは物乞いするか盗むしかない生活はもう終わりだ。今や一生懸命働けば、給料で必需品が買える。必需品だけではない。大量生産の奇跡によって、ささやかなおまけもついてきた。かつては富裕な商人層や支配階級だけのものだった楽しみが手に入るようになったのだ。チョコレートは民主化され、労働者階級はこの楽しみにふけった。

一九世紀初頭、タバコなど新世界からくる他の刺激物と共に、チョコレートは相変わらず薬屋で売られていた。だが、人気は下降気味で、市場を失いつつあった。脂肪分が多くて舌触りの悪いチョコレートを消費者が避け、もっとすっきりした味で、手軽に作れる紅茶やコーヒーの方を好むようになったのだった。

問題は、カカオ豆に含まれる、バターのような脂肪分だった。マヤやアステカでは、その豊富なカロリーが評価されたが、近代のイギリスやヨーロッパ人の味覚には合わなかった。煮立ててすくい取ったり、砂糖を混ぜて飲みやすくしたりして、まずまずの飲み物にはなっていた。しかし、時間も手間もかかり、それでもまだ五〇％も脂肪分が残る。世の中に期待感が高まる、進歩の時代。もっと簡単に五感を楽しませるものがある中で、チョコレートは少々面倒な飲み物になり、子供の朝食の飲み物に格下げされて、表舞台から退場しつつあった。しかし、多くの商品に押し寄せた機械化と進取の精神の波が、チョコレートにも訪れる。

先見の明の持ち主は、オランダ人コンラッド・バンホーテン。彼は、アムステルダムにある父の工場で働いていた一〇代の頃から、カカオ豆の脂肪分を取り除くにはどうしたらよいかを考え続けていた。ただ、脂肪分を効率よく取り除くことができるようになるには、油圧圧搾機の発明を待たなければならなかった。一九世紀半ば、機械知識の爆発的な増大がこの発明につながった。オルメカ人やマヤ人は何時間もかけて一回分のカカオ豆を挽き、何とか口にできるペースト状にしたが、バンホーテンは、鉄と油圧ピストンをフル稼働させ、手作業では不可能だったことを可能にした。

バンホーテンの圧搾機は、丁寧に炒ったカカオ豆に二七〇〇キロ以上の圧力をかけて、脂肪分を搾り出す。この処理によって固形分が分離され、てかてかと黄色がかった脂肪分の凝固したものが残る。バンホーテンが求めていたのは、脱脂固形分の方だった。メソアメリカで何世代にもわたって原野の行軍を支え、征服と略奪を可能にした脂肪分は、今や無用の長物だった。お湯やミルクに溶けて手軽に作れるものを求めたヨーロッパの主婦の願いに、バンホーテンは応える。豊かな風味を失わずに、かつ素早く溶けるようにするにはカカオバターがどれだけ残っていればいいか、ぴったりの分量を突き止めたのだ。脱脂固形分を粉末にしてから、アルカロイド類を添加する。風味を増し、水分と混ざりやすくするためだ。こうして、チョコレートは復権を果たした。「バンホーテン・オランダココア」のラベルのついた褐色の粉末のビンは、すぐにヨーロッパ中の食料品店の棚を埋めるようになる。

一八二八年、バンホーテンはアムステルダムの特許庁を訪れ、この革命的なココア製法の特許を取得、チョコレートの歴史に足跡を残した。約三〇〇〇年の歴史上初めてと言っていい、チョコレート製法の改良だった。ほどなくこの小さな豆は、世界のお菓子の最前線に躍り出ることになる。バンホーテンはまた、オランダを世界最大の粉末ココアの生産国にした。これは、オランダが最良の原料供給地の一つを持っていたという事実とも関係がある。

オランダは、強力に国際貿易を進めてきた。オランダ東インド会社を通じて、すでに世界の紅茶生産を押さえ、香料諸島〔インドネシアのモルッカ諸島〕も支配下においていた。さらにオランダ西インド会社が、オランダ植民地ベネズエラ産の高級カカオ、クリオロ種の取引を独占した。

オランダ植民地の労働力も、他のカカオ生産植民地と同じだった。イギリスのカリブ海植民地、スペインのグアテマラ、ポルトガルのブラジル、共通するのは奴隷制だ。しかも、その重要性はさらに増すものと思われた。ヨーロッパ大陸、イギリス、北アメリカで加速度的に増えつつあった労働者階級の間で、カカオを原料とする製品が広がり、人気を集めるようになっていたからだ。道義的問題として奴隷制に関心を寄せていたのは少数の人権活動家だけだった。皮肉なことに、この少数派の運動のリーダーの中に、奴隷制に依存する産業で財産を築いた人々がいた。

板チョコの誕生

クエーカー教徒は、自らも差別と迫害の歴史を経験している。一七世紀にクエーカー派が生まれて以来、イギリス社会でほとんどの権利から排除されてきた。「キリスト友会」として始まった彼らは、神との関係に仲介者は不要と表明、聖霊の伝える「内なる光」に従うとする。イギリス国教会への参列や国王への忠誠の誓いを拒否し、また平和主義を掲げて、武器をとらない。国王はクエーカー教徒に対し、大学への入学、土地所有を禁じた。さらに、数千人を投獄、国外追放した。多数のクエーカー教徒がイギリスを逃れて植民地にわたった。中でもよく知られているのは、ペンシルバニア州の創設者、ウィリアム・ペンとその支持者だ。

一九世紀には、イギリス国教会に属さない国民に対する迫害もようやく緩和されていた。イギリスのクエーカー教徒は、互いの結束が固かったとはいえ、ある程度は社会に溶け込み、政治や社会改革に積極的に取り組むようになった。彼らは勤勉で、実業家として成功した。特にチョコレート産業に力を入れていた。

チョコレートは、一九世紀の社会で健全な楽しみとされていた。刺激性の飲み物だが、アルコールを含まない。クエーカー教徒は禁欲的だったが、アルコール産業にまったく関わらなかったわけではない。大酒飲みのイギリス庶民のお気に入りだったのはラムやジンのような強い酒で、クエーカー系実業家はそれを嫌ったが、ビールなら代替品として許されると言って、長年その生産を正当化してきた。モラリストの常として、クエーカー教徒は実際的かつ合理的思考の持ち主だった。その資質が、チョコレート産業への参入に役立った。

ヨーロッパに持ち込まれた当初、チョコレートは健康によい、薬効ある飲み物として受け入れられた。そのため一八世紀初頭にチョコレート製造会社を設立したのは、医師でクエーカー教徒のジョセフ・フライだった。その孫がこれをさらに一歩前進させた。彼は、オランダのバンホーテンの新製法と、イギリスのワットの革命的発明である蒸気機関を組み合わせ、粉末ココアの大量生産方法を編み出した。こうして誕生したのが、蒸気油圧圧搾機だ。チョコレート産業に大変革をもたらし、フライ一族の会社は躍進を遂げる。しかし、これはほんの始まりにすぎなかった。

バンホーテンが圧搾機を考案したのは、最高品質の粉末ココアを生産したい一心からだった。その搾りかす、見るからにげんなりするカカオバターは、役に立たない副産物だった。しかしフライ一族はその利用法を見出した。カカオバターを溶かし、不純物を取り除いた上で、少量を砂糖や香料と共に粉末ココアに加え、成型できる状態にしたのだ。その昔、スペインの修道士が油っこいチョコレートの塊を作ったことがあり、またフランスでは、パリパリして砕けやすいウェハース状の固形チョコレートが作られて、サド侯爵が獄中から懇望した。しかし、このフライ社の製品は、まったく違った。「お口で溶ける」チョコレート。それを大量生産して手頃な価格で販売したのだ。これこそ、現代の板チョコだった。

一八四〇年代、フライ社は有名な〈ショコラ・デリシユー・ア・マンジェ〉、フランス語の名の示すとおり「そのまま食べられる、おいしいチョコレート」を生産していた。これは大当たりし、J・S・フライ・アンド・サンズ社は世界有数のチョコレート会社に成長する。しかし、すぐに手ごわい競争相手が現れた。相手もクエーカー教徒だった。

天才的なマーケティング戦略

ジョン・キャドバリー、二二歳。リーズで紅茶の仲買人として見習いを終えたばかりだった。彼は、バーミンガムで父の生地屋の隣に、紅茶、コーヒー、チョコレートの店を開く。クエーカー教徒の互助組織から開業資金の援助を受け、兄弟と甥の支援もあって、キャドバリーは輸入カカオ豆から独自製品の生産を開始。一八六〇年には、数十種類のチョコレートやココアを売るようになっていた。

その頃、息子のジョージ・キャドバリーはたまたまオランダへ旅行、バンホーテンの圧搾機を購入して帰国した。まもなくキャドバリー社は独自の高品質粉末ココア〈ココア・エッセンス〉の生産を始め、「どこまでもピュアだから最高」と宣伝した。

派手な文句が鼻につくかもしれないが、キャドバリー社が発見したのは、機械などよりずっと重要なことだった。彼らはマーケティングの才能をいかんなく発揮した最初の企業だった。キャドバリー社は、箱入りチョコレートボンボンの考案者だ。これは、チョコレートの品質としてはフライ社の板チョコと大差ない製品だったが、一口サイズに作られ、可愛い小さな箱に収められていた。箱には、幼い子供たちとふかふかの子猫を描いた、甘ったるい絵がついていた。このパッケージは、ビクトリア時代の消費者の感傷的な想像力に大いにアピールした。キャドバリー社はまた、チョコレートに手を伸ばすのをためらう上品ぶった消費者の心をつかむ方策も見つける。感覚的な楽しみとして、チョコレートは健全だと強調したのだ。

イギリスで最初に、チョコレートをバレンタインデーと結びつけてロマンチックな愛のシンボルにしたのも、キャドバリー社の天才的なマーケティング戦略だった。一八七五年には、チョコレートのイースターエッグを最初に売り出す。これでチョコレートは一気に、キリスト教暦の中で最も大切な祝日に欠かせないものになった。キリストの犠牲に思いをはせる四旬節（復活祭までの四〇日）の日々の終わり、春の訪れは、今やチョコレートによって告げられる。

何世紀もの間、チョコレートは実質的効果を得るために口にされてきた。エネルギー補給、便秘の解消、性欲の増進。それが今や、純粋な楽しみになった。おいしくて、食べた人が満足すればそれでいい。他の実業家たちもこれに気づき、他社が続々と競争に参入した。フライ社やキャドバリー社と同様、彼らもクエーカー教徒だった。

温情資本主義の光と影

ジョセフ・ラウントリーは、クエーカー教徒の食料品店の息子としてヨークで育ち、社会的意識が強かった。ロンドンに住んでいた一〇代の学生の頃、政治に関心を持ち、下院の審議を傍聴したこともある。父の仕事を手伝うためにヨークに戻ったが、一八六九年、兄のヘンリーと共同で家族経営のココア・チョコレート・チコリ・ワークス社の経営に携わるようになる。一八八三年にヘンリーが死去したとき、会社はまだ小さかったが、一九世紀が終わる頃には、チョコレート製法の発展もあって、従業員四〇〇〇人を抱えるまでになった。製品は、チョコレートドロップと〈フルーツガム〉、〈ゼリーベビー〉。しかしラウントリー社は、社会のお菓子熱に応えただけではない。ラウントリーには社会改革への情熱があった。

ジョセフ・ラウントリーは、従業員の生活向上に生涯、関心を持ち続けた。工場に図書館を併設、一七歳以下の労働者には教育を提供し、歯科も含めて無料で医療を受けられ年金が受給できるようにした。劣悪な労働条件の工場と年季奉公制が一般的だったイギリスでは前代未聞のことだ。

息子のベンジャミン・シーボーム・ラウントリーは、さらに徹底していた。シーボームは、ヨークにある一族の会社に勤務する傍ら、イギリス初の労働監督官を務め、イギリス労働者の状況について重要な著作を残している。その一つ『貧困――都市生活の研究』〔*Poverty: A Study of Town Life*〕によれば、イギリスには二種類の貧者がいる。必要に足る賃金を稼げない者と、稼げても酒のような道楽に注ぎ込んでしまう者。シーボームは貧困層のためにロビー活動を展開し、また自社の労働者に対しては自分の倫理的原則を実行した。ラウントリー社は、当時の開明的資本家によって推進された運動、「温情資本主義《パターナリスティック・キャピタリズム》」のリーダーになった。

シーボーム・ラウントリーをはじめとするクエーカー教徒は「誰でもまじめに働いて行動を律すれば貧困から脱け出せる」という、いかにもビクトリア朝的な倫理観の信奉者だった。富は血筋だけで決まるのではない。市場が物を言う時代だ。市場を動かしているのは、国内外の無限とも言える種類の商品に対する、かつてないほど高い需要だった。一方で、資本主義とその余波が、社会に大きな影を落としていた。ラウントリー一族は、自助機能の働かない、あるいは働かせられない層に対して、国家は介入すべき道義的責任を負っているという信念の持ち主でもあった。

シーボーム・ラウントリーは、イギリスが初めて福祉国家になるための基礎を築こうとした篤志実業家の一人だ。彼は、すべての労働者に対する最低賃金の保証と家族手当の支給を国に求めた。自由党の積極的支持者で、民主的な力を持つのは下院であり、選挙を経ない上院ではないとも主張している。ヨークの自社工場の従業員のためにモデル都市を建設し、清潔で安全な労働環境を提唱した。シーボームは人の生活にとって仕事の現場の方が教会よりずっと重要だと考えた。チョコレート・ワークス社では、従業員が監督者を選ぶ民主的な制度を導入、交代制の労働者の勤務時間を厳密に管理し、給与や手当の期日通りの支払いを徹底した。また、労働者と監督者それぞれの権利と責任について、会社側が文書で明示した。

社会改革に乗り出したチョコレート業界の篤志資本家は、シーボーム・ラウントリーだけではない。一九世紀イギリスの労働条件に眉をひそめていたキャドバリー社も、工場をバーミンガムから緑豊かな地方へ移すことにした。いわば「田園工場」だ。一八七八年、キャドバリー社は、四エーカー半〔約一・八ヘクタール〕の土地を購入、ボーン川の岸辺にコミュニティの建設を開始した。こぎれいな町、ボーンビルの誕生だった。

このキャドバリー社の町には、息抜き用の花と緑の空間から、健康的な食事の出る食堂までそろっていた。ボーン川沿いの田園風景が、従業員のやる気を引き出す健全な環境になるというわけだ。これはキャドバリー社が、「田園都市」構想からヒントを得たことだった。一九世紀の都市計画家エベネザー・ハワードが提唱した、この画期的構想によれば、田園都市は、都市生活と田舎生活の長所だけを集める。住民には雇用も提供される。多くの田園都市は、やがて大都市の郊外ベッドタウンと化していったが、ボーンビルはこの構想のモデル都市とされ、今日でも観光客を呼んでいる。

もちろん、クエーカー系チョコレート貴族たちの理想主義の中心には、厳格な道徳観があった。キャドバリー社の従業員は、厳格な倫理規定を守るよう求められた。欠かさず教会に通い、生活を正すべし。新婚カップルは聖書を渡され、新婦は家庭生活に専念できるよう工場をやめなければならなかった。パブや飲み屋は、ボーンビルではご法度だ。

この実験は、少なくとも商業的観点からは成功したようだ。クエーカー系企業は、ヨーロッパを覆った熾烈な競争にもかかわらず、チョコレート業界を支配するようになった。国の政策も追い風になった。政府はカカオ豆の関税を引き下げて貿易を奨励、イギリスは世界のチョコレート製造業のトップを走るようになる。チョコレートは初めて、手頃な価格で売られるようになり、選ばれた特権階級のためのものではなくなった。

しかし理想を掲げる篤志実業家が、言葉でも行動でも社会正義を強調していながら、一方で彼らの視野にまったく入ってこない問題があったことは見過ごせない。確かに彼らは、自分の守備範囲内では人間の尊厳への配慮を申し分なく行き届かせた。だが、その社会意識の地平を越えた所となると、話は違ってくる。原料調達先は、遠く離れた暗黒の場所だった。自社の従業員が享受する人間らしい労働環境、消費者がこぞって買い入れる「どこまでもピュアだから最高」な製品、そして利益を示す数字の安定した高さ。その背景には、ただ同然で働かされ、運命を弄ばれて、奴隷のように生きて死んでいく人々の労働があった。

理論上、奴隷貿易は一九世紀半ばに終わったはずだった。先進ヨーロッパ諸国では奴隷制を違法とする法律が成立し、ワシントンからロンドンまで、奴隷制廃止論者は勝利を収めた。しかしどういうわけか、文明社会の辺境には、依然として奴隷制の中の人々がいた。彼らのおかれた状況は、見て見ぬふりや言葉のすり替えによって、表には出てこなかった。カール五世もフェリペも、どれほど善意はあっても、暴虐に命を奪われるマヤ人、アステカ人を救うことはできなかった。異才の宣教師ラス・カサスは生涯、歯止めをかけようとし続けたが、結局できなかった。一九世紀、道義的な怒りの声は聖職者からではなく、まったく別の方向から来る。敢えて火中の栗を拾うジャーナリストだ。

勇気あるジャーナリスト

イギリス人ヘンリー・ウッド・ネビンソンは、一九世紀末に誕生した新種のジャーナリストの一人だ。彼らの書くものは、正義感と火を吐くような語り口とが一体になっている。世界を回り、報道によって帝国の犯罪を明るみに出す。ネビンソンの両親は福音教会派の信者だったが、ネビンソン自身は、天国の約束を待つより、現世で労働者の権利のために闘う方を選んだ。著名な社会活動家バーネット夫妻と活動を共にした時期もある。バーネット夫妻は、貧困層に教育を提供するため、ロンドンのイーストエンドで大学セツルメント〔大学の外で大学教育を行う慈善事業〕を立ち上げた人物だ。ネビンソンはまた、最初のイギリス社会党にも参加している。

ネビンソンはもともとギリシャ・ラテン語の研究家で、ロンドンのあちこちの学校で歴史を教え、貧困層の窮状について本を書いていた。イギリス中を徒歩と自転車で回り、社会の現状について考えながら何日も歩き続けることもあった。しかしネビンソンの願いは、地図にない土地を訪れ、世界を自分の目で見て、それについて書くことだった。

一八九〇年代後半に機会が訪れる。イギリスのリベラル紙『デイリークロニクル』が、ギリシャの反オスマントルコ暴動の取材のため、ネビンソンをクレタ島に派遣したのだ。その取材が終わる間もなく、一八九九年にスペイン・アメリカ戦争、さらに南アフリカのボーア戦争の取材に向かう。イギリスの知識人であり社会党員、自国の帝国主義的な国威発揚を否定する人間にとっては、興味津々の事件ばかりだった。次いでマケドニア紛争の報道に携わる頃には敏腕ジャーナリストとしての評判を確立。急速に変化する世界で、抑圧された人々の側に立ち、社会の不公正を告発する方向に強く傾いていた。『デイリークロニクル』紙への寄稿や著作活動をし、憤りつつ精力的に世界を飛び回っていた四八歳のとき、彼にとって最も重要な仕事と出会うことになる。

アメリカの月刊誌『ハーパース』は、ホレイショ・アルジャー〔一八三二〜九九。アメリカンドリームの原型を小説に描いた〕、マーク・トウェイン、ヘンリー・ジェイムズ、ジャック・ロンドンといった、そうそうたる顔ぶれが寄稿した一流誌だが、どこか「冒険的な」土地に出かけて、読者にその世界の一端を伝えてくれる記者を探していた。『ハーパース』誌の編集者が思いついたのはネビンソンだ。彼はそれに応じた。

当時、ネビンソンも含め社会活動家の関心は、コンゴから届くようになった、新しい奴隷制の報道にあった。その規模は、一八世紀の最悪のものにも匹敵していた。三角貿易時代のアフリカは、ヨーロッパとイギリスの商人から見れば、新大陸植民地への一大労働力供給源だった。しかしベルギーのレオポルド二世は、自分の帝国にとってのアフリカの価値を、違う所に見出していた。

レオポルド二世は、コンゴの広大な地域の領有を主張し、これをコンゴ自由国と称した——実態は人類史の中でも暴虐をきわめた搾取だったが。彼は、象牙とゴムを集めるために、住民を奴隷として駆り出した。拒否した住民は死に至るまでむち打たれた。村人全員が虐殺された村もある。嫌々働く人々には官吏がバケツを見せた。バケツには抵抗した人々の切り落とされた手が入っていた。

こうした搾取を禁じる国際法があったにもかかわらず、レオポルド二世は大量殺戮の罪を問われなかった。それどころか、自分はコンゴの野蛮な原住民をヨーロッパ文明に導いているのだという彼の言い分を国際社会は容認し、彼を人権擁護者と称えた。レオポルド二世の企みを誰も知らなかった(あるいは知っていることを認めようとしなかった)。しかし、それを告発した勇気ある人物がいた。

エドマンド・D・モレルは、リバプールの海運会社で働いているとき、この恐ろしい非道に気づいた。彼は、自分が知ったことの詳細な記録をつけ始めた。仕事を失い、後には投獄さえされることになるが、モレルは丹念に、ベルギー官僚による報告など、コンゴでのベルギーの圧制の証拠となる書類を集めた。コンゴを訪れる人はわずかだったし、事業は首尾よく運んでいた。またベルギー国王自ら指揮していたため、内部告発者が出る可能性などコンゴについての知識と同じくらい乏しかった。

モレルの捨て身の報告がなければ、一〇〇〇万人ものアフリカ人の命を奪ったこの事態の重大さを、世界が知ることはなかったかもしれない〔モレル（一八七三〜一九二四）は一九〇六年、コンゴの実態を告発する『赤いゴム』を発表。一九〇七年にコンゴ改革協会を組織した〕。

レオポルド二世は、欲にかられた過去の多くの国王にならって、帝国主義事業の実態を隠蔽するには聞こえのいい言葉を使うのが得策だと心得ていた。奴隷制が違法なら、別の名で呼ぶまでだ。コンゴの労働力は「年季契約」を結んだ、ということになった。アフリカの労働者は賃金のために自分の意志で働いているのであって、強制ではない。レオポルド二世は、自分の使命は慈善であり、コンゴ人に雇用機会を提供しているのだといって、他のヨーロッパ諸国を納得させていた。コンゴの住民が鎖につながれ、銃を突きつけられて仕事に就くという事実は、問題にされなかった。

ネビンソンはモレルの告発を読み、強い衝撃と憤りを感じた。しかし彼は、こうした巧妙な隠蔽がレオポルド二世だけのものではないことを知る。赤道アフリカ沿岸地域の悲惨な実態を聞いたのだ。そこで行われていたビジネスは、一見何も問題なさそうに見えた。商品となっていたのは、人間に最良の感情を呼び起こすもの、今やイギリスで最も愛されるお菓子になった、チョコレートだった。だが、理想を掲げるクエーカー系企業の製品の原料は、奴隷によって生産されていた。――これは、チョコレートに劣らず、おいしい話だった。これこそ自分が取り組むべき問題だ。モレルという先輩もいる。しかし、モレルの場合と同様、この仕事はネビンソンの残りの人生に尾を引くことになり、また問題が完全な解決を見ることもなかった。

嘘を信じたがる人々

一九世紀半ば、カリブ海地域とアメリカのスペイン植民地では、カカオが病害にあい、壊滅状態に陥った。過剰生産と粗雑な管理で、植民者は「神々の食べ物」の生命力を奪ってしまった。カカオの神秘を伝えてくれた先住民の命を奪ったように。しかしカカオ商人は、赤道を挟んで南緯北緯それぞれ二〇度以内の高湿な低地であれば、どこでもカカオが生育することを知った。すでにオランダは、植民地インドネシアにカカオを植えつけていた。ポルトガルも理想的な場所を見つける。今日のカメルーン沖、ギニア湾に浮かぶ二つの小島だ。ポルトガルはもう何年も、アメリカ大陸のカカオ・プランテーションにアフリカ人を送り込んできた。今度はカカオをアフリカへ持って来ようというわけだ。変わらないのは、アフリカの住民がカカオ・プランテーションで過酷な労働を強いられるということだった。

サントメ・プリンシペは、奴隷貿易初期の中継地だった。数百万の不運なアフリカ人がこの小島の倉庫を経由してアメリカへ送られ、サントメ港から乗船するとき、祖国を目に焼きつけた。かつては砂糖が生産されていたが、カリブ海地域が砂糖の主要供給源になったため廃れていた。コーヒー生産は続いていたが、それ以外にこの島の使い道は見つかっていなかった。世界のカカオ需要は高まり、新大陸のカカオは疲弊している。ポルトガルは、自分たちがカカオ・プランテーションに最適な地を手にしていることに、ようやく気づいた。

一八二四年、最初のカカオの木がサントメ島に持ち込まれた。以来二〇年弱、ちょうどバンホーテンの圧搾機がチョコレート生産に革命を起こして需要を飛躍的に増大させたのと同時期に、ポルトガルはプランテーションを大きく拡大した。カカオはサントメ島で成長、すぐに隣のプリンシペ島にも植えられた。世紀の変わり目には、サントメ島は世界最大のカカオ供給地となり、イギリス、オランダ、さらにアメリカにもカカオを輸出した。カカオ生産は多くの労働力を必要とする。もともと島の住民はほとんどいなかったが、問題はなかった。ポルトガルは、人口の多いアンゴラを支配していたからだ。

一六世紀以来、ポルトガルがアメリカ大陸に送り込んだアンゴラ人は、推計三〇〇万人に達していた。そしてチョコレートに対する世界的な需要の増大に合わせて、アンゴラの住民はまたしてもポルトガルの利益のために使われた。書類の上では、アンゴラ人はカカオ農園で雇用されたことになっていた。行き来は自由、きちんと給料も払われるという。サントメ島ならアメリカのように遠くはない。しばらく働いたら戻って来よう。しかし、誰一人として戻って来なかった。

ネビンソンはその理由を探った。アフリカのポルトガル植民地における労働事情について、ネビンソンの主な情報源は、イギリスで精力的に活動していた反奴隷制協会（一七八七年設立。一八〇七年の奴隷貿易廃止法、一八三三年の英領植民地奴隷制廃止法の制定にむけて活動。一九九〇年、国際反奴隷制協会（ＡＳＩ）となる）の会報だった。在アフリカの調査団や宣教師から送られてくる記事や手紙が数多く掲載されていた。そこに描かれていたのは、カカオとコーヒーのプランテーションへ労働力を供給するための強制労働システムにほかならない。おぞましい強制労働の報告は、一八五〇年代にはすでに掲載され始めており、内容は年々深刻さを増していた。

一八八三年五月、島への「奴隷移送」を伝える手紙が掲載された。三〇〇〇人の労働者が着いたところだという。表向き、彼らはいつでも家に帰れることになっていた。「しかし、帰国の意志を尋ねられたことも、機会が与えられたことも一度もない」。「年季労働と言っても、期限がないのだ」。ポルトガル側は労働者の尊厳を尊重していると主張したが、一八八五年末まで、これと矛盾する報告が相次いだ。ある報告には「奴隷でないとすれば、なぜ印刷機に指を挟んだり、耳や体の一部を切り落としたり、男性だろうが女性だろうがすぐにむち打ったり、子供を容赦なく殴ったりするのか」とあった。また労働者がサントメ島に着いたとき、首に鉄の輪がはめられていたという宣教師や調査団からの報告もあった。これでどうして奴隷ではないと言えようか。

一八九〇年代に入っても次々に届くこうした報告にも増してネビンソンの注意を引いたのは、ポルトガル政府の白々しい否認をイギリス政府が鵜呑みにしていることだった。これほど証拠が集まり、五〇年以上にわたって一貫した指摘がされているのに、なぜ本格的な調査がなされないのか。

一九〇四年、アフリカへの出発前に、ネビンソンはキャドバリー社にコンタクトをとった。篤志家として名高いキャドバリー社のことだから、西アフリカの小島から届く不穏な報告に関心を持つだろう。ネビンソンがそう考えたのも無理はない。キャドバリー社の原料のほとんどがアフリカから来ているのは確かだと彼は思っていた。キャドバリー社も自分と同じ報告を目にしているはずだ。現地で話を聞ける相手を教えてくれるかもしれない。だが、キャドバリー社の態度は曖昧だった。社長ジョージ・キャドバリーは、「社としても独自調査を予定している」と言った。「現地に派遣できる人材を鋭意検討中だ」。それだけだった。

キャドバリー社の口の重さには何かある。ネビンソンは疑いを持った。キャドバリー一族は、奴隷制廃止論者として知られており、反奴隷制協会の活動にきわめて積極的だった。レオポルド二世のコンゴでの圧制を暴くキャンペーンにも多くの資金を提供していた。特にウィリアム・キャドバリーは運動に深く関わり、その後モレルの後援者になっただけでなく、友人でもあった。にもかかわらず、アフリカのカカオ農園で行われていると言われる強制労働について、詳しく知りたがらないのはなぜか。その理由がわかるまでに時間を要した、とネビンソンは日記に記している。だが、キャドバリー一族はすでに、誰よりも実態をよく知っていた。知っていながら、どうしていいか見当がつかなかったのだ。

バーミンガム大学図書館の資料室に、キャドバリー一族の文書集がある。それによればキャドバリー家の人々は、会社として反奴隷制協会の会報の定期購読者だっただけでなく、それぞれ個人としても購読していた。彼らはネビンソンが読んだのと同じ記事を読んでいたはずだ。サントメ・プリンシペの実態が、レオポルド二世のコンゴと同じか、いっそう悪いことを物語る記事を。

ネビンソンに出せる結論はただ一つだった。キャドバリー社は意図的に目をつぶろうとしている。もちろん、問題の島で植民地を経営しカカオを生産しているのはポルトガルであり、イギリスのクエーカー系企業ではない。しかし、その豆を買っている以上、キャドバリー社もそのシステムの恩恵を受けていることになる。過酷な搾取によって原料価格が最低水準に抑えられているからだ。

また、キャドバリー社がこの問題を一九〇一年に理事会で取り上げていたことを示す記録がある。その年の一月に会報に載った宣教師の報告が彼らを震撼させたに違いない。「これほどの奴隷を見たことはありません。来る日も来る日も、彼らは西に向かって通り過ぎていきます。クアンザ河（アンゴラにある河）を渡ってからずっとです。路肩に残された多くの死体が惨事を物語っています。頭を殴られて悲惨な生に別れを告げた者や、足を折られてそのままおいていかれた者がいます」。キャドバリー社は、ネビンソンが接触する何年も前から事実を知っていた。

ウィリアム・キャドバリーは、こうした報告を軽くあしらおうとした。別のクエーカー活動家にあてた手紙にこう書いている。「こういう問題は、利害が関わっていると、捉え方が変わるものです。でも実感として、カカオ農園は、金鉱やダイヤモンド鉱山とはまったく次元が違います（南アフリカの鉱山におけるイギリスについての当時の報道を指す）」

キャドバリー社は、原料のカカオの約半分をサントメ・プリンシペに依存していた。ラウントリー社、フライ社といった他のクエーカー系チョコレート会社も同様で、残り半分は、カリブ海地域のイギリス植民地から来ていた。世紀が変わる頃には、各社で会議が重ねられ、サントメ・プリンシペのカカオをボイコットするかどうかが議論された。しかし、ボイコットには大した効果がないという結論になった。ボイコットはただ、会社の損益に大きく響くだけだ。

もっとも、キャドバリー社は約束通り、調査を行う人材を見つけ出してきた。ジョセフ・バート、四〇代になったばかりのビジネスマン。端正な風貌、意欲的で奴隷制廃止運動にも強い関心を持っていた。きちんとした調査を行うことができた可能性もあっただろう。しかしキャドバリー社は、何としても調査の進展を遅らせようと画策し、調査をポルトガル語で実施するようバートに要求した。ポルトガル語などまったくできなかったバートは、まずリスボンに行かされた。

リスボンにいる間、バートとキャドバリー社はポルトガル当局と会議を重ねた。ポルトガル側は、強制労働についての報道は誇張されていると主張し、レオポルド二世がコンゴでの圧制を正当化するのに使った詭弁を持ち出してきた。「奴隷制というようなものではなく、一つの雇用形態なのです」。アフリカ人は拘束されているのではなく、「年季勤務」制度に基づくパートナーだ。賃労働者として数年間勤務するという契約を結び、その後帰国できる。「もし彼らが契約終了後もずっと残っているとしても、それはアンゴラよりサントメの方が暮らしやすいからでしょう。国に帰っても仕事はありませんし。アフリカの労働事情をヨーロッパの基準で判断されない方がいいと思いますよ」

キャドバリー社がこうした嘘を信じたがっているのは明らかだった。バートの方は、ポルトガル語の文法と格闘するとき以外は、雇い主であるチョコレート業界トップのご機嫌伺いに汲々としていた。問題は、奴隷制の存在を示す証拠があまりにも多いことだった。もしアンゴラ人がパートナーなら、首枷をはめられているはずがない、と反奴隷制協会は繰り返し指摘していた。通常の労働力として雇われているのなら、死亡率がこれほど高いはずもない。記録によれば、サントメ・プリンシペから帰国したアンゴラ人は、一人もいなかった。

ネビンソン、実態を暴く

一九〇四年一二月、ネビンソンは『ハーパース』誌との執筆契約といくらかの資金を持ってアンゴラ入りし、調査を開始した。彼はまず六カ月を費やして、奴隷の移送ルートの始点からサントメ島までたどった。すでに数万人が、アンゴラのルアンダ港とベンゲラ港に送られていることがわかった。そこから船に積み込まれて、島に連れて来られる。港に向かう道には、そこまでたどり着けなかった人々の白骨や死体が点々と残されていた。ネビンソンは、銃を手にした監視人に移送されてきた一団を目撃し、脱走を試みた人間に罰を加えるむちの音、オールで殴りつける音を聞いた。

ネビンソンは、「年季勤務」というシステムの法的からくりを見抜いた。アンゴラ人は、裁判官の前で、自分は自由意志でサントメに行くのだ、という宣誓を強制されていたのだ。ネビンソンが話を聞いた人は皆、サントメへ行くことは片道切符だと断言した。彼は「奴隷」を「年季勤務」にする手口を『ハーパース』誌にこう書いている。「茶番劇のクライマックスがやってくる。人間性のかけらもない。虚偽がこうして作られる。これで、合法的な奴隷制という難題が解決される。……裁判所に入るときには奴隷だが、出てきたときは〈契約労働者〉になっているわけだ」

ネビンソンはまた、白人がアフリカ人を愚弄することに怒りを覚えた。一人のアンゴラ人女性が生まれたての赤ん坊を抱き、不安定な板を渡ってサントメ行きの船に乗るところだった。持ち物が手からこぼれて海に落ちた。だが彼女は板を上らざるをえず、何度もつまずきながら、やっとのことで他の奴隷の所にたどり着いた。ネビンソンは心を痛めたが、他のヨーロッパ人にとっては面白おかしい見世物だった。その船は貨物船と客船を兼ねていて、ネビンソンと共に大勢の一等船客がその場面を上甲板から眺めていたのだ。「ひどい物音はいろいろ聞いてきた」と彼は書いている。「しかし、そのとき爆発した高笑いは最低だった。その光景を見て、一等船客の紳士淑女は大声で笑った」

ネビンソンはその後、サントメ島へ渡った。これまで帰国した労働者が一人もいなかった理由は、すぐにわかった。病気と虐待のために大勢の人が死んでいた。サントメ島にいる医師や宣教師たちによれば、ただ絶望のためだけに命を落とした人も数え切れないという。
『ハーパース』誌は、八月から翌二月まで、ネビンソンの記事を連載した。一九〇六年、彼は調査資料をまとめて衝撃的な本を出す。タイトルはただ『現代の奴隷制』〔*A Modern Slavery*〕とした。チョコレートの世界が「民主的」になっていたなら、何かが変わるはずだった。

イギリスのチョコレート業界は激しく反発した。彼らは『ハーパース』誌の記事は完全な行き過ぎだと反論、ネビンソンがあることないことセンセーショナルに書き立てたのだと主張した。そればかりか、この連載はポルトガルに対する侮辱である。ポルトガルはイギリスにとって大切な貿易相手国ではないか。しかし、奴隷制廃止運動は即座にサントメ島カカオ豆のボイコットを求めた。モレルもまた、友人であり財政面の支援者でもあったウィリアム・キャドバリーにとっては大いに遺憾なことだったが、ネビンソンの記事には説得力があると考えた。

ボーン川のほとりの田園都市や、自社工場の労働条件改善キャンペーン。篤志企業キャドバリー社のこれまでの社会活動を考えれば、ポルトガルのカカオ豆をボイコットするのが、企業価値を守ることになったはずだ。しかしキャドバリー社はボイコットに踏み切れなかった。代わりに、ネビンソンの記事を誇張と一蹴し、真実は自社の独自調査で明らかにすると表明した。ただ会社の危機を隠蔽するためだけの発言かとも思えるが、キャドバリー社は、サントメ島のカカオ豆の購入を続けることでポルトガルに影響力を行使し、改善を求めるのだと主張した。ボイコットより貿易を続ける方が、ポルトガルに圧力をかけられるという論法だ。

だが、予想どおり、彼らの圧力は功を奏さなかった。ウィリアム・キャドバリーは、政府関係筋に支援を求めた。政府は最後の砦、希望の星だった。必ずや、我々クエーカー教徒と同じ人権擁護意識を有しているに違いない。

イギリス政府は難しい立場にあった。奴隷制廃止運動が報告を出すようになって以来、外務省はサントメ・プリンシペの強制労働のことを知っていた。政府には独自の情報源もあり、それは報告を裏づけていた。政治的、道義的にはイギリスは強制労働に反対だった。しかし、外務省の役人の存在理由は大英帝国の国益への奉仕にある。世界経済発展の原動力たるイギリスの地位を守るために、彼らはいるのだ。もしポルトガル領の島での強制労働をめぐって道義的議論が起これば、そうした国益にとって脅威となりかねなかった。――非常に利益の大きな事業が背景に絡んでいた。

イギリス企業は、アフリカ大陸で膨大な権益を持っていたが、その中に南アフリカとローデシアの金鉱とダイヤモンド鉱山があった。どれも人手がかかり、コストに敏感だ。奴隷制というレッテルを貼られずに人件費を最低に抑えるため、アフリカのイギリス企業は、中国からクーリー（苦力）〔中国人・インド人などアジア系の労働者を指す〕を移送し、ダイヤモンド鉱山で労働させていた。クーリーは胸に番号の入れ墨をされ、南アフリカのトランスバール州まで船で連れて来られる。帰国した者はほとんどいない。新聞各紙はこのクーリー制度を奴隷制廃止法の抜け道だとして非難、イギリス企業は、安上がりの、あるいはただ働きの労働力を他で見つけることを迫られる。そこにポルトガルが登場する。

ポルトガルは、アフリカ西海岸のアンゴラだけでなく、東海岸のモザンビークも支配下においていた。モザンビークは都合よく、南アフリカとローデシアの両方と国境を接している。当時、一般市民もチョコレート業界も知らなかったことだが、一九一〇年までイギリス政府は、モザンビーク人労働者のトランスバール州鉱山への移送をめぐってポルトガルと交渉中だった。イギリスはこの交渉を内々に済ませられると考えていたが、ポルトガルはなかなか首を縦にふらず、交渉は長引いていた。

アメリカの歴史家ローウェル・セイターは最近、キャドバリー社の原料供給源の研究を行い、二〇世紀初頭のイギリス外務省に問題を押し隠す動きがあったことを明らかにした。彼によれば、カカオの奴隷制をめぐる議論を抑え込むことは、イギリスにとって重大な利益と結びついていた。モザンビークからの安上がりの労働力の供給について、ポルトガルと交渉を進めていたからだ。「基本的には、トランスバール州の金鉱は、サントメ島のカカオ農園と変わりはない。サントメ島のポルトガルも南アフリカのイギリスも、労働政策を支配していた論理は、欲望と利益追求だった。イギリス政府にとっては、南アフリカ事業に比べれば、キャドバリー社など取るに足らないことだった」

企業倫理の挫折

キャドバリー社を取り巻く情勢は厳しさを増していく。キャドバリー社はチョコレート製造業の他に、新聞も所有していた。ジョージ・キャドバリーはバーミンガムとその近郊の数紙のオーナーで、一九〇一年にはロンドンの『デイリーニュース』紙を買収、リベラル派の主張を展開する場を提供していた。『デイリーニュース』紙は、南アフリカで中国人クーリーが奴隷制と同等の状況におかれていることを取り上げて、保守党政権がこれを容認しているとして批判した。キャドバリー社主導の同紙は、「別名のついた奴隷制」を黙認する政府を厳しく非難し、過酷な強制労働の即時停止を要求したわけだ。ところがサントメ島の問題となると、他紙がネビンソンに続いてアンゴラ人の虐待を報道するようになっても、『デイリーニュース』紙は妙に静かだった。対立の激しい、きわめて党派的なイギリス新聞界では、キャドバリー社の偽善は保守陣営の非難の的になった。

ウィリアム・キャドバリーは、他のチョコレート会社やクエーカー教徒仲間、さらに友人モレルに宛てた手紙の中で、サントメ島の奴隷制問題について自制を求めている。二枚舌と言われても仕方がない。「冷静な対応を」と彼は言った。外務省上層部筋の話では、イギリス政府はポルトガルに対し善処を要請している。だから道徳など持ち出して騒ぎ立てずに外務省に任せておこう。

彼らは、イギリス外務省が事態を改善してくれると本気で信じていたのか。それとも、その方が都合がいいから政府を信じるふりをしたのか。キャドバリー一族が、個人としては非常に良心的で、道徳を重んじ、社会活動を実践していたことは間違いない。しかし一族にはビジネスがあった。従業員数千人の生活もかかっている。もっと気高い使命もある。新しい企業哲学の開拓だ。会社の経営が危うくなれば、この長期的な使命も危うくなる。社としては、他からの原料調達を模索中ではあるが、評判の悪いポルトガルの奴隷商人と縁を切れるまでには、まだ多少は時間がかかる。そのうちポルトガルも、イギリス外務省の圧力に屈するかもしれない。カカオの代替供給源が見つかるまでは、何とかこれ以上のダメージを避けられないものか……。

しかし、奴隷制廃止運動は追及の手を緩めず、キャドバリー社は格好の標的になった。保守系各紙は、キャドバリー社が道義的ジレンマに陥って四苦八苦している様子に、高みの見物を決め込んでいた。キャドバリー社は、独自調査を実施中という言い訳をまた持ち出した。ジョセフ・バート、この心優しい調査員は、片言のポルトガル語を操るようになり、ネビンソンと入れ替わりに、一九〇五年六月、勇躍アフリカに向かっていた。二人は実際、アフリカで出会っている。帰途に着くネビンソンと到着したばかりのバート。ネビンソンの見たバートは、礼儀正しい人物だったが、残念ながらすぐ人に流される。「今までに出会った四三歳の人間の中で最も幼かった」。ネビンソンには、バートが、実態を見もしないうちから、貧しいアフリカ人にとってはそれが一番いいのだと言って奴隷制を隠蔽するために来たということがわかった。「バートは、プランテーションが人間の幸福を大いに増大させるとか何とか思っていた」と彼は日記に書いている。

キャドバリー社は、ネビンソンをほら吹きだと非難しながら、独自調査の進展に時間的猶予を求めた。その間、バートは二年を国外で過ごし、一九〇七年にようやくイギリスに戻る。報告を書くのにさらに数カ月。提出された報告をキャドバリー社は、一九〇八年の終わり近くまで公表しなかった。サントメ・プリンシペのカカオ農園に問題があると理事会が認めてから、七年が経っていた。反奴隷制協会会報に暴虐についての記事が多く載るようになってから考えれば、実に二〇年。ウィリアム・キャドバリーの支持者でさえ、なぜこれほど時間がかかったのか疑問を持った。確かに、遅れの一因はイギリス外務省の対ポルトガル工作にあったかもしれない。ポルトガルとの交渉は、政情不安、頻発するクーデターや暗殺で滞りがちだった。もっとも、イギリス側もすねに傷持つ身。南アフリカでのイギリスの道義的過ちが指摘されれば、ポルトガルもそれを逃しはしなかっただろう。

ジョセフ・バートはアフリカで、ほとんどの情報を奴隷商人やカカオ農園の所有者から得た。見るもの聞くものに目を丸くするバートを、彼らはワインと食事で接待した。それでもバートの報告書には、彼らにとって不都合なことが書かれることになった。おそらく、暴虐があまりに大規模かつ深刻で、キャドバリー社の顔色を伺う人間でさえ、義憤を禁じ得なかったのだろう。バートの筆致は控えめで、ネビンソンのような激しい憤りを欠いていたが、基本は同じだった。バートはキャドバリー社に対し、ネビンソンはあらゆる点で正しかったと言った。問題があったとすれば、もっと徹底的に言うべきだったというだけだ。ポルトガルが何と呼ぼうと、それは奴隷制に別の名前をつけたものにすぎない。

国内の保守系各紙は、キャドバリー社への攻撃を続けていた。バートの報告書が出た今、血の匂いを嗅ぎつけたかのように、リベラルや改革派、ことに篤志家クエーカー系企業への攻勢が強まった。保守側にとっては、奴隷制の証拠などより、リベラル陣営の偽善の方が、はるかに由々しき大問題というわけだ。非難の急先鋒『スタンダード』紙は、社説で痛烈な批判を展開した。「それは奴隷制とは呼ばれない。〈契約労働〉と名づけられている。……しかし本質的には、人間を売り買いするという、あるまじき行為にほかならない。キャドバリー社の急進派創業者、並びにクエーカー諸氏は、かつてはこうした制度に対して、声高に非難を浴びせたものであった」

この手厳しい攻撃に、キャドバリー社は猛反発した。他にも一〇を越える批判が続いた後の手痛い一撃だったためもある。過去にもキャドバリー社は、『スタンダード』紙に対して謝罪文の掲載や記事の撤回を要求したことがあったが、今回は訴訟を起こすことにした。しかし、自社の評判を法廷の審判に委ねる前に、片付けておかねばならない懸案があった。

一九〇九年、訴訟の直前にウィリアム・キャドバリーは、サントメ島の実態を自分の目で確かめるため現地に赴くと発表した。伯父ジョージは、新聞各紙と関係筋に、ポルトガルの強制労働問題をしばらく報道しないよう要請した。ウィリアムの滞在中の危険を避けるというのが理由だった。ウィリアムは、ポルトガル当局が許可する相手に接触しただけで、たいしたことはしていない。しかし、この旅行のついでに立ち寄った所があった。おそらくそれが旅行の真の目的だった。彼はゴールドコースト（黄金海岸、現ガーナ）へ、カカオ輸出の可能性を探りに行ったのだ。ゴールドコーストには、その二〇年ほど前にカカオが持ち込まれ、ウィリアムの訪問時には生産能力が拡大、サントメ島に取って代わるほどになっていた。ゴールドコーストはイギリスの植民地だったため、チョコレート業界もイギリス政府も、現地の労働事情に影響力を行使できると思われた。しかもゴールドコーストのカカオ農園の経営者はアフリカ人だった。つまり、これは理想的な解決策になる。キャドバリー社も含め、イギリスのチョコレート会社の原料調達先は、ゴールドコーストになるだろう。

キャドバリーがイギリスに戻った後、クエーカー系チョコレート会社は重い腰を上げ、サントメ島カカオのボイコットに踏み切った。完璧なタイミング。カカオの供給源は他に確保できていた。同時に名誉棄損訴訟の直前だった。訴訟に勝てば、保守陣営に金輪際、何も言わせはしない。彼らの計算では、ボイコットは『スタンダード』紙に対する自社の立場を強めてくれることになる。

一九〇九年一一月二九日、裁判が始まった。裁判は、『スタンダード』紙の名誉棄損を審理すると同時に、キャドバリー社の倫理性を問うものになった。この裁判については、『チョコレート会社の法廷闘争――奴隷制、政治と企業倫理』〔*Chocolate on Trial :Slavery, Politics and the Ethics of Business*〕に法廷場面が鮮やかに描かれている。裁判では、当時最も知られた二人の敏腕弁護士が対決した。『スタンダード』紙エドワード・カーソン対キャドバリー社ルーファス・アイザックス。

六日間にわたる証言と二人の弁護士の熱弁から浮かび上がってきたこと。それは、高い理想を掲げた会社が、一〇年間も利益追求と倫理を本末転倒させ、判断停止に陥る様子だった。確かに、キャドバリー社は最終的にはサントメ島カカオのボイコットを実施した。しかし、それで一〇年に及ぶ優柔不断が正当化されるわけではない。ボイコットの遅れについて、ウィリアム・キャドバリーから説得力ある説明はほとんどなされず、ただイギリス外務省に責任を押しつけるばかりだった。政府要人から指示を受け､国益にかなう行動をしていると信じていた、と彼は言った。しかし外務省はこれを突っぱねた。

証言に立った外相エドワード･グレイは、そうした申し合わせをした覚えはないと言い切った。キャドバリー社の驚きと憂慮をよそに、グレイは、いかなる会合も記憶になく、そのためキャドバリー社によるサントメ島カカオのボイコットが遅れた理由について、いかなる説明もする立場にない、と証言した。キャドバリー社の頼みの綱として証人台に立った外相が、そう証言したのだ。

キャドバリー社に残されたのは、長年、公正と倫理的原則を守ってきた実績があるという評判に訴えることだった。結審にあたって、判事は陪審員に対し、仮に原告勝訴の判断をする場合、すなわち『スタンダード』紙がキャドバリー社の名誉を棄損したという判決を下す場合、「被害に対する十分な補償」がなされることを求めた。結局、陪審員の判決はキャドバリー社の勝訴だった。しかし勝利はほろ苦いものになった。被害の補償はスズメの涙だった。

ネビンソンは調査を継続し、チョコレート各社への非難を続けた。報道というより、こうしたことは許されないと考える彼の意地の表れだったかもしれない。一九一〇年六月三日の日記には、彼が二人のカカオ商人と交わした会話が記録されている。商人たちの発言は、ゴールドコーストのプランテーションからの原料調達が確実になるまで、キャドバリー社がボイコットをわざと控えてきたことを示しているようだった。また、フライ社は、巨額のサントメ島カカオの購入契約を「ボイコット表明の前日に交わし、ボイコット後も何カ月もその原料に依存し続けた」。裁判中、キャドバリー社の主任バイヤーは反対尋問の際、確かに一九〇九年まで他地域から原料豆を購入することは「困難」かつ「異例」だったが、購入価格を上乗せすれば可能だったと認めている。いつもこの問題だ。ビジネスの基調は、常に損益という通奏低音で決まる。

セイターをはじめ多くの現代の研究者の結論では、キャドバリー社のボイコットが遅れた理由は、ネビンソンの報告が疑わしかったからではなく、原料の代替供給地が確保できていなかったからだと考えられている。その結果、クエーカー系各社は、最終的に奴隷生産カカオの使用をやめるまで九年間も問題を先送りするという愚行を犯した。

奴隷制に対する国際的非難や奴隷制廃止法にもかかわらず、一九世紀の終わりから二〇世紀初頭にかけて、八〇〇万にも上るアフリカ人が過重労働により死亡、または雇用者に殺害された。キャドバリー社がぐずぐずと時間稼ぎをしている間に、サントメ・プリンシペで出た死者の数は数え切れない。

そして、これらの島では、イギリスのチョコレート会社の撤退後も何年にもわたって奴隷制が継続、一九五〇年代になってもアンゴラ人が強制労働に駆り出されていた。

もちろん、サントメ島が最悪の暴虐が行われた植民地というわけではないし、キャドバリー社が最も偽善的な会社というわけでもない。しかしキャドバリー社は、人々の心の中でチョコレートを特別な地位に引き上げた会社だった。キャドバリー社によって、チョコレートは、愛情や喜び、純粋な楽しみのシンボルになった。チョコレートのイメージを変え、決定づけたのが他ならぬキャドバリー社だった。奴隷制と搾取に対するキャドバリー社の関与は、間接的だったかもしれない。コンゴや南アフリカで金、象牙、ダイヤモンドを収奪した人間たちに比べれば、まだ立派かもしれない。しかし、キャドバリー社の歴史、企業哲学、そして製品の性質を考えると、より高い企業倫理が求められた。企業倫理を全うできなかったために、キャドバリー社はネビンソンたちから非難を浴び、対立陣営からは揶揄された。

そして後代の人間は考える。篤志家クエーカー系企業でさえ、こうしたカカオ取引に手を染めたのであれば、切り捨て御免のビジネス界に誠意を期待することに、どれほどの意味があるのだろう。

BITTER CHOCOLATE

第4章――ハーシーの栄光と挫折

そう。他のチョコレート会社がだね、ワンカさんの作るすばらしいキャンディーを、みんなして、ねたみはじめた。そしてスパイを送りこんで、秘密の製法をぬすもうとした。スパイたちは、ワンカさんの工場にやとわれて、ふつうの工員になりすます。そうしてもぐりこんでは、スパイの一人一人が、これこれの品物はこう作るという、その作り方をそっくりさぐりだした。

――ロアルド・ダール『チョコレート工場の秘密』〔柳瀬尚紀訳、二〇〇五年、評論社〕

アメリカンドリームの体現者

ミルトン・S・ハーシーは、アメリカ東部沿岸の貧農の家に生まれ育った。成功とは縁遠い境遇だ。しかし一九世紀のアメリカでは、何事も不可能ではなかった。ミルトンの曽祖父はメノー派信徒で、他の信徒と共に一七世紀スイスの迫害を逃れ、新天地を求めて家族とアメリカに渡ってきた。彼らが定住したのはペンシルバニア州だ。イギリスのクエーカー教徒ウィリアム・ペンが創設したその州では宗教の自由が約束されていたし、敬虔なクエーカー教徒と一緒なら安心だった。

頑固でしっかり者の母ファニーは息子に、聖書だけに喜びを見出しなさい、浮ついた遊びにうつつをぬかしてはいけません、と言い聞かせていた。しかし父の方は少し違う考えを持っていた。夢想家で気まぐれ、まったく当てにならない人物だったヘンリー・ハーシーは、いろいろな本を読め、何にでも疑問を持てと息子に教えた。メノー派の家に生まれたものの、ヘンリーの関心は神よりも一九世紀の俗社会の方にあり、信仰より近代的な懐疑主義の方が好きだった。彼は毎日『ニューヨークタイムズ』に目を通し、トウモロコシ畑と牧場しかないダービーチャーチの町で、本と見れば片端から読みあさっていた。

発明だとか金儲けだとか言って妻や妻の家族の財産を浪費したりしなければ、ヘンリーもこの堅物で実用一点張りの妻と、もう少しうまくやれたかもしれない。いくらか常識的と言えるのは一度果樹栽培を試みたことくらいだった。小川の鱒釣り、野菜の缶詰、重要な新事業はすべて、ヘンリーのあずかり知らぬ理由で破産に至った。ほんの少しはあったかもしれない妻の理解は、彼が永久運動機械を発明しようとしたとき、すっかり失われた。ファニー・ミルトンの苛立ちは募るばかりだったが、夫の気まぐれに文句を言うことができなかった。彼は家にいたことがない。放浪癖まであったのだ。たいてい、出かけたときよりさらに素寒貧になって帰ってきた。

ハーシー家には、ミルトンの外に子供がもう一人いたが、娘のセリーナが四歳で猩紅熱《しょうこうねつ》で世を去ると、ファニーとヘンリーのすれ違ってばかりの希望や将来の夢は、幼いミルトンにかけられた。二人はミルトンの教育をめぐっていさかいが絶えなかった。父ヘンリーはミルトンの学校をたびたび替えさせたが、母ファニーは腰を落ち着けて農場の仕事を習うべきだと言い張った。彼女は夫の蔵書が大嫌いだった（やがてヘンリーが家を出たとき、すべて焼き捨てたほどだ）。ヘンリーの方は、ファニーの信仰心を軽蔑し、メノー派信徒を「真の喜びを知らない灰色の心の持ち主」と呼んでいた。

転校やら何やらで、ミルトンは初歩的な読み書きしか習えず、農場の仕事の知識はまったくなかった。思春期になると、両親は珍しく意見が一致し、息子の将来のためには商売を習わせるしかないということになった。活字中毒の父ヘンリーは、ミルトンが新聞社で見習いをすべきだと考えた。しかし、この計画は大失敗に終わった。父と同様、注意散漫で気分屋のミルトンは、活字組みの緻密な仕事に集中することができなかった。彼は機械を故障させてしまい（わざとだという説もある）、最初の仕事を首になった。この失敗の後、父がどのような計画を描いたにせよ、実現の機会はなかった。母ファニーが父を追い出したからだ。父ヘンリーは、よそでひと山当てるべく、放浪に出て行った。

母ファニーの見る限り、ミルトンの興味を惹くものはお菓子だけだった。毎週土曜、一家は農場でとれたものを市場へ持っていく。ミルトンは、使い走りをして金をもらうと、お菓子を買った。ヌガー、キャンディ、リコリス〔グミのようなお菓子〕、ペロペロキャンディ。お菓子好きのミルトンを見て、母ファニーは思いつく。ロイヤーさんの所のアイスクリーム・パーラー・アンド・ガーデンへ働きに行かせればいいわ。お菓子の作り方を習えるし。

ロイヤーの店に着くとすぐ、ミルトンはこれこそ自分の天職だと感じた。彼には科学の知識もないし、製菓業で名をなした他の人間たちのような資格もなかったが、お菓子の錬金術への愛があった。砂糖を香料と混ぜ、煮立ててかきまわすと、ある一定の温度で固まる、その変化の見事なこと。

独り者の伯母が、開業資金にと一五〇ドルくれたが、ミルトンが父とさして変わらない金銭感覚の持ち主であることが明らかになる。彼はいろいろな商品に手を広げすぎた。フルーツの砂糖煮やナッツ類といった基本商品の他、彼が作って売った商品は、のどあめ（この新手のトローチは大当たり間違いなしというのが、父ヘンリーの助言だった）から〈フランスの秘密〉（包み紙の内側に、感傷的な詩の書かれたキャンディ）まで多種多様。ミルトンは、期日に支払いをすることができず、特に、事業の核である輸入砂糖の代金の支払いが遅れた。事業は破産、ミルトン自身はノイローゼ状態になった。

父ヘンリーは、当時アメリカで一獲千金を狙った多くの人々と同様に西部を目指し、ミルトンも合流した。だが、ひと山当てたのは、父ではなくミルトンの方だった。彼はコロラド州デンバーの製菓工場で働き始めた。この工場の売り物は、口当たりのいいキャラメルだった。好奇心にかられたミルトンは、こっそりと、そのキャラメルの秘密を盗む。ミルクを加えていたのだった。キャラメルは普通、食品用パラフィンを加えて作るが、パラフィンを加えても噛みごたえが出るだけだ。ミルクを加えると、キャラメルはなめらかでクリーミーになり、バター風味までも加わる。ミルトンは大急ぎでペンシルバニアに戻った。昼間は別の製菓工場で働き、夜は自分の工場へ行って、ミルク入りキャラメルを製造した。母と叔母も加わり、最後の貯えで事業を起こした。ミルトンに資金を出してくれる親戚はもういない。彼にとって、おそらくこれが最後のチャンスだった。

この後の物語は、伝説になる。アメリカンドリーム神話とでも言うべきか。ある日、ハーシーの倉庫のキャラメルを試食したイギリス紳士が、こんなおいしいキャラメルは食べたことがないと言った。「イギリスに輸出する気はないかね？」——大口の注文、莫大な利益。ミルトン・ハーシーは一夜にして成功者になった。

ミルクチョコレートの誕生

ランカスター・キャラメル社は急速に成長し、大企業になった。資金繰りの問題は解消した。ハーシーがニューヨークの大銀行を訪れ、一〇万ドルの融資を求めると、銀行は二五万ドルではどうかと持ちかけてきた。工場の敷地は四五万平方フィート〔約四・一八ヘクタール〕に及び、それ以外にも三つの町に工場を建設した。ハーシーのキャラメルは、米国内で販売されるだけでなく、日本、中国、オーストラリア、ヨーロッパに輸出された。一八九〇年、三三歳で一財産を成し、結婚。妻キティはキャンディの売り子をしていた、ほっそりとした女性だった。彼は家族を大邸宅に住まわせた。生産を工場主任たちに任せて、花嫁と共に世界旅行に出た。父ヘンリーの愛した本、演劇、絵画、建築といったものに対する憧れを満たすためだった。旅をし、研鑽を深めて、残りの人生を過ごすことを夢見ていた。それだけの財産はすでにある。しかし彼を惹きつけたのはヨーロッパの芸術でも文学でもなく、製菓業界、特にチョコレートだった。

これまでにもキャラメルに粉末ココアを加える試みはしていたし、ココアを飲んだこともあった。しかし、ヨーロッパの店頭に並ぶ神々しいお菓子は、ハーシーがそれまでに経験したことのないものだった。ヨーロッパのチョコレートの甘美な記憶が、彼をとらえて離さなくなった。一八九三年、シカゴで開かれた万国博覧会で、チョコレート製造機を見た彼は、雷に撃たれた気がした。メリーゴーラウンドや綿飴に混じって、ドレスデンのチョコレート業者J・M・レーマン商会がとびきりのお菓子を作って売っていた。ハーシーは事業ごと買い取った。

ランカスターでレーマンの機械を組み立てたハーシーは、隣のマサチューセッツ州にあるウォルター・ベーカー商会（米国一の粉末ココア製造業者）の製品を使い、キャラメル工場の裏手で、慎ましくチョコレートの製造を始めた。化学者を雇いはしたものの、ハーシーは「専門家」を信用せず、また当時の普通の製法にも従わなかった。彼は、まったく新しいチョコレートビジネスを始めようとしていた。

少し前に、スイスの化学者アンリ・ネスレによって、固形のチョコレートにミルクを混ぜて、ミルクチョコレートを作る製法が完成していた。ネスレは、乳児用粉ミルクを作るため、牛乳の水分を除く実験を重ねていたが、その間に、濃縮ミルクまたは粉ミルクが、カカオバターとよく混ざることを発見したのだった。資本家と組んで資本金が入るようになると、ネスレのミルクチョコレートはお菓子売り場で最も人気を集める商品になった。なめらかで消化のよいお菓子。

ハーシーは、キャラメル工場のときのように他人の製法を盗むような真似はもう卒業していた。と言うより、ミルクチョコレートでは、アメリカ版を自力で作りたいと考えた。そこで、カカオバターを分離し、ミルクを濃縮して、砂糖とカカオバターに加える実験をひそかに自分でやってみた。彼は何世紀にもわたって積み上げられてきた製法を使わず、ゼロから始めるつもりだった。お菓子のヘンリー・フォードになりたかったのだ。板チョコを作って、五セントで売る。その金額ならほとんど誰でも払える。そして彼はそれを実現した。

ミルクのたっぷり入った板チョコ。製菓業界で伝説的な名前となる「ハーシー」のマーク入りのチョコレートが、生産ラインから届き始めた。彼は、キャラメル事業を手放して一〇〇万ドルを手にし、チョコレート製造に集中した。最初が〈ハーシー・ミルクチョコレート〉。それからアーモンド入りミルクチョコレート。そして小粒の〈キスチョコ〉。〈キスチョコ〉は一つ一つ銀紙に包まれ、先がくるりと捻ってあるのが特徴だった。ヨーロッパでどんなチョコレートが作られようとどうでもよい。ここはアメリカだ。ハーシーはチョコレートの開拓者なのだ。

ペンシルバニアの農家の息子は、夢にも思わなかった財産を手に入れた。しかしすぐに退屈し始める。父ヘンリーと同じように、彼もいつも新しい計画や発明の刺激を求めていた。次なる挑戦は、チョコレート製法の改革よりずっと難しく、やりがいもある。

チョコレートの知識を得るためイギリスに旅行した際、ハーシーはクエーカー系チョコレート貴族の社会改革活動に出会っていたようだ。「田園都市」構想について、キャドバリー社のモデル都市ボーンビルのことも見聞きした。なぜそう思い立ったか彼は一度も明らかにはしていないが、ハーシーは自分も、チョコレート会社の城下町を建設しようと心に決めた。彼独自の理想郷のイメージが投影されている。「貧困も、厄介事も、悪もない」、純正のアメリカンコミュニティ。

財務顧問は、正気の沙汰とは思えません、と言った。だが、もうそんな助言は無視していい。金はあるし、自分の直感が正しかったことは、これまでの経験で何度も証明済みだった。二〇世紀が明けると共に、ミルトンはペンシルバニアで、後にハーシーと呼ばれることになる町の建設にとりかかる。彼の生まれ故郷の町デリーは、ダッチカントリー〔ペンシルバニア南東部。一八世紀からドイツ系移民が多かった〕の中心にあったが、彼はここでトウモロコシ畑数百エーカーを購入、一九〇三年から町の建設を開始した。

二年のうちに、ハーシーの町は、当時最も大胆な社会的実験の一つになった。ミルトンの期待通り、キャドバリーやラウントリーがイギリスで達成したものよりもはるかに上を行っていた。広い道路、家々に広い芝生（ミルトンは時々町をまわって、それぞれの家が、彼の思い通りきちんとした状態に保たれているか確認した）。各家に水道、電気が敷かれ、スチーム暖房が整っていた。石炭ランプと屋外トイレが普通だった工場労働者にとっては、考えられない贅沢だ。これらはすべて手頃な家賃で借りるか、ハーシー信託銀行から低利子融資を受けて購入することができた。

ハーシーの町の中心はもちろんチョコレート工場だ。チョコレートの巨大な銅製の撹拌機《かくはんき》から漂う、現実とは思えない甘い香りが鼻をくすぐる。お菓子好きなら、息を吸うのも楽しくなる。それだけではない。乗り物のある遊園地。湖かと思うほどのプール。コミュニティセンターには、大理石の壮麗なロビーのある大劇場。野外ステージ。ゴルフ場。ベルサイユ宮殿を模した庭園。隣町と結ぶトロリーバス。ハーシーの町は、何十万もの観光客を惹きつけた。チョコレートを食べ、音楽を聞き、人口の湖で泳ぎながら、そこで働く住人をうらやむ。従業員には、保険、医療、定年後の生活も用意されていた。古いタイプの資本家は衝撃を受けた。『フォーチュン』誌は、ハーシーの事業を不道徳と決めつけた。そのような大盤振る舞いは「社会の自助努力を阻害し、自尊心を傷つける」

ミルトン・ハーシーが求めたものは何だったのか。従業員が幸せに、きちんとした暮らしをすること。そして何より、会社に忠実であること。彼らのおかげで、膨大なカカオがミルクチョコレートに生まれ変わり、ハーシーはアメリカのチョコレート王になれるのだ。願いは現実になった。工場の操業開始から五年、ハーシー社は年商五〇〇万ドルを超えた。一二〇〇人の従業員が交代で勤務、一日二四時間、週六日操業し、まったく文句も出ない。まさに産業界の奇跡。それを支えていたのは進歩に対するハーシーの熱烈な信仰だった。

ハーシー夫妻は、子供に恵まれないことを悟った後、孤児院を開設、浮浪児を引き取った。子供たちは里親と暮らしながらハーシー・インダストリアル校に通い、少なくとも経済的には、町の子供たち以上の生活をした。ハーシーは、自分が少年時代に得られなかったものをすべて、子供たちに与えようとした。

一九一〇年には、ミルトン・ハーシーは伝説の人になっていた。無一文から身を起こして大富豪になる。移民にとってアメリカを約束の地としたサクセスストーリーそのままだった。ハーシーの気前の良さは、他の資本家の軽蔑の的になったが、当時の一流知識人や社会活動家は彼を称えた。何しろ議論の余地がないほど成果があがっているのだ。町は繁栄、事業は順調、ハーシーは日に日に財産を増やしていた。

しかし、ハーシーが事業の成功と賞賛者たちからの賛美に酔っている間に、イギリスの同業者たちは社会から別の評価を受けていた。ジャーナリストたちは、チョコレートビジネスの浅ましい秘密を暴いた。店頭で売られている値段とは関係なく、チョコレートには、人間の不幸と苦しみという隠されたコストがあった。チョコレートビジネスは単純には行かなくなる。イギリスでは、カカオの本当のコスト、供給地の悲惨な状況が直視されるようになっていた。ラウントリー社やキャドバリー社の開明的社長の温情主義に対して、また労使のぬるま湯的関係に対しても、労働者は苛立ちを見せはじめた。アメリカのチョコレート王も、自分が非難を免れない立場にいるのを知ることになる。

カリブ海地域のカカオ農園

奴隷貿易は公式には一八四〇年代の半ばに終わったはずだった。二五〇年に及ぶ、あからさまな搾取は終わった。奴隷制廃止論者、理想主義者は、人類史の重大な転換点、正義と尊厳の勝利だと賞賛した。しかし、勝利は見掛け倒しだった。ほとんどのヨーロッパ諸国に奴隷制廃止法があり、イギリスもこれを完全に禁止していた。それでも、別の形をとった奴隷制は続いていた。

少なくとも一九一八年まで、クーリー（苦力）という名でも知られる「年季契約の労働者」が、アジアからカリブ海地域の島々へ移送されていた。当時、南東アジア地域から少なくとも五〇万人の労働者がジャマイカ島とトリニダード島のイギリス植民地へ送られ、一方、中国から二五万人がキューバへ送られていた。欧米の移送業者は、飢餓と貧困にあえぐアジア人に、仕事を提供しようと持ちかける。ポルトガルがアフリカでアンゴラ人に対して行ったように、アジア人は「契約」を示される。奴隷制廃止法の抜け道だ。「年季契約」などというのは詐欺的だったが、こうした契約があり、また飢えに苦しめられ怯えた人々が黙って従ったため、こうした事業に合法的な装いが与えられた。できれば問題を知らずに済ませたい消費者も、こうした見た目にごまかされて安心した。

移送業者はアジア人を人間扱いしなかった。小屋に入れられ、焼印を押され、鎖でつながれて、船に押し込まれる。それは、かつてのアフリカの奴隷船と驚くほど似ていた。カリブ海地域のクーリーは、サントメのアンゴラ人やトランスバール州のアジア人と同じように何年も働かされ、その間、賃金はもらえない。運がよければ、国に帰れる分だけは稼げるかもしれないが、試みた人もほとんどいなかった。何年も国を離れて過ごせば、帰ったところで何もない。多くの人が「契約」終了後も残って、新しいプランテーションのために土地を切り拓く。こうして、砂糖とカカオの増え続ける需要が満たされていく。

年季奉公のクーリー制度は、ジョージ・キャドバリーが自分の新聞にはっきりと書いたとおり、「奴隷制の別名」だった。だがそれは、ほとんど報道されることもなく、カリブ海地域のカカオ生産地の島々で行われている。ここには、公正を求めるネビンソンのような捨て身のジャーナリストもいなかった。

一八九七年、キャドバリー社はトリニダード島のイギリス植民地で、二つの地所を買った。ちょうど、サントメ島の強制労働を報道する声が無視できないほど大きくなった頃だった。キャドバリー社は、問題の少ない、他の原料供給地を大慌てで探していた。キャドバリー社はまたトリニダード最大の地所の一つオルティノラ・エステートを、スコットランドの蒸留酒製造会社C・テナント社との共同事業で所有するようになった。

ヨーク大学所蔵の資料を見ると、ラウントリー社の記録の中に、ジャマイカ島のイギリス植民地の自社プランテーションについて、ファイルと写真が残っている。また、オルティノラにあるキャドバリー社のカカオ農園の写真もある（奇妙なことに、キャドバリー社の写真はラウントリー社の社報に掲載され、ヨークにある自社工場の従業員に、ラウントリー社の農園の将来像を示すものとされている）。写真には、みすぼらしい外見の労働者が、列になって、カカオ豆を棒で広げているのが写っている。労働者は人種的にはさまざまだが、写真についている説明は明解この上ない。「カカオを仕分けするクーリー（オルティノラにて）」「カカオを〝踊らせる〟クーリー（オルティノラにて）」。この二枚目の写真では、六〇人ほどのクーリーが、発酵中または乾燥中のカカオの山の傍に立ち、厳しい顔のクレオール（中南米で生まれ育ったヨーロッパ人）の監視者たちがすぐ後ろにいる。

チョコレート産業振興のために、イギリス政府はカカオ豆の関税を引き下げた。同時に、カリブ海地域の植民地で、民間業者に一部の王領地の購入を許可した。ほとんどは熱帯雨林地帯で、業者はそこを切り拓いてカカオ・プランテーションを増やす許可を得た。その目的は、あくまでも収穫物の品質を向上させること、またスペイン植民地のカカオ生産地を閉鎖に追い込んだ病害を避けることだった。しかし、この地域にはクーリー制度がはびこっていた。

かつてスペインの修道士は、レシピを修道院の奥深く隠して秘密を守った。以来、チョコレート産業には、他では見られない秘密主義が生まれていた。それにはそれなりの理由がある。サントメ島のスキャンダルが示したように、秘密主義が必要なのは、決してレシピや製法を守るためだけではないのだ。奴隷制をめぐる議論によって、チョコレート会社は秘密主義をいっそう強めることになった。今日では、理想主義を看板にするハーシー社がどこからカカオ豆を調達していたのか、正確に特定することはまず無理だ。とはいえ、地理的条件と西半球の政治を考えれば、原料のほとんどがカリブ海地域から来ていたと思って間違いない。カリブ海地域はアメリカに近い。また、この地域でアメリカの覇権を主張したモンロー主義によって、貿易の安全がある程度保証されていた〔一八二三年、モンロー大統領が南北アメリカ大陸へのヨーロッパの干渉を拒否した〕。

ハーシー社は、自社でカカオ豆を調達・処理する数少ないアメリカ企業の一つだった。ベーカー社を除けば、規模の小さい他社のほとんどは、粉末カカオとカカオバターをハーシー社から購入していた。しかし一次産品の取引が世界規模で行われるようになると、ハーシー社の調達先を特定することは、ますます推測ゲームのようになる。アムステルダム、ハンブルグ、ニューヨークの貿易会社は、カリブ海地域からも西アフリカからもカカオ豆を買い入れ、それをまとめた。一括買い付けと呼ばれる手法だ。これには大きな意味があった。ポルトガル領サントメ島のカカオ農園は、奴隷制によって生産されたカカオ豆を、よそから供給された豆に紛れ込ませることができた。この方法によってポルトガルは、現地の悲惨な労働事情が明るみに出されて、ボイコットが実施された後になっても事業を継続、多くの利益をあげることができた。

一九一〇年、米下院歳入委員会の公聴会は、キャドバリー社からサントメ島の調査に派遣されたジョセフ・バートを呼び、島で見たことについて証言を求めた。彼は喜んで応じた。サントメ島のプランテーションでは四万人ものアンゴラ人が足枷をつけられて労働しており、アンゴラからサントメ島までの奴隷の移送ルートには死者の骨が残されているのを見たと証言した。委員長はバートに、なぜ奴隷たちは逃げないのかとたずねた。「逃げたらどうなるのです？　私は奴隷というものを見たことがないものでね」と委員長は言った。あれほど多くの死体、多くの死を見た後では、想像してみることさえできない、とバートは言った。脱走を試みる奴隷を彼は一度も見たことがなかった。「（逃げたら）もしかすると、紳士的な扱いを受けるかもしれませんよ」と委員長は言った。

委員長の不謹慎な発言はともかく、上院は厳しい決議を採択した。「大統領には以下の権限が与えられる。奴隷労働によって生産されたカカオ豆であることが十分に立証された場合、大統領は声明によって、米国への輸入および米国での所有を禁止することができる」

アメリカは当時、奴隷制の問題にはきわめて敏感だった。多くの血が流された南北戦争の記憶がまだ残っていた。奴隷の所有、使用を侵すべからざる権利と考えていた南部人は以前はたくさんいた。奴隷廃止論者は戦争と論戦の両方で勝利を収めたわけだ。もちろん、彼らの中の現実主義者は、より当たり障りのない用語を使って事実上の奴隷制を継続する方法がいくらでもあることに気づいていたが、建前としては、どのような形の奴隷制にも反対することに決めていた。

南北アメリカ大陸の労働事情は、アメリカ主導になっていた。植民地に独立運動が起き、また、ヨーロッパ諸国があまり手出しできないようにアメリカが剛腕政策をとったためもあって、ヨーロッパの影響は薄れた。アメリカは、自国の利益になる場合には、旧ヨーロッパ植民地で軍事的・経済的権力を行使した。特に最も執着したのが、フロリダから一〇〇キロしか離れていない旧スペイン植民地キューバだった。

キューバは「アメリカ的生活様式」にとってきわめて重要と考えられた。アメリカの砂糖貴族は、キューバに数千万ドルを投資していた。一九世紀後半には、ニューヨークで発行された「キューバ独立支援国債」をアメリカ資本が購入し、スペイン支配の打倒を援助した。

一九〇二年、キューバは独立を宣言したが、主権は最初から絵に描いた餅だった。アメリカ政府は、キューバの外交政策にも、また「生命、財産、個人の自由」といった内政問題にも権力を行使した。アメリカの砂糖貴族がキューバを支配している。それが実態だった。数万人の中国人クーリーとアフリカ人奴隷は、命をつなぐのがやっとの賃金で働き、砂糖貴族のプランテーションの繁栄を維持していた。このシステムから恩恵を受けていたのは、アメリカの製菓業、ソフトドリンク製造業の親玉たちだった。

ハーシー社のカカオ豆調達先を正確に言うのは難しいが、砂糖をどこから得ていたかははっきりしている。アメリカ企業は、砂糖生産のためにキューバの農地を何十万エーカーも購入、さらに熱帯原生林を切り拓いた。キューバは、農業部門が単一市場向けの単一栽培（モノカルチャー）に傾斜するにつれて、基本食料品の輸入国になっていった。ハーシー社は、キューバで六万五〇〇〇エーカー

〔約二六〇平方キロ〕のサトウキビ畑を購入。所有地は、島の北岸に沿って遠くまで伸び、自社の鉄道まで建設されていた。ユムリ渓谷の海岸沿いにサンタクルス・デル・ノルテという町がある。ハーシー社はその近くに、ペンシルバニアと同様に自社従業員のための町、セントラルハーシー・キューバを建設した。町には水道と電気が通り、医療が受けられ、野球場もあった。ペンシルバニアの町ほど大きくはないが、現地の水準を大きく上回っていた。キューバの土地は安く、労働力は囲い込める。ハーシーをはじめとするアメリカ資本家は、絶対君主のように、自社のプランテーションに君臨した。米国のキューバ支配を通して、ハーシー社は大量の砂糖供給を確保、コカコーラ社への砂糖供給で最大手の一つになった。

二〇世紀の最初の数十年、ミルトン・ハーシーは絶頂期にあった。慈善家の心をもつ、立志伝中の人物。ペンシルバニアの彼の町ハーシーは、洗練されたマーケティング戦略の一部だった。キューバの小ハーシーは、自社工場の動脈とも言える砂糖供給を確保した。アメリカのチョコレート市場は、事実上ハーシー社の独占状態だった。しかし、世は移ろいゆく。チョコレート貴族の新世代が台頭しつつあった。彼らは、夢想家のハーシーなどには及びもつかない、洗練された冷徹さを発揮する。

フォレスト・マーズの登場

アメリカ・チョコレート王国の自他ともに認める王位継承者、フォレスト・マーズ。一九〇四年、フランク・マーズとエセル・キサック夫妻の、短く幸薄い結婚生活に一粒種として誕生した。彼が生まれたとき、父フランクはミネアポリスで、傾きかけた製菓会社を経営していた。そのすぐ後、母エセルは破産した夫と離婚、フォレストは祖父母の下に預けられる。当時は片田舎だったカナダ・サスカチュワン州の炭鉱町ノースバトルフォード。

草原の中の一部屋しかない学校で、フォレストは一番の優等生だった。教師たちは彼の将来の成功を確信していた。卒業後、唯一の選択肢はアメリカに戻ることだった。二〇世紀初頭のカナダでは、貧しい田舎出の学生にはほとんど教育の機会がなかった。しかし、カリフォルニア大学バークレー校が、フォレストの才能を認め、奨学金を一部支給してくれた。

フォレストは活動的で野心満々、おとなしく座って授業を受けるタイプではなかった。彼には天性の営業の才能があり、すぐにキャンパスの敏腕実業家となり、少しずつ蓄えを増やしていった。ネクタイからタバコまで、手に入るものは何でも売り買いした。バークレー校のキャンパスが窮屈になり始めると、街に出て商品を売り歩いた。フォレストは、アメリカセールスマンの原型とも言うべき人物だ。父からは事業家としての意欲を受け継いでいた。やがて二人はシカゴで再会することになる。きっかけはあまり幸先のよくないことだった。フォレストが違法広告で逮捕され、父フランクが保釈してやるはめになったのだ。

フランクは一九二〇年代、比較的順調なチョコレート会社を経営していた。そこへ息子がまた現れたわけだ。母エセルが父のことについてフォレストにあれこれと吹き込んでいたが、それでも父子には共通点も多く、二人は共同でビジネスを行うことにする。後のフォレストの話では、チョコレートバーのアイデアを父に教えたのは自分だという。これが弱小会社を大帝国に押し上げることになる。

彼が考え出したのは、麦芽乳を固形化してヌガーをコーティングする製法。〈ミルキーウェイ〉の誕生だった。これはすぐに市場を席巻し、発売初年度、マーズ社の利益は八〇万ドルに上った。すかさず、また同様の製品を出す。〈スニッカーズ〉。またしても大ヒット。さらに〈スリー・マスケッティアーズ〉(三銃士)もヒットした。

だが魔法は解けるものだ。血がつながっていることを別にすれば、フォレストは父を嫌っていた。それに何より、チョコレート創造の栄光を誰かと共有するなど、彼にとっては耐え難いことだった。「親父に、こんな仕事なんかくそくらえ、と言ってやった」と後に彼は語っている。父フランクはフォレストに、五万ドルとイギリスでの〈ミルキーウェイ〉販売権を与えた。こうして彼らは別の道を歩み、二度と会うことはなかった。

フォレストは、敬虔なミルトン・ハーシーとは違っていた。ハーシーは何でも自分で考え出したが、フォレスト・マーズの場合、人のアイデアをちょうだいするのはお手の物だった。彼はスイスへ行き、トブレロン社の工場で仕事を得る。この高級チョコレート会社に関して、吸収できることをすべて吸収し、ネスレ社に移った。彼は実に多くを学んだ。最も重要な点は、自社工場に外部の人間を決して近づけてはならないということだ。後年、彼は自社工場への見学者の立ち入りを禁止し、部外者が敷地内にいるときには厳しい監視下においた。工場に出入りするときには目隠しまでさせた。企業秘密を盗むのがどれほど日常茶飯事で、またやりがいのあることか、マーズは自身の経験から知っていたのだ。

ネスレ社の後、フォレスト・マーズはイギリスに行き、その市場の競争に加わろうとした。しかし一九三〇年代には、世紀初頭の致命的イメージダウンから回復したキャドバリー社が、かつてのイギリス領植民地の各地に工場を構え、一大多国籍企業になっていた。ラウントリー社も、〈キットカット〉、〈エアロ〉、〈ブラックマジック〉の好評のおかげで順調だった。フォレストは、父からもらった五万ドルを元手に、ロンドンの北にあるスラウという町で小さな事業を起こし、ミルキーウェイの改良版を作り始めた。これは〈マーズバー〉と名づけられた。

フォレストは骨の髄まで、事業の拡大を追い求める「帝国建設者」だった。すぐに他の製品に手を広げ、ドッグフードまで作る。第二次世界大戦前夜、彼の会社はイギリスで三番手の製菓会社になっていた。そして戦争に突入。イギリス政府は、外国人に特別税を設け、イギリス滞在が割に合わなくなるようにした。どのみち、そろそろ帰国の潮時だった。父フランクはすでに世を去り（フォレストは葬儀に参列していない）、フォレストは、一族の会社を自分の手に収めるときが来たと考えた。経験も積んだ。技術もある。そのすべてと、持ち前の度胸と根性を動員して、チョコレート王国に迫りくる危機を乗り切らなければならない。

温情主義から民主主義へ

カカオ生産者の背筋を寒くさせる名前がある。「カカオ天狗巣病〔小さな枝や葉が異常に多く箒状にまとまって生える病気〕」「メクラガメ〔植物の害虫〕」「カカオウイルス〔腫根〕病〔根、幹の節の間が腫れて短くなるカカオの病気〕」「黒実病」「カカオ立枯病」。これらは、二〇世紀前半、カリブ海地域のカカオ・プランテーションで猛威をふるった病害の、まだ記憶に新しい名前だ。かつてメキシコでは収穫がほぼ全滅、カカオ生産の優位を失った。カリブ海地域の新しいプランテーションが、今また同じ運命に直面していた。病害はカリブ海の島々の経済を破綻に追い込み、チョコレート会社は原料を他に求めることになった。論理的に考えれば、選択肢はアフリカしかない。ミルトン・ハーシーにとってさえ、そうだった。

カカオは一九三〇年代には、依然としてヨーロッパの支配下にあった西アフリカに定着していた。コートジボワールはフランスの、ナイジェリアはイギリスの植民地だった。どちらもカカオを生産していたが、最も生産量が多かったのは、イギリスの行政支配下にあった黄金海岸（ゴールドコースト）だ。キャドバリー社は、ポルトガルとサントメ島をめぐるスキャンダルの後、現地のアフリカ人自作農と共同で、生産性の高いプランテーションを発展させていた。世界のカカオ生産をリードするのは今や黄金海岸だった。

一九三六年、一次産品の国際市場にちょっとした動揺が走る。世界的な収穫量が予想よりも少なかったのだ。カカオ豆の価格は、一ポンド当たり一三セントと記録的に高騰した。ミルトン・ハーシーは慌てた。価格の一層の上昇を警戒して、彼は備蓄を始めた。手に入るだけのカカオを買い占め、保管していたが、価格は一九三七年に暴落する。再びパニックに陥ったハーシーは、計算をめぐらした。さらに大量に買い込めば、供給をコントロールして価格操作ができるのではないか。大胆な発想だったが、根本的に間違っていた。

ハーシー社が市場の買いを独占、跳ね上がった価格ですべてを買い占めるという噂が流れた。すぐに売り注文が殺到。何カ月もそれが続いた後で、ようやく彼も、自分が何も手に入れているわけではないことに気づいた。彼は市場の投機筋の術中にはまったわけだ。投機筋は、近いうちにハーシーが購入時よりもかなりの低価格でカカオを放出せざるを得なくなると見込んでいた。そうしたら買い戻せばよい。いわゆる先物取引だ。現在ではカカオなどの一次産品市場を支配している現象で、ゲームのルールを熟知している人間には巨額の利益をもたらしている。しかし、ミルトン・ハーシーの理解の及ぶところではなく、彼は一〇〇〇万ドルを失った。

ハーシー社の資料によれば、投機筋の思うつぼにはめられたことは彼にとって痛恨事だったようだ。資料に残っている従業員の話によれば「社長は、怒りを表に出す方ではありませんでしたが、世界中が彼の敵に回ったことをずっと根に持っていました。恨んでいました」

しかし結局のところ、大した問題ではなくなった。戦争が忍び寄り、黄金海岸のカカオは、イギリス政府が直接支配下におくようになる。大英帝国全土の他のほとんどの商品作物も同様だった。イギリス政府は、「戦争行動」のため、カカオの価格と輸送の規制を開始。価格規制はチョコレート会社にとって朗報だった。安価な原料供給を見込めるようになる。いつものように経済の重荷は底辺の人間に降りかかった。遠く離れた後進地で農作物生産にあたる人々だ。

ハーシー社も他社も、アフリカの農民を支配することはできたが、国内の支配となるとそう簡単には行かなかった。時代は変わる。市場にも工場にも民主主義がやってきて、旧式の資本家オーナーが長年手にしてきた影響力を切り崩すようになる。善意や資本家の慈善は効力を失おうとしていた。

欧米諸国の労働者は、何十年もかけて発言権を手に入れ、団結して影響力を発揮する手段を見つけた。

労働組合が力を強め、労働者は自分たちの権利が、資本家のお情けによってではなく、基本的な権利として承認されることを求めるようになった。ハーシーは、アメリカで労使対話の一手段となりつつあった労働争議を理解できず、途方にくれるばかりだった。労働者はストを行い、要求が通らないときは暴力に訴えることもあった。経営者側はチンピラやピンカートン社の警備員を雇って、一般労働者を威嚇、必要とあれば実力行使に出た。

ハーシーは、自社従業員のための町を建設し、従業員の物質的・精神的要求に先回りして応えようとしていた。経済状況の苦しい従業員には返済を繰り延べし、買い物ができるように店も用意した。娯楽も提供し、子供たちには落ち着いた道徳的な環境を与えた。大恐慌の間も、彼は利益を失業対策事業にあて、仕事を与えた。ペンシルバニアのハーシーの町では、幸運に恵まれない他地域で経済危機が荒れ狂っていることにほとんど気づかないほどだった。だから、ミルトンは初めてストに直面したとき、ショックを受けた。これ以上何がほしいのだ?

答えは簡単だった。ハーシーは、彼の町が自治体になることを認めたことがなかった。彼は、領主が領地を治めるように町を運営しており、町長も町議会も町役場もなかった。

一九三七年、共産主義者の活動が活発化していた。産業別労働組合会議（CIO）のメンバーが近くの町で秘密会合を重ね、まもなくハーシー社の労働者も他の労働者と共にデモを始める。労働者の要求は、他のチョコレート会社と同じ労働時間（ハーシー社の週労働時間は六〇時間だった）と、賃金や手当を明記した契約書だった。ハーシーは、この決起にどう対応すべきか、まったく見当がつかず、弁護士に任せて家に引っ込んだ。彼の家は、自分がゼロから築き上げた町を見下ろす丘の上にあった。

愛妻キティの死去以来、静かでわびしい場所になっていた。がらんとした大邸宅から、彼は町で起こっていることを、こわごわ眺めていた。

　六〇〇人の労働者が工場の建物を占拠、ドアを鎖で封鎖した。数日のうちに暴力事件が発生した。ハーシーの支持者が、スト中の労働者を殴り始めたのだ。ハーシー社の労働者はＣＩＯが過激な左翼であり反アメリカ的だと判断、労働組合結成の最初の試みは失敗に終わった。しかし、彼らはまもなく穏健派の製パン製菓業労働組合（ＢＣＷ）に参加する。労働者たちは雇用主への強い忠誠心を表明していたが、組合のリーダーたちは、権威的な管理体制と会社城下町の時代は終わったのだと説いた。ミルトンに対してどうこうということではない。彼は良識と誠意を示してきた。しかし彼もいつかは世を去る。彼の利他的な価値観が彼の死後も続くと考えるのは、軽率だっただろう。

　待遇に不満を持つ労働者たちは気づいた。ミルトン・ハーシーが引き取った孤児に費やす金額は、自分たちが給料の中から子供にまわす金よりも多い。ハーシーは温情的であってもやはり独裁者だった。彼の臣下たちは、慈悲と組合の両方を求めたのだった。

　ハーシー社はやがて、アメリカ労働総同盟（ＡＦＬ）と労働協定を結んだ。一方ＢＣＷは、ハーシー社の労働者を代表する権利を得る。労働者の間で資本家の温情主義が力を失っていく時代であり、寛容な資本主義という、維持できるはずのない実験が終わりを告げる時代でもあった。世界は変わりつつあり、ハーシーは次第に孤立感を深めていった。ストの後、彼はキューバにいることが多くなった。そこには宮殿のような邸宅があり、少なくとも当面は、金のある人間が幅を利かせ、采配も振るえる。そこは、物分りのいい素朴な人々の住む単純な世界だった。

キスチョコからM&Mへ

ハーシーは戦争の間、疲労し意気消沈していた。商魂たくましい業者が一次産品市場を支配、わが子ともいうべき自社労働者も彼に背いている。会社の権限は次第に、ハーシー社社長ウィリアム・ムリーに移っていた。

ムリーは五〇年間ハーシー帝国を陰で支えてきた人物だった。ハーシーは夢想家で社会改革の構想に気を取られていたが、ムリーは日常業務を堅実に行う経営者だった。ムリーは数世紀前のコルテスと同様、チョコレートの豊富なカロリーに注目し、戦争行動に役立つ戦略的価値があると米政府に売り込んだ。かつてのアステカやコンキスタドールの時代のように、チョコレートは兵士のサバイバルキットに加えられた。一九四〇年代、一〇億枚の板チョコが兵站にまわった。チョコレートは栄養価も高いが、何より士気を高める。遠く離れた戦場にいる兵士にとって、懐かしいハーシー〈キスチョコ〉ほど、勇気を奮い起こさせてくれるものがあろうか。米政府との蜜月のおかげで、ハーシー社は戦争中大いに繁栄し、アメリカのチョコレート業界で独占状態を維持した。ハーシー社が政府需要のすべてを獲得、他社はハーシー社との交渉を余儀なくされた。

ハーシー社の経営陣が一人の招かれざる客を迎えたとき、社長の座にあったのは、ミルトンではなくムリーだった。ハーシー社は何年も、フランク・マーズの三種のチョコバー、〈ミルキーウェイ〉、〈スリー・マスケッティアーズ〉、〈スニッカーズ〉のために、コーティング用チョコレートを提供していた。

しかしマーズ社も代替わりして、息子のフォレストの時代になっていた。フォレストはイギリスから戻るとき、あるアイデアをもっていた。「お口でとろけて、手で溶けない」チョコレート。フォレスト・マーズは、楽しげな虹色をした丸い小さなキャンディを持って、ムリーの前に現れた。中にはチョコレートが詰まっていた。このキャンディについて、イギリスのラウントリー社と話をつけてあると彼は言った。キャンディはイギリスでは、スマーティという名で売られていたものだ。

フォレスト・マーズは、アメリカでは新製品になるこのキャンディ用のチョコレートを製造するようハーシー社に求めた。それだけでなく、ハーシー社の原料カカオ調達力を必要としていた。このときマーズはまた、ウィリアム・マリーの息子ブルースとの提携も求めた。ビジネススクールの学生だったブルースにとっては大きなチャンスだった。フォレストが自分を父ウィリアムへのパイプ役として使っただけだということにブルースが気づいたのは、ずっと後になってからのことだ。その頃にはハーシー社は、マーズ社へのチョコレート供給で最大手になっていた。ブルースは、チョコレート業界で暴君として知られるようになった人物と深い関わりを持った。

フォレスト・マーズは、人使いの荒い、利己的な人間だったが、ビジネスマンとして有能だった。マーズは、スマーティのアメリカでの生産許可を得ていると言い、〈M&M〉と名づけたその新製品の生産を開始した。マーズとムリーの頭文字をとった名前だ。マーズ社は数十億ドルの利益をあげ、やがてハーシー社の伝説をしのぐことになった。

ミルトン・S・ハーシーは一九四五年に世を去った。彼らしく、持ち株のほとんどは、信託の形でハーシー孤児院の運営のために残されていた。何千人もの人が、このチョコレート業界の巨人、異色の資本家に最後の別れを告げに来た。ハーシーは八〇歳を過ぎてからは悲しげでこもりがちになり、過去の人になっていた。フォレスト・マーズが勢力を伸ばしていくような、弱肉強食のビジネスには生来不向きだった。

戦後、チョコレート製造各社は秘密主義を強め、競争は激化した。新技術や新製品の時代は終わり、買収と合併の時代がやってきた。J・S・フライ&サンズ社はキャドバリー社に吸収され、やがてソフトドリンクの巨大メーカー、シュウェップス社と合併した。最後まで理事会に残っていたキャドバリー一族のメンバーが退いたのは、二〇〇〇年のことだ。

ラウントリー社は当初、合併の流れに抵抗していた。当主のジョセフが書いた覚え書にはこうある。「当社は金を生み出す機械ではない。他者に仕えるという任務を神に託されたものである」。このような考え方は田園都市と共に消え、一九三〇年代には経営陣の中にラウントリー一族はいなくなった。代わって登場したのは、経営のプロたちだった。ラウントリー社は、タフィー製造のマッキントッシュ社と合併、その後、ネスレ社による「暁の急襲」（株式の大量買占め）で買収された。

マーズ社は、今日まで個人企業として残り、何十億ドルもの利益を上げて、米チョコレート業界のトップを走っている。マーズ一族は、家族それぞれがロス・ペロー（情報処理のEDS社の創業者。一九九二年・九六年の大統領選にも出馬）並みの、全米有数の資産家になった。マーズ社の製品は多岐にわたる。〈アンクルベン・ライス〉（にこやかに笑う解放奴隷のパッケージ）、フォレストの渡英当初の事業の名残で、カルカンやペディグリーなどのペットフードもある（不思議なことに、高級ペットフードは多くのチョコレート会社の副業になっている)。

スイスの化学者アンリ・ネスレが自分の会社を手放したのは、それが巨大多国籍企業になるずっと前のことだった。ネスレ社のインスタントコーヒー〈ネスカフェ〉は米軍兵士の基本飲料となり、ネスレ社は戦争中に利益をあげた。他の食品会社にとっては過酷な時期だった。ネスレ社は粉ミルクの販売促進キャンペーンを強力に展開、これが発展途上国で母乳育児の著しい減少につながったとして、世界的なボイコットの対象になった。ボイコットは大規模で、一九七七年から八四年まで続いたが、ネスレ社は復活を遂げ、次々と他社を吸収していった。調味料・スープのマギー社、リビーズ社、ストウファーズ社、サンペレグリノ社、ペットフードのピュリナ社、フリスキーズ社など。

当然の流れとして、チョコレート産業は、家族経営の会社から巨大多国籍企業へ移ってきた。熾烈な競争のあった業界は、独占とカルテルでがっちりと固められるようになった。ほとんどのチョコレート会社は、業界団体の傘下に入っている。団体は、「カカオ豆がどこから調達されているのか」とか「現地の労働者はどのような状況で生活しているのか」といった厄介な問題に対処するための、専門の広報担当者を用意している。直接答えようとする経営者はない。かつてジョージ・キャドバリーは自分がオーナーを務めていた新聞紙上で答えたものだったが。

近年、カカオ豆の売買という汚い仕事は、カーギル社〔米ミネソタ州に本社をおく世界最大の穀物メジャー〕やアーチャー・ダニエルズ・ミッドランド社〔米イリノイ州に本社をおく世界第二位の穀物メジャー〕など巨大食品企業の領分になっている。こうした会社は名前が表に出ることなく、チョコレート会社に代わってチョコレート産業の重要課題に対処できる。特に、製品価格を抑えるためにカカオ豆の安価な供給源を確保するという課題は、常にある。消費者がフェアだと感じるのは、価格が安く設定されることだ。たとえ、そうした低価格の商品がどこかで不公正を生んでいたとしても。チョコレートはこの後何十年も、犠牲を要求し続けることになる。

第5章 ── 甘くない世界

要するに、権力欲にかられた人間にそれをいかようにも発揮できる場が白紙委任されたのだ。彼らの政治判断の論理に、倫理観とか人間性は存在しなかった。……（中略）あとは甘くない世界となる。

──ピーター・シュワブ『アフリカ　自壊する大陸』〔*Africa: Continent of Self-Destructs*〕

ガーナのカカオ農園の誕生と崩壊

黄金海岸（ゴールドコースト）にカカオを持ち込んだのはイギリス人だと、二〇世紀の大半を通じて、イギリスは主張してきた。ブリタニカ百科大事典の旧版でも、ガーナのカカオ農園はイギリス植民者が主導したと書かれている。しかし、西アフリカへのカカオの導入に、イギリスはほとんど関わっていない。それどころか、アフリカ人が苦労の末に達成したものを破壊したとも言える。

「神々の食べ物」カカオの木をこの地域にもたらした最大の功労者は、一人のアフリカ人だ。名前はテテ・クォーシー。黄金海岸の自作農園に生まれたクォーシーは、バーゼル宣教師団の指導で鍛冶屋として生計を立てられるようになった。彼は仕事で他の植民地を訪れ、スペイン領の奴隷島、フェルナンドポー島（現赤道ギニアのビオコ島）に行った。

クォーシーは奇妙な作物に心を奪われた。ヨーロッパ商人はその作物に執着し、アンゴラ人奴隷はそのために働かされて命を落としていた。大きな葉を持つ、丈の低い「神々の食べ物」の木。堅い殻の実が幹に直接ついている。アフリカでは見たことのないものだった。しかしもっと彼の注意を引いたのは、それが換金作物として非常に価値があるということだった。

その木は、数種類の木が混在する農園でよく成長する。他の植物、特に食用の木に囲まれて、最もよく生育する。「神々の食べ物」は木陰を必要とするため、丈の高いバナナの葉が大きな天蓋のようになるのが、最高の環境だ。また根元にヤム芋やキャッサバがあれば、養分の豊富なスポンジ状の腐葉土（マルチ）ができる。湿り気を含むこの腐葉土は、繊細なカカオの花を受粉させるダニ類に最適だ。コーヒーやゴムの場合に見られるようなプランテーション型の単一栽培は、カカオにとっては最悪なのだ。またカカオの栽培・収穫には人の手に勝る機械はない。家族経営の小規模農園で、数種の樹木が混在している所なら、「神々の食べ物」にとって理想的というわけだ。ということは、アフリカ人にとっても理想的ということになる。

クォーシーは仕事で各地を回り、六年後に黄金海岸の自分の村へ、貴重なカカオの種を持って帰って来た。彼はその種を育て、苗木や種を他の農民に分けた。黄金海岸の気候と土は、彼が持ち帰った種にとって最適だった。フォラステロ種は、「神々の食べ物」の中では、丈夫で生産性が高い。それは一八七〇年代後半のことだった。三〇年後に種が成木になって実をつける頃、欧米の社会情勢の奔流に巻き込まれることになろうとは、当時の彼には知る由もなかった。

板チョコやココアを求める世界の消費者の大合唱。しかしカリブ海とラテンアメリカのプランテーションは病害に襲われ、この新しい需要に応えることができない。クォーシーがかつてスペイン人のために働いたギニア湾地域では、奴隷制廃止論者がポルトガル領の島を告発していた。完璧なタイミングだった。スキャンダルにまみれていないカカオ豆を求めて、キャドバリー社が登場し、まもなく黄金海岸のカカオ農園は、活発な取引に沸くことになる。

イギリス政府の方は、カカオが成長してキャドバリー社がやってくるまで、自分の植民地にカカオが生育していることを知っていたようには思われない。当時、アフリカの植民地に対するイギリスの関心は、ローデシアと南アフリカでの利益の大きい鉱山事業に集中していた。しかし、そうした鉱山を持たない黄金海岸で、「神々の食べ物」が新しい市場を拓いたことを知ると、イギリス政府はすぐに首を突っ込んできた。

『ジャーナル・オブ・エコノミック・ヒストリー』誌一九六六年号掲載の論説「黄金海岸のカカオ」を見ると、二〇世紀初頭、カカオの重要性や栽培の科学について、植民地官僚がどれほど的外れの認識をしていたかがわかる。介入してきたイギリス官僚は、カカオ農民に注文をつけた。農園の事業がルーズで非効率だと考えたからだ。森を切り払って、大プランテーションを作ること。木を整然と並べて植えること。草取りや溝堀りを丁寧にして、じめじめしない清潔な環境にすること。余計なものをすべて取り除くこと。――農民は、他の木の陰や草の茂み、腐葉土などで雑然としている環境が、カカオには必要なのだと反論した。しかしアフリカ人の抗議を、役人たちは一笑に付した。「この植民地のカカオ農民とアシャンティ族は、文明のごく初期の段階にある原住民だ。彼らの唯一の目的は、どれほど非効率なシステムでもよいから最小の労力で最多の金を得ることにある」と一九一六年のある報告には書かれている。

同じ「会期報告」は、ポルトガル領サントメ・プリンシペでは、植民者が強制的手段を用いているのでカカオ生産がはるかに効率よく行われていると嘆いている。イギリス植民地でも一考の余地があると、報告の筆者は示唆しているのだ。「平和的に説得に当たるのは、当地の官吏の数からして、必ずしも成功しない。カカオ生産の将来的発展に欠かせない方策をとる能力のない人々に、必要な栽培手法改革を強く促すには、法的措置が不可欠と思われる」

イギリスの官僚的な干渉にもかかわらず、一九二〇年には、黄金海岸は世界最大のカカオ輸出国になっていた。カカオの種も栽培のノウハウも、農園の規模を問わず、熱帯アフリカ全域に広がった。アフリカ農民は、これまで頼ってきたコーヒーとパームオイルに加えて、新しい換金作物を手に入れた。しかもそれは、他のさまざまな作物の栽培と両立可能だった。

黄金海岸は一九五六年にイギリスから独立、西アフリカ初の独立国になる。建国時の大統領クワメ・エンクルマは、古代アフリカの王国の名にちなんで、国名をガーナと変えた。独立国ガーナは以後数十年、カカオによって富を蓄えることになる。

エンクルマはカリスマ的ナショナリストで、旧宗主国に対する憧れを持ち合わせてはいなかった。左翼思想と政治的扇動を問われて、獄中生活を強いられたこともある。彼は新世代のアフリカの指導者で、宗主国によって課せられた桎梏を打ち破ることを決意、その能力もあった。当初、アフリカの春の息吹の見通しは明るく、自由と自治の期待が漂っていた。エンクルマは宣言している。「世界と他の国々に向かって、我々は示そうではないか。わが国は誕生したばかりだ。しかし、自らの礎を築く用意はできている」

大統領としてエンクルマは、イギリスに代わってカカオ流通公社《マーケティングボード》〔農民から農産物を買い上げ、国内での流通・輸出まで独占的に行い、取引価格を決定する機関。第二次大戦中の農産物統制機関を引き継ぎ、英領植民地では一九四五～五〇年代初期に設立〕の支配権を握った。また、カカオ生産者が団結してカカオ豆の価格を設定できるよう、カルテル結成を試みる。しかしこれは、チョコレート大企業にはもう経験済みのことだった。ミルトン・ハーシーは一九三〇年代にこうした火遊びをやめさせていたが、今回もハーシー社が乗り出してきた。一九六〇年代初めのアフリカで台頭してきたこの運動をつぶすためにハーシー社が何をしたか。社の資料にその一端が残っている。「社内の皆がそれに関わった」と、買い付け担当者リチャード・ウーリッヒは語っている。「皆の同意を得る必要があった。多額の資金を借り入れる必要があったからだ」

ウーリッヒは、ハーシー社の口述史プロジェクトの一環でインタビューを受けている。社の資料に残る彼の発言は示唆に富む。彼は「カカオ豆をこれでもかというほど買い付けて、一九六五年の大量買付けのことを語っている。「保管場所もないまま買い付けて、豆がどんどん届いて（笑）、何でもやったよ」。靴下・下着の古工場の倉庫や閉鎖された車輌工場、廃業したキノコ栽培小屋にまで場所を借りて、アフリカから来る数千トンのカカオ豆を保管したという。「豆が届き始めたときには、まったく、二四時間、荷降ろしにかかりきりだった。次から次へと信じられないような勢いでやってきた。何しろ列車に満載して来るわけだから」

ハーシー社は、価格が上昇するのを悠然と待ち、それから売り浴びせた。結果はわかりきっている。アフリカのカカオ・カルテルは終わった。

一九七〇年代、カカオ豆の価格は底が抜けたように暴落、ガーナは莫大な債務を抱えていた。エンクルマは政権の座を追われ、新生アフリカという彼の約束は、冷ややかな失望に取って代わられていた。彼自身の腐敗と無能が、新しいアフリカの民主主義という遠大な目標の運命を決定づけてしまっていた。多くの農民がカカオ栽培を断念、食糧生産に切り換えた。入ってくる金は少ないが、これでチョコレート会社の力に左右されることはない。

持ちこたえようとした農民もいる。問題は、「神々の食べ物」が他の作物と両立可能とはいえ、完壁な生育条件と丹念な世話を必要とする、気難しい木だったことだ。高価な殺虫剤や除草剤はカカオの寿命を延ばし、生産性を高めるが、大チョコレート企業がカカオ豆の価格操作をしている中では、カカオの木の維持コストが、カカオ豆の価格を上回ることも多かった。カカオの管理をする代わりに、多くの農民はただ次々と熱帯林を切り拓いて新しい木を植えるようになり、あとには打ち捨てられた農園が残された。熱帯林の減少と共に、激しい旱魃が頻繁に起こるようになった。一九八〇年代初め、山火事が農園地帯に壊滅的打撃を与え、ガーナのカカオをほぼ全滅させた。

チョコレート会社は涼しい顔で、何世紀もの間やってきたのとまったく同じことをした。他の場所に乗り換えるのだ。新しい供給源を探して、今や世界的に定着したチョコレート熱を満たす。彼らは目当てのものをすぐ隣に見つけた。コートジボワールだった。

不可解な国、コートジボワール

霧のかかった熱帯の密林から蜃気楼のように浮かび上がるのは、ノートル・ダム・ド・ラ・ペ（平和の聖母）聖堂だ。コートジボワールの首都ヤムスクロの市境にあるこの大聖堂は、大きさといい壮麗さといい、バチカンのサンピエトロ大聖堂に引けをとらない。ローマ法王の申し入れで、建物の高さはサンピエトロより低くなっている。しかし、丸屋根の先端にアフリカの空に向かって伸びる金の十字架を入れれば、その高さはサンピエトロをしのぐ。影の薄い二番煎じどころか、こちらの方が幾重にも壮大だ。一九八〇年代の素材や技術を使って、巨大な卵形の屋根が、ほとんどすべてステンドグラスで作られている。ステンドグラスの総面積は七四〇〇平方メートルにも及び、三六の聖書の場面が、ヨーロッパ中の才能ある職人の手によって描き出されている。

大聖堂の中に入ると、磨き上げられた木製の信徒席が並ぶ。席は個別のエアコン付きだ。礼拝者は、自分が蒸し暑い熱帯のバナナとカカオ・プランテーションの国にいることを忘れ、神との対話に集中するという贅沢を味わえる。その他に聖堂内には、一万一〇〇〇人を収容できるスペースもある。正面扉の前の広場(これもバチカンを思わせる)には、三〇万の信徒が入ることができる。広場の向こうには、ゆったりとした駐車スペースが広がる。コートジボワール全土でもカトリック教徒数が一〇〇万人に満たず(そのうち車を持っている人はごくわずかだ)、それが三二万平方キロにも及ぶ国土に散らばっていることを考えれば、これほどの大聖堂がいったい何のためにあるのか、ざっと見ただけでも頭を悩ますところだ。

大聖堂の建築を命じ、自ら陣頭指揮に立ったのは、コートジボワール建国の父で、長く大統領を務めたウーフェ・ボワニだ。「親父さん《ル・ヴィユ》」という呼び名の文字通りの意味は「年寄り」ということだが、もっと親しみが込められている。ウーフェは、聖母マリアへのこの捧げ物を、どれほどコストがかかっても建設しようと考えた。今でも、最終的な経費を知るのは難しい。完成前ですでに三億ドルに上っていたという推定もある。数年間、二四時間体制で建築が続けられた。作業のほとんどは厳密な秘密主義の下に行われた。建築家はレバノン系コートジボワール人だが、職人はすべて外国人だった。主な設計者はすべてフランス人で、彼らの肖像がステンドグラスの絵の一つに描かれている。絵にはまた、神の卑しき僕ウーフェがキリストの足元に描かれている。

建物の建築と敷地の整備にあたったのは一五〇〇人のコートジボワール人だったが、聖堂建設は、コートジボワール国民にはほとんど何の関係もない事業だった。ただし、聖堂の建設費を払ったのは国民だ。建築中だけでなく建築後も何年もかかっている。大統領によれば、聖堂の費用は「神の計らいによるもの」となるが、もっと正確に言えば巨額の外資だ。ウーフェは、コートジボワールの豊かなカカオをあてにして資金を借り入れることができた。聖堂が完成した一九八九年、カカオ価格は大暴落し、コートジボワール経済は混乱した。しかしその事態は、壮大な建物には何の影響も及ぼさない。「平和の聖母」聖堂は「親父さん」に関わるすべてのものの象徴だった。彼の肥大した自我と、政治的偉業の記念碑。同時にそれは、母なる教会への帰依と、そしてウーフェの政治的パトロンであるフランスとの密接な関係を示すものでもあった。

聖堂の建つ首都ヤムスクロも、ほとんど子供だましの作り物だ。ウーフェが自分の生まれた村に近代的大都市の建設を命じた、その結果がヤムスクロなのだ。ここで彼は、かつての大宮殿に葬られている。全長五キロに及ぶ防護壁に囲まれた建物群。人口の湖には本物のワニがいる。ヤムスクロを走り抜けていると（車はどうしても必要だ。他のほとんどのアフリカの都市と違って、ここでは歩いていける距離には何もない）、超現実の世界に入り込むような気がする。六車線ないし八車線の道路に、車はほとんど走っていない。ある日の午後、一〇キロ以上走る間に見た車はタクシー一台だけだった。中国人乗客二人が、両国間の合同プロジェクトの現場に向かうところだった。

イギリスのボーンビル、ペンシルバニアのハーシー、さらにいえばモクテスマのアステカの首都までさかのぼれる伝統そのままに、ヤムスクロが象徴するものは、温情主義と誇大妄想、そしてチョコレートだ。しかし他の場所と違って、ヤムスクロは住民からほとんど隔絶している。重要な政府機関は、ほとんどすべて郊外に位置する。大統領の記念碑には、一般市民は立ち入り禁止、ワニのいる湖は水草で覆われている。幹線道路を走っても、どこに行けるわけでもない。大聖堂での日曜ミサは、フランスから来た中年の司祭たちが執り行う。聖餐を受けるのは、信徒席にぱらぱらと座っている数百人の信者だ。熱帯林を抜けてわざわざやって来るのだ。しかし考えてみれば、チョコレートもまたコートジボワール人とは何の関係もない。この国がなぜ「コートジボワール」と呼ばれるようになったのか、そしてなぜ世界最大のカカオ生産国になったのかという歴史もまた、国民とは関係ない。

フランスとの戦い

ウーフェは一九〇五年、地主階級の名家に生まれた。フランスがコートジボワールを西アフリカ植民地の一部と宣言した翌年のことだ。ウーフェは医学を学んだ。しかし、フランス植民地ではアフリカ人は、助手あるいは補佐と呼ばれていた仕事には就けるが、免許を得て医師として開業することはできなかった。一九三〇年代、彼は医者としてのキャリアを断念、父のカカオ農園で働くことにする。影響力を持つバウレ氏族に属する家柄のおかげで地元地区のリーダーになると、彼はすぐに植民地当局への抵抗を始めた。

一八八五年のベルリン会議で、アフリカ大陸はヨーロッパ列強に分割されることになった。レオポルド二世のコンゴでの事業をきっかけに、資源の宝庫であるこの「暗黒大陸」の争奪戦に火がついた。

ドイツ首相ビスマルクはヨーロッパ列強に呼びかけて、アフリカの領有権をいかにして秩序正しく紳士的に分配できるかを協議した。利害が競合するときに起こりがちなごたごたは避けねばならない。ビスマルクは何よりも明確なルールと礼儀が守られることを求めた。イギリスは、西アフリカの黄金海岸とナイジェリアの領有権を主張、これにカイロからケープタウンまでの広大な一帯も加わった。フランスは残りの西アフリカ地域を獲得した。アルジェリアからコートジボワール、別名象牙海岸（植民地商人の垂涎の的である商品の名がつけられた）までだ。ベルギーのレオポルド二世はすでにコンゴを押さえている。ドイツ、ポルトガル、イタリアは、争って残りを取り合った。

ベルリン会議で線引きされた国境は、帝国主義列強の利害によって各国の領土を定めたものだった。それは王国を分断し、一〇〇〇年も続いていた地域間、異民族間の関係を寸断した。部族が半分ずつ、別々の植民地の支配下におかれるようになった場合も多々あった。親類同士で、別のヨーロッパ列強の支配を受けることになったことさえある。こうした恣意的な分割が地元住民にどのような影響を及ぼすかは、まったく考慮されなかった。列強の論理は、未開の地域とその住人を植民地支配者の必要に従属させることだけだった。

西アフリカ人は、フランスの植民地経営をそうやすやすと許しはしなかった。コートジボワールは何年も占領に抵抗、資源を収奪しようとしたフランスの計画を狂わせた。その結果フランスは、二〇世紀の前半のほとんどを、遅れを取り戻すのに費やすことになった。一番の競争相手は、黄金海岸とナイジェリアを植民地にしたイギリスだった。イギリスには、ギニア湾に面して良好な港湾施設を備えているという優位性もあった。

フランスもイギリスも、植民地での農産物の生育状況について、ほとんど理解していなかったようだ。しかしアフリカ農民の能力と植民地貿易商社の事業、また熱帯産原料に対する需要の爆発的増加も相まって、ギニア湾沿岸の西アフリカ諸国は、アフリカ植民地の中で最も重宝なものになった。一九二〇年以降の数十年で、黄金海岸とナイジェリアからの商品作物の輸出は九〇〇％増加した。フランス領西アフリカ諸国からの輸出は一〇〇〇％をゆうに超える急増ぶりだった。

コートジボワールに対するフランスの関心は、主にカカオとコーヒーにあった。しかし、労働力をめぐる相変わらずの問題にぶちあたる。植民地の支配者たちにはさっぱり理由がわからないのだが、アフリカ人たちはフランス人のために働きたがらない。特にただ働きはごめんだと言うのだ。解決も代わり映えのしないものだった。フランスは、地元住民にカカオ農園での労働を強制する法律を導入した。また、支配下の住民に対する人頭税を導入、フランス通貨による納税のみを認めた。フランス通貨を稼ぐには、フランスのために働くしかなかった。

ウーフェ家のようなコートジボワールの農園経営者は、労働力を雇う上でフランス植民者の地主層と競合することになった。カカオ農園の生産性の鍵を握る季節労働者は、まずフランス人経営の農園にとられ、しばしば地元の農園にまったく回ってこなかった。地元農園の不利はそれだけではなかった。フランスは二重価格を設定、フランス植民者が生産したカカオは、地元アフリカ人が生産したカカオよりも、一ポンド当たりの値段が高かった。

フランスのこうした差別的政策によって政治に目覚めることがなければ、ウーフェは植民地のアフリカで、それなりに成功した農園経営者として生涯を平穏に過ごしたかもしれない。一九四四年、ウーフェは「アフリカ農民組合（ＳＡＡ）」を結成。これは地元の地主層が主体のエリート組織で、地主たちの要求はフランス植民者と同等に労働力が得られることだった。ウーフェは、この地域のアフリカ人知事の支持を得る。知事は、地元のカカオ生産者とコーヒー生産者のために有利な条件を求めていた。知事にはまた、人種差別主義者の植民地支配層（多くはビシー政権〔一九四〇年〜四四年のフランスの対独協力政権〕寄りのファシスト）の政治的影響力を削ごうという思惑もあった。

フランスはＳＡＡの要求を却下、フランス植民者の優遇を続けた。ＳＡＡは攻撃の矛先を農民徴用政策に向ける。これは、アフリカ人をフランス人のプランテーションで働かせるためにフランスが課した政策だった。後に、ＳＡＡは西アフリカ人を強制労働から解放したと称賛されることになるが、それはウーフェの当初の意図からは程遠かった。

ヨーロッパ列強には、植民地の住民をうまく「手なずける」ための理論がいろいろあった。そのすべてに反映されていたのは、帝国主義をいわば道徳的な十字軍とする信念だった。イギリスでは「白人の責務」、フランスでは「文明化の使命」、ドイツは「文化」といった具合だ。どれも、闇の中で暮らす半人前の人々に、文明と啓発をもたらすのだと謳う。これらがどれほど高尚な響きを持っていようと、理論でも実践でも植民者は偏見の塊だった。人権活動家から改善の圧力がかかっても、これは変わらなかった。

戦後の開明的姿勢を示すため、一九四五年にフランスは植民地初の選挙を許可。フランス国民議会の一議席を、一四人のアフリカ人候補者が争った。ＳＡＡとバウレ族の支持を受けたウーフェが（彼が自分の名前に「ボワニ」とつけたのは、政界入りのときだった。現地の言葉で「無敵の力」を意味する）当選、フランス議会の現職議員となる。

パリでウーフェはフランス左翼勢力、特にフランス共産党と連携、共産党はアフリカ人の解放を求める彼の姿勢を支持した。彼の創設したコートジボワール民主党（ＰＤＣＩ）は、アフリカ人に絶大な支持を受ける多くの領域で、革新的政策を打ち出した。完全な市民権、医療と教育を受ける機会、道路や農園の近代化。一九四〇年代末の選挙で、ＰＤＣＩは飛躍的に支持を拡大した。一九四五年の国民議会選挙に初当選したときは、一般投票で五〇％を獲得していたが、再選時の得票率は九八％に上った。彼はこの力と影響力を、植民地政府への攻撃に使うようになる。

第二次世界大戦後、宗主国が自国の再建に資源をまわしたため、アフリカ経済は急激に失速した。戦時中にあった賃金と物価の統制は解除されて、アフリカ産一次産品の価格は暴落。いずれにせよ、その頃までに、農産物生産者に不利なシステムはできあがっていた。ロンドンやニューヨークのブローカーによる需給操作のテクニックは完成の域に達していた。価格は底なしの低迷を続け、こうしたブローカーと彼らの顧客、すなわちチョコレート企業に有利になった。カカオ取引の底辺にいるアフリカ農民の収入は減り続けた。一方で、ヨーロッパから強いられた農法に不可欠の殺虫剤や除草剤の値段は上がり続けた。

一九四九年、ついにＰＤＣＩは、悪化の一途をたどる経済状況への抗議として、街頭での直接行動をコートジボワール人に呼びかけた。フランスをはじめとする植民地帝国は、入植初期の数十年、頑強に抵抗する部族との戦闘を強いられたことがあったが、一般市民がこれほどの規模でデモを行うのは前代未聞だった。決起は植民地当局にとって脅威となった。フランス軍は武力で容赦なく弾圧し、抗議行動をしていた多くの人々が殺された（公式発表では死者は五二人）。三〇〇〇人もの人々が逮捕されたが、ウーフェは、フランス国民議会議員の免責特権で投獄を免れた。ウーフェ率いるPDCIと彼自身の力は強まった。

このニュースはアフリカを駆けめぐった。ウーフェの支持基盤は自分の部族と地域から、コートジボワールの全部族へ、さらに他のフランス植民地へと拡大。農民組合SAAは汎西アフリカ的組織へ成長し、西アフリカ全体でフランスの覇権を脅かすようになる。フランスは、ウーフェのデモを攻撃しただけではなかった。いくつかの反対勢力を選んで大がかりな財政的・政治的支援を行うと共に、植民地当局の支持がなければ組織の結成は法的に不可能とし、ウーフェの議席確保の妨害を図った。

アフリカの奇跡

ウーフェは生来、革命家というよりは実業家だった。権力を好みPDCIを地下に潜らせる気などなかった。また、強硬姿勢を貫いた場合、フランスがコートジボワールの発展のための支援を減らすのではないかと恐れた。一九五〇年、彼は実利的かつ戦略的な行動に出る。急進主義から穏健派への政治路線の急旋回だ。フランス共産党と手を切り（ウーフェは、両者の関係は初めからなかったと主張した）、植民地当局と密接に連携を取る意志を明らかにした。彼が述べた政策はきわめてわかりやすい。

「新たなページがめくられた。そこに我々の決意を記そう。アフリカをフランス連合（一九四六〜五八年におけるフランス本国と海外領土の集合体。フランス共同体の前身）で最もすばらしく、最も忠実な地域とするのだ」

フランスへのすり寄りの配当は大きかった。コートジボワールはフランス植民地の中で恵まれた待遇を受ける。カカオとコーヒーの市場が保護され、またフランスの海外援助のうち多くの額がまわってきた。一九五六年、ウーフェはフランス政府に大臣職を得た最初のアフリカ人となった。支持者はこれを変節とみなしたが、「無敵の力」ウーフェは、自らをコートジボワール国民の英雄と考えていた。フランス政府と密接な関係があることで、ヨーロッパのビジネスマンが彼の庇護を求めてコートジボワールを訪れ、彼はまもなく植民地ビジネスマン層のごひいきになる。

一九六〇年八月七日、コートジボワールは独立し、ウーフェが初代大統領に就任した。PDCIが旧宗主国との緊密な連携に前向きだったため、フランスは、選挙に対抗勢力が存在しないよう手を貸した。新憲法は、行政権を完全に大統領に委ねた。

国民を代表しているように見せかけるため、また厄介な存在になりかねない勢力を懐柔するため、ウーフェは反対派と青年団扇動者を政府に加えた。こうして体裁は整ったが、コートジボワールは事実上ウーフェの独裁下におかれた。報道の自由もなく、野党もなく、民主主義もない。代わりに国民が得たものは、サハラ以南のアフリカで最強の経済だった。これが「アフリカの奇跡」と呼ばれるようになる。ウーフェ自身の言葉を借りれば、「我々は仕事にとりかかるにあたって、規律を旨とせねばならない。是非とも自由意志でこれを認めてもらいたい。しかし、必要ならばこれを義務とすることも私は辞さない。なぜならわが国は、発展を遂げねばならないからだ」

「親父さん」はビジョンを持った専制君主だった。彼は文字通りコートジボワールを仕事にとりかからせた。地方で使える土地があればすべて農地への転換を奨励、換金作物か食糧を作らせた。未踏の熱帯林は一夜にしてカカオ農園に変貌した。彼は、他の西アフリカ諸国から人々を移住させ、コートジボワールの繁栄のために開墾にあたらせた。独立から五年後の一九六五年、政府調査によると労働力の半分が「外国人労働者」になっていた。

こうした移民がコートジボワールの奇跡の一端を担うことに反対した国民はほとんどいなかった。外国人労働者の出身国はマリ、オートボルタ（現ブルキナファソ）、ギニア。凶作とサハラ砂漠の拡大で、彼らは仕事を求めて必死だった。彼らが辛い仕事にも喜んで就く一方で、コートジボワール人は都会に出て、教育を受ける機会を得、事務職や下級官吏の仕事を得た。この国のもっと有力な「外国人」、フランス人のために働くのだ。

アフリカの植民地の多くと異なり、コートジボワールにはフランス人が何万人も移住し、豪奢なフランス人街を建設した。商業地区も完備され、パリのものが何でも手に入る。彼らは、ギニア湾の起伏に富んだ海岸線ですばらしい砂浜を楽しみ、フランス人用のリゾート施設を建てた。そこで働くのは、賃労働を求める若い黒人だった。

一九六五年の政府調査では、国内企業の経営者の八五％、重役の八一％をヨーロッパ人が占めていた。一方、下級事務職ではこの比率は逆転した。この機会の不均等に不満を示す兆候があれば、ウーフェ政権はすぐに抑圧した。予防拘禁と国外追放が常套手段だった。ＰＤＣＩを支持する場合に限って、表現の自由が認められていた。

フランスは、旧植民地の経済的自由主義と強権的リーダーシップを歓迎した。ウーフェは市場を保証され、ヨーロッパ各国の銀行から低利子融資を受けることができた。ウーフェは、植民地独立後のアフリカで、ヨーロッパとアメリカが望んだ通りの存在だった。国内を締めつけ、外からの投資に門戸を開く。ウーフェは、国民のためというよりはヨーロッパのための政治家になったのだった（彼は、南アフリカのアパルトヘイト政府と長く関係を維持した）。三つ揃いのスーツを着込み、肉づきのいい顔には禅僧のような落ち着きがある。少し寄せた眉根が、常に国家の大事を憂えていることを示す。しかしウーフェも国民をまったく無視していたわけではない。この申し分なしの慈悲深い独裁者は、国民からは服従を、かつての仇敵フランス政府からは寛大な支持を受けていた。まさに奇跡。それはチョコレートに対する飽くなき欲望の上に築かれたものだった。

カカオは単なる輸出用作物ではない。建国の父にとって、カカオはコートジボワールそのものだった。ウーフェの党の中核は、地元のカカオ農園と取引業者だった。ウーフェの生地でもある古くからのカカオ生産地域は依然としてバウレ族が支配していたが、コートジボワール全土で、他の部族が新たに開拓を行っていた。地方では、主にディウラ族の人々が、ウーフェの指名で各地の実権を握っていた。ディウラ族は、コートジボワール北部とマリ、オートボルタから来たイスラム教徒だ。特にウーフェと同じバウレ族には、これに不満を持つ人々もいた。しかし「親父さん」がディウラ族を保護したのには理由がある。彼らはコートジボワールで最も優れたカカオ生産者で、また祖国からの移動労働者と関係があった。移動労働者はカカオ生産の成功に欠かせない労働力だ。またディウラ族は、イスラム教徒のカカオ商人や中間業者と宗教を共有していた。そしてアルジェリアやレバノンから来る、フランス語を話すアラブ人の大実業家が増えつつあったのだ。

ウーフェはカカオ豆の公定価格を設け、市場価格が低いときにも農民に収入を保証した。差額を補填するため、国はヨーロッパ各国の銀行から融資を受けた。地方の住民は初めて購買力を得て、「親父さん」への熱列な支持は地方にも広がった。基本的には相変わらずフランスに支配されてはいたが、それでもアフリカで、国民にとって最高の国だった。食糧は豊富で、栄養失調は存在しなかった。

一九八〇年代にガーナのカカオ農園地帯が広い範囲で山火事の壊滅的被害にあう前から、コートジボワールは世界最大のカカオ生産国への道を歩んでいた。かつてメキシコ、ベネズエラ、ポルトガル領の島々、黄金海岸が占めてきた地位を、今やコートジボワールが引き継ぎ、トップに躍り出た。この地位を他国に明け渡すつもりなど、「親父さん」にはさらさらなかった。

一八世紀の大思想家トクヴィルは、後に「期待高揚」理論と呼ばれるようになる、ダイナミックな社会現象を指摘している。そこで示されているのは、生活水準が高くなるにつれ、いっそうの速さでいっそうの改善を求める欲求が強くなるという考えだ。進歩の速さや程度に人々が満足することはめったにない。ウーフェの経済的奇跡でも事情は同じだった。独立から一〇年でコートジボワールのGNPは倍増したが、国民はもっと早く、もっと多くを求めた。独裁政権にとってさえ、抑圧された人々がある程度満足していることが必要だ。ウーフェの経済的成功は、やる気と満足感のある社会に負っていた。コートジボワール国民は、衣食足りて、さらに上のライフスタイルを求めるようになった。彼らは、地方を牛耳るディウラ族に不満を持つようになり、またあらゆる都市で商業活動を握るフランス人を憎むようになった。

最後の賭け

ウーフェの奇跡には、蜃気楼のようなところがある。カカオ豆に助成金を出し、また大規模な公共事業によって国民の支持を得ようとした。事業は玉石混交だった。ただ、すべての計画が借り入れ資金に頼る点では共通していた。新しい道路、橋、通信網が、遅れた植民地を近代国家に生まれ変わらせた。ほとんど沼地と変わらない海岸沿いの小さな漁村、サンペドロ。ウーフェはここを西アフリカ沿岸で最大、最深の港にしようとした。港の用途はほぼ全面的に、カカオの出荷だ。着工前と完工後の写真は驚くべきものだ。海岸の景色はすっかり作り変えられた。泥壁の家の集落があった所に、活気あふれる商業センターが建てられた。オランダ、フランス、アメリカからの輸送船が桟橋に並び、世界中のチョコレート・ファンのもとへ、何百万トンものカカオ豆を運び出そうとしている。しかし、この港の建設費は莫大な政府債務を生み出した。

さらに狂気の沙汰とも言うべきプロジェクトがある。最大の都市アビジャンに建てられた、ホテル・アイボリー。植民地解放後のアフリカの最高級ホテルの一つだ。干潟に面して立てられた小都市。ホテルのカジノ、レストラン街、プールの数々、ショッピングプラザを訪れるのはヨーロッパ人に限れる（あるいは腐敗したコートジボワール人）。ウーフェがアフリカで唯一と胸を張ったスケートリンクまである。しかし、気温がめったに三〇度以下に下がらず、湿度は八〇％にもなる場所で、氷を維持するのにどれほどのコストがかかるのか。途方もなく馬鹿げたことに思える。

アビジャン自体も、発展途上国としては驚くべき都市の一つだ。非対称な形をした近代的なビルが力強くアフリカの空を突いている。ぴたりと窓を閉ざしたオフィスの冷房のための膨大な電力消費。国際市場のカカオ価格は、激しく、しかもほとんどは下向きに動いていた。しかし、その損失を引き受けていたのは農民ではなく国だった。ウーフェが自分の記念碑の決定版として、あの大聖堂を建て始めるずっと前から、コートジボワールは莫大な債務を抱えていた。

一九八〇年代後半にカカオとコーヒーの価格が暴落したとき、ウーフェはコートジボワールのカカオの価値を上げようと躍起になった。自国が世界最大のカカオ輸出国だということに彼も惑わされ、市場に対して影響力を持っているかのように思い込んだのだ。この二、三〇年で、一次産品の世界は劇変し、市場の力は小国の政府をゆうに上回る。市場価格は、カカオ豆など一生でただの一度も見たことのないブローカーや一部の有力企業によって決定される。ウーフェは国際市場のカカオ取引を操作しようと全力を尽くしたが、投資家と巨大企業が支配する市場には勝てない。

ついに一九八七年、アフリカの奇跡の創出者は、わずかに残る自国の富を救おうと、捨て身の賭けに打って出た。彼はコートジボワール政府の破産を宣言、四五億ドルもの莫大な債務の返済は不可能と表明して、債務返済期日を守らなかった。同時にウーフェはコートジボワール産カカオの国際市場への出荷を停止した。このボイコットは二年続いた。彼は文字通りこの国の経済を閉鎖、政府は機能停止に陥った。

一九八〇年代にフランスでベストセラーになった『カカオ戦争——禁輸措置の真相』〔*La guerre du cacao :Histoire secrète d. un embargo*〕が示す通り、ウーフェは事実上のカカオ戦争を仕掛けたのだった。コートジボワールの「親父」対巨大チョコレート企業と銀行。奥の手として、彼は旧宗主国フランスから秘密裏に巨額の助成を得、代わりにフランスの二大チョコレート企業にコートジボワール産カカオ豆をすべて供給する契約を結んだ。世界市場のギャンブラーたちに対して仕掛けた、一か八かの大博打。

だがフランスのメディアがこの密約を暴露し、取り決めはご破算になった。たった一つの商品作物が支えた経済的奇跡。ウーフェの賭けはコートジボワールの経済破綻をさらに深刻化させた。農民は収入を失い、物価は暴騰、地元産業は衰退した。ウーフェにとっては取り返しのつかない失敗であり、多国籍チョコレート企業の完勝だった。世界最大のカカオ生産国でさえ、チョコレート企業に楯突くことは許さないと彼らは示したわけだ。さらに銀行が乗り出して、債務を逃れることもできなくなった。コートジボワールのような扱いにくい国に対する新しい武器を、彼らは手にしたのだった。

世銀・IMFがもたらした災厄

一九四四年七月、ブレトン・ウッズに集まった各国代表団。このとき設立した世界銀行とIMF（国際通貨基金）が戦後世界で善意の力を発揮する機関になると、彼らは本気で考えていたことになっている。未来への大きな希望があった時代だった。ビジョンと強い意志の持ち主にとっては、それまでの数十年間のような政治的・経済的大混乱が再び起こるのを避けるため、構造を整える絶好の機会と思われた。

半世紀以上もの実験を経た今日、この二つの国際機関の処方箋を受けた国々は、善意という言葉を口にしないだろう。途上国をいじめ、意のままに動かす政策は、幻想を砕き、怒りを生んだ。同時に経済状況はますます悪化した。コートジボワールでは、憤りはことのほか深い。

一九八〇年代後半、世銀とＩＭＦは史上最も強力な国際機関に発展、当時のアメリカの新自由主義的な財政、外交政策の影響下におかれるようになった。こうした政策は、世銀とＩＭＦもあるワシントンで作られ、しばしば冷ややかに「ワシントン・コンセンサス」と呼ばれる。この二機関を動かしていたのは、レーガン米大統領と彼の経済アドバイザーたち、それに政治的な魂の友サッチャー英首相の政治信条だった。二機関は、危機的状況にあった第三世界の経済に、資本主義的・自由主義的な政策を押し付ける強硬派の道具になった。多くの第三世界諸国が、専制的な指導層の誤った国家運営と腐敗のおかげで、経済危機に陥っていたのだった。

世銀とＩＭＦによる処方箋として発展途上国に押しつけられた経済財政政策は、むしろ、先進諸国の銀行や国庫、企業のトップに恩恵を与えるものだった。このため、経済危機に陥っていたアジア、ラテンアメリカ、アフリカ諸国では、すでに広がっていた冷ややかな見方がさらに強まっただけだった。ＩＭＦと世銀のトップはアメリカ政府によって選ばれる。この二機関、特に世銀はすぐに、レーガノミックス〔減税と規制緩和を基調とするレーガン政権の自由主義的経済政策〕の追従者と見なされるようになる。「自由化」は当時流行の専門語になった。流通公社や規制担当部局、保護的な関税、補助金など、グローバル市場の「自然な」ダイナミックスを阻害しかねないとされる政策は、すべて廃止を求められた。

発展途上国の中には、破滅を食い止めようとした結果、指導層が債務を膨らませた国々があった。債務はしばしば指導層の私欲の隠れみのになったのだ。こうした国々は世銀に救いを求める。コートジボワールもその一つだった。同国は世界最大の債務国の一つになっていた。

ウーフェは他国と共に財政支援を求める列に並んだ。待合室に詰めかけたすべての債務国に対し、世銀とIMFが提示する処方箋は一つしかなかった。経済自由化のショック療法だ。

経済破綻した国々に求められたのは、農産物流通公社の廃止、補助金の撤廃など、自国の経済問題に一切の介入をやめることだった。残ったのは有名無実の役割だけだ。この処方箋によれば、一切の政府プログラムは削減ないし撤廃されねばならない。公共サービスはぎりぎりまで削る。医療、教育、インフラを最低限に抑える。医者に診てもらうのも受益者負担、それなりの支払いを覚悟するよう国民は求められた。通貨は切り下げられる。

債務国では、農業は輸出向け商品作物に絞られ、自国で消費する食糧はほとんど（主にアメリカから）輸入することになった。国営企業は民営化され売却された（売却先はたいてい外資系多国籍企業）。一次産品は市場に放り出され、底値で売られる。こうした政策は「構造調整計画（SAP）」と呼ばれた。経済危機に苦しむ社会に対して、構造調整計画が何をしたのか、この略称が何よりもよく物語っている（「sap」は「蝕む、徐々に奪う」の意）。

ウーフェはこの処方箋を呑んだ。というより、国民が呑まされたと言うべきだろう。コートジボワールは一九八九年、世銀とIMFに委ねられた。「平和の聖母」大聖堂は完成を目前にしていた。世銀から五年間の構造調整融資を六件受け、構造調整計画の痛みを吸収しようとした。世銀は農業、特にカカオ産業に照準を合わせた。ウーフェは、予測不能の商品市場がどうなってもカカオ生産者に最低価格を保証するため、安定化公庫（CAISTAB）と呼ばれる機関を設けていた。自由化のショック療法の下では、CAISTABは廃止されなければならない。

農民は教育を受けていない場合が多く、市場価格を知る機会もない。彼らは取り残され、レーガン流自由主義の荒波に、いきなり放り込まれた。カカオ市場は野放しの自由競争となり、CAISTABの補助金がなくなった生産者は多額の損失を被り始める。かつては小口融資が受けられたが、構造調整計画と共に廃止されていた。外国為替市場でコートジボワール通貨が下落すると共に、生産者と彼らが依存する中小企業の購買力は失われ始めた。そして何よりもカカオ豆の国際市場価格が、ここ数十年で最低の水準に落ち込んだ。

こうしたことはチョコレート企業や多国籍食品輸出企業に何の影響も及ぼさなかった。むしろ反対だ。低価格の下、農民は収入を増やすために生産量を増やしていた。コートジボワールからのカカオ輸出は価格が低下するにつれて増加した。同時に、世銀とIMFに奨励されて主にアジア諸国が新たにカカオ生産に参入したため、市場にカカオ豆があふれ、価格をさらに引き下げた。

経済自由化は一九八〇年代~九〇年代を通して世を覆った。この間、カカオ価格は市場任せのジェットコースター状態で、経済の実情はほとんど考慮されなかった。国連貿易開発会議（UNCTAD）の評価では、カカオは世界で最も不安定で予測困難な商品作物の一つとされた。UNCTADのある報告書は終始慎重な姿勢を崩さないが、カカオ価格に関してだけは、自由化のイデオロギーが暴落の直接の原因と認めている。

ロンドンやニューヨークの商品取引所が、遠く離れたコートジボワールのカカオ生産者の生命線を握るようになった。投機筋は、カカオ価格の見通しを立て、国際投機市場で勝負する。予測の材料にされるのは、天候、病虫害、在庫供給、戦争などさまざまな要因だ。クーデターの噂で価格が急騰することもあれば、根拠もない豊作の予測で急落することもある。先物取引では、正確な情報を持つ企業はリスクを抑えることができ、予測通りの事態になれば巨額の利益が生まれる。しかし、こうした賭けができるのは、金に余裕のある人間だけだ。カカオほど気まぐれに左右される商品なら、敏腕投資家は短期間に大きな利益を上げることができるし、現にそうしている。

二〇世紀後半、コートジボワールの奇跡は失われた。構造調整計画の梃子入れで、カカオ産業の支配権は多国籍企業の手に渡った。一九九〇年代の終わりには、五指に満たない外国企業がコートジボワールのカカオ生産をすべて支配している。ベルギーとスイスの巨大企業バリーカレボーとネスレ、それにアメリカの巨大食品企業カーギル社、アーチャー・ダニエルズ・ミッドランド社が全世界のカカオ市場を支配し、前世紀からチョコレート製造に携わってきた欧米各社に原料を供給している。

ウーフェは力を失う一方だった。最後の頃、遅まきがなら、ほんの少しの民主主義を国民に提供した。その一つが開かれた選挙で、苦境の中、せめてもの慰めにしようというわけだった。しかし急上昇する失業率とインフレで、自由投票はほとんど慰めにならなかった。八〇代になった彼は、作りもの の首都へ、ジャングルのバチカンへと引きこもり、一九九三年に世を去った。ローマ法王ヨハネ・パウロ二世が「平和の聖母」聖堂を祝福した数年後のことだった。コートジボワールが内戦と混乱に陥るのを、ウーフェは見なかったことになる。彼の大切なカカオ産業が、アフリカで最も腐敗した、最も犯罪的な搾取の犠牲になるのも知らなかった。

二〇世紀が終わる頃には、コートジボワールは世界最大の債務国の一つになっていた。数十億ドル産業に原料の半分を提供し、チョコレート中毒となった世界を満足させるのに貢献しているにもかかわらず。カカオ生産者は貧困の深みにはまり込み、少しでも生産コストを下げる方法を探している。彼らが目を向けたのは、そもそもの初めからカカオ栽培について回っている昔ながらの害悪、奴隷制だった。

第6章——使い捨て

昔、奴隷は高くついた。一生手元におき、世話もした。今日では奴隷は安上がりだ。奴隷の供給は十分すぎるほどある。使った後、要らなければ捨てればいい。奴隷は使い捨てになった。

——ケビン・ベイルズ
（NGO「フリー・ザ・スレイブス」代表）

ある外交官の勇気と悲しみ

マリの首都バマコ。アブドゥライ・マッコは、グランドホテルのひじ掛け椅子に巨体を収め、ロビーに知り合いはいないかと見回した。彼のカフタン（中東などで上着の下に着る丈の長い衣服。腰に帯を結ぶ）は擦り切れ、優雅だった白い靴にはところどころ穴があいている。外見といい物腰といい、いかにもマリ共和国の失職した外交官で、社会に自分の居場所を保とうとしている人物らしい。マッコは五年前に、彼にとっては使命ともなっていた仕事を中止せざるをえなくなった。コートジボワールのカカオ農園で強制労働させられている子供たちの救出だ。

マッコはカフェオレとクロワッサンを注文し、一気に食べ終わると追加を頼んだ。私は、マッコを知る地元の援助活動関係者から、彼はたかり屋で、金をせびられるかもしれないと言われていた。しかし、私との約束を守るために夜明けに家を出て二時間もかけてやってきた彼が空腹だったのは明らかだが、それ以外に望んでいたのは長く重苦しい話に辛抱強く耳を傾ける聞き手だけだった。そして私は聞かせてもらいたくて来たのだった。

マッコは、コートジボワール中部の都市ブアケ駐在のマリ総領事だったが、二〇〇〇年に帰国を命じられた。解任され、「引退」することになった理由は一度も知らされていないが、見当はつくという。政界上層部から見て、自分は問題を起こしすぎたのだろう。そのことは私も、彼と会う前から聞いていた。

マッコは、典型的な内部告発者だった。一九九〇年代後半、彼の耳に入ってくるようになった話は、彼を非常に悩ませた。ブアケはコートジボワールのカカオ生産地帯の中心部にある。ここでは、数千人、繁忙期には数万人のマリ人が住み込みで働いている。かつてウーフェ‐ボワニの寛大な計らいの下、マリをはじめ貧しい西アフリカ諸国から大勢の人々がやってきて、かれこれ四〇年もこの土地で農園を営んできたが、その他に毎年、マリの男たちや年長の少年たちがこの肥沃なカカオ生産地帯に出稼ぎに来て、季節労働者として雇われていた。これは何十年も、双方にとって都合のよいシステムだった。

しかしマッコが聞いたのはこれとは違うタイプの労働で、彼にもなかなか事態の見極めがつかなかった。情報提供者の話では、ほとんど奴隷制のように聞こえる。さらにひどいことに、奴隷は子供たちのようだった。まさか！　奴隷制は、債務労働とか徴用とかクーリーとか呼ばれたものも含めて、ずっと以前に終わっているはずだ。そういうことを禁止する法律は、百何十年も前からある。

現在のマリに住む部族には、古代からと言っていいほど長い、移動労働の歴史がある。移住の物語は彼らの歴史、神話の一部をなしている。それぞれの土地で収穫期が終わり、新しい種をまいた後は、家を離れて別の場所で数カ月仕事を探すのが伝統だ。マリでは、そうした労働者を、ちょうどその頃に南をめざす渡り鳥になぞらえて「セコイア」と呼ぶこともある。マリの人々にとって、仕事を探して移動することはあまりに当たり前なので、たとえ年端のいかない末っ子が家を出てお金を稼いでくると宣言しても、たいていの家族は驚いたりしない。誰かが必ず子供を見守ってくれるという前提があるのだ。これがマリ人の互助のやり方で、それは隣村に行こうが、隣国に行こうが、あるいは新天地を求めて欧米まで行こうが、変わることはない。子供たちは長い間、この習慣に従うシステムの中で、何の危険もなく旅をし、親類縁者に見守られてきた。

しかしマッコが聞いた児童労働は、この伝統的なパターンにそぐわなかった。共通点もないわけではなかったが、最年少は九歳というその少年たちが働く農園には、親戚など誰もいなかった。この情報だけでも、マリ人には何か変だとピンと来る。マッコはまた、少年たちがただ働きをしていると聞いた。話を伝えてきたのは、カカオ豆を集荷する仲買人《ピストゥール》として雇われたマリ人たちだった。幼い少年たちが銃を突きつけられて働くのを見たという。詳しいことを知るのは難しかった。隠れた仕組みを暴くなど、仲買人たちも気が進むものではない。しかし、彼らは何人かの少年たちに話を聞くことができ、その窮状を詳しく知った。

農民や農園監督者は少年たちをほとんど死ぬまで働かせていた。少年たちは、食べ物もほとんどなく、夜は鍵をかけられた小屋で寝泊りし、年中せっかんされていた。肩や背中にひどい傷があった。重いカカオの袋を担いだためにできた傷もあったが、虐待を受けたらしい傷もあった。

あくどいことが行われている形跡もあった。仲買人たちの考えでは、カカオ農園に子供を送り込んでもらうため、農民が密輸組織に金を払っているのは間違いない。彼らによれば、コートジボワールの警察も賄賂を受け取り、見て見ぬふりをしているという。児童人身売買業者は、何人かで組んでいる。マリ人一人、コートジボワール人一人、三人目がいれば、やはり児童労働の供給源、ブルキナファソの人間だ。

マッコは聞き流すこともできただろう。あるいは、ただ情報を当局へ送り、問題には触れない。どのみち、そんな少年たちの数は多くないだろう。マリ人は何があっても生きていける。そのうち自分たちで解決するだろう。だいたい、ほとんどの話は大袈裟に言っているだけだろう。一九九〇年代にもなって、子供奴隷を使おうなどという人間がどこにいる？――しかし、マッコは自分の聞いた話にこだわり、やがて少年たちの救出に全力を傾けるようになる。

外交官として行動を制限されていた彼は、地域のマリ人に調査を依頼、やがて彼の周りには、マリ人やブルキナファソ人の仲買人、羊飼い、小作農民、農民たちによる情報収集網ができ上がった。このネットワークを通して彼は、何が起きているか気づいている人間が少なくないことを知る。情報提供者の中には実際に虐待を目にしたことがある人間もいた。調査が進むにつれて、気の滅入るような話を伝えに来る人間は増えていった。マッコは、働いている子供たちはかなり多いと判断した。皆、悲惨な状況で働いていた。

マッコはカカオ農園視察の口実をつくり、農園に赴いてマリ人の移動労働者について何気なく質問した。仕事ぶりはどうか？　体の調子はいいか？　労働者たちの祖国の政府関係者として、至極当然の質問ばかりだ。農民たちの中には、そこで働く子供たちが自分の家族、あるいは親戚だと総領事に話すものもいた。それはありうる話だ。農村では、一族の子供たちは大人と共に働く。一方で、子供たちを農園に来させるために金を払ったことを認める農民もいた。それで何が悪い？　労働力を送り込んでくれる相手なら、誰にでも農民は金を払う。払った金の分は、子供たちを働かせて元をとる。元が取れた後で賃金を支払う。ただし収穫後、カカオ商人が一切合財を仕切り終わってもまだ金が残っていればの話だ。しかし、マッコにはよくわかっていた。子供たちを守る家族や親類がいない限り、彼らは農民の意のままだ。人間の本性とカカオ産業の実態について彼の知っているところからすれば、子供たちはほとんど皆、ただ働きをしている可能性がきわめて高い。

マッコは、子供たちのところへ行っていいかときいた。断られると、彼は外交特権を使い、コートジボワール警察に同行を要請した。当初、警察は渋っていた。多くの警官が一枚かんでいるとマッコは見ていたが、農園の抜き打ち視察を何回か行った後、警察でさえ、浅ましい実態に気づくようになった。子供たちは警察が来るのを見ると、逃げ出したこともあった。農民に、警察が彼らを逮捕しに来ると脅され、逃げろと言われていたのだ。やがて子供たちの間に、勇気あるマリ人のお役人が自分たちを助けに来てくれるという噂が広まる。子供たちは次第に口を開くようになった。

この章の話の詳細はほとんどマッコから聞いたものだ。しかし、警察も含めて、他から聞いた話はそれを十二分に裏付けている。グランドホテルで会ったとき、マッコは、椅子の横から重そうな袋を引っ張り出した。中に入っていたのはアルバムで、すべてがきちんと整理され、説明が付されていた。家族の思い出かと思うほどだが、そこに貼られていたのは、彼の話の証拠となる資料だった。

写真は驚くべきものだった。ほこりまみれの怯えた子供たちが写っている。靴も履かず、ほとんど服も着ておらず、笑顔はない。写真がまざまざと示す、胸を締めつける実態。一〇歳から一八歳くらいまでの少年たちが数多く写っていた。少年たちの肩や尻の傷口を示す写真も数十枚あった。どの傷が殴られたことによるもので、どれが重い袋を担いだことによるのか見分けるのは難しい。しかし、傷はどれも手当てされていなかった。マッコが行くまで、ほとんどの少年が、数カ月から数年も働いていた。マッコが最も悲しかったのは、死にかけた少年を見つけたことだった。「重なった葉の下に、何かが隠されているのが見えた。最初は信じられなかったよ。子供だった。病気で、ズボンは排泄物まみれだった。外に放り出されて、死を待つばかりにされたんだ」

自分が救出したのは、ほんの一部の子供だけだとマッコは言う。見つけることのできなかった子供たちが大勢、おそらく今でもいると彼は思っている。見つけることができた子供たちは家に帰っているが、彼らの悲惨な話は、彼ら自身の心にも、マッコの心にも焼きついている。

約束の地で

マリック・ドゥンビアは、自分の運命を自分で切り拓こうと決めたとき、一四歳だったと話してくれた。綿花とトウモロコシの植え付けは終わった。雨期はまだ始まらない。しかし村では食糧がすでに底をつきかけ、次の収穫まで食べ物はほとんどなかった。サハラ以南の気候は、この一〇年ほどで変わりつつあり、二一世紀が始まって数カ月たった今、環境は急速に悪化していた。マリックの育った、湿潤で緑の多いマリ南部でも、記憶に残る限り最も雨の少ない年の一つだった。

マリックは満足に食べていなかった。もっといい生活がしたかった。自分と同じ地域の子供が出稼ぎに行き、ポケットに金を持って帰ってきたのを彼は見ていた。そして自分も同じようにしようと決めた。ある日の午後、両親に何も告げずに家を出た彼は、市場へつながる幹線道路へ向かった。そこからずっとヒッチハイクをして、活気あふれるシカソの街に着いた。

シカソはサハラ以南の中心都市の一つだ。一方の道路は、ギニア、シエラレオネ、モンロビア（リベリア）、フリータウン（シエラレオネ）、ダカール（セネガル）など、大西洋に面した大港湾都市にまでつながる。反対側を東に向かうと、ブルキナファソまでわずか一〇キロだ。南東へ行けばガーナの繁栄する農工業地帯に出る。そしてシカソから真南は、コートジボワールへの道だ。アフリカの奇跡。何十年も黄金郷《エルドラド》といわれた場所。西アフリカの繁栄と希望の星。

マリックはシカソの街が気に入った。騒音、人込み、懐かしい匂いや初めてかぐ匂い、高いビル。車やミニバンがあちこちに行き交う、活気にあふれた街。バス乗り場の売店には、見たこともない豊かな商品が所狭しと並べられている。美しい布の服、色とりどりのシャツやズボン。女たちが頭の上に、マンゴー、バナナ、オレンジを高く積み上げ、売り歩く。鉛筆、ペン、本。新聞には彼の読めない字がびっしりと書かれている。彼には到底買えない、おいしそうな食べ物。柔らかそうな、小さな揚げドーナツ、カシューナッツ、キャンディ、鮮やかな色のついた砂糖水。マリックは着の身着のまま、金もなかった。これからのことは何も考えていなかった。そのとき、バス乗り場のレンタカー店から一人の男が近づいてきた。彼の話はあまりに魅力的で断りきれなかった。マリックは彼についていった。

移動は夜だった。マリ南部の裏道や抜け道を、くねくねと車で走っていく。マリックも同乗の少年たちも、コルホゴに着くまで物音を立てるなと言われた。コルホゴはもうマリではない。マリックも聞いたことのある、約束の地の名前だった。コートジボワール。

熱帯の空気は湿気でむっとしている。周囲の植物は密生して人が足を踏み入れることができない。

食べ物は何もなかった。マリックは、家を出て以来ほとんど何も食べていないことに気づいた。ついに見知らぬ男がやってきた。シカソのバス乗り場から彼を連れてきた男と、この見知らぬ男の間で、金がやり取りされた。取引成立。マリックと少年たちはこの男と行くように言われた。仕事は決まった、給料がもらえるだろう。バス乗り場の男は少年たちに言った。「一生懸命働くんだぞ」

それから数年（何年かはっきりはわからない）、マリックはカカオ・プランテーションで奴隷として働いた。それまでカカオの木も、その緑や黄色や赤の奇妙な実も見たことはなかった。刃の先がカギ形になったナタのような道具で、熟した実を切り落とす。それから厚い皮に切り込みを入れると、淡い色の果肉に包まれた種が現れる。それをすくい出し、台に積み上げて発酵、乾燥させる。これこそが、遠く離れた別世界で少年少女たちの楽しみとなるチョコレートに欠かせないものなのだ。

この豆がどういうもので、なぜこんなものをほしがる人がいるのか、マリックは何も知らなかった。彼が知っていたのは、監視人が見ていないとき、苦くてぬるぬるする生の種をほのかな香りのする果肉と一緒にすくいとって、口に放り込み、すばやく噛むことだけだった。種と果汁は彼を元気づけ、一日の仕事をやり遂げるエネルギーをくれた。金をもらったことは一度もなく、食べ物もほとんどもらわなかった。まだ青いバナナやヤム芋を自分たちで焼いて食べて、命をつないだ。夜は他の少年たちと一緒に、鍵をかけた小屋に入れられた。一〇代の少年たちも、もっと幼い子供たちも病気になり、何人か死んだ。何カ月も経った後、マリックは賃金をもらいたいと頼んだが、殴られただけだった。それからもう二度と頼まなくなった。

ある日、森の中で土地を切り拓いているとき、マリックは逃げるチャンスがあることに気づいた。

コートジボワールでは雨期に激しい雷雨が来る。厚い雲が空を覆い、太陽の光はほとんどすっかり遮られる。マリックと他の少年たちは機会を待った。彼らは、マリから来た人が助けてくれるかもしれないという話を聞いていた。その人は、領事館とかいう所にいて、それはそんなに遠くない。そこに行くことができさえすれば。

雷雨が来て、夜のように暗くなったとき、子供たちは命からがら逃げた。やがてマッコのネットワークと接触し、救出された他の少年たちと合流した。総領事は少年たちをマリ南部のシカソの街へ送り届けた。少年たちの身元を確かめるのにマッコは何週間もかかった。どこの出身か、もう覚えていない少年もいた。家を離れて何年も経つ少年もいれば、最近になって加わった少年もいた。賃金が払われていた少年は一人もいなかった。

衰弱し、頭は混乱し、無一文で、マリックは家を出てから数年後に戻ってきた。彼の話では、両親は再会を喜んだが、何も持たずに帰ってきたのでがっかりしていたという。彼が持って帰ってきたのは病気だけで、治療費がかかる。自分と同じような目にあった何百人もの少年が、マッコのおかげでマリに帰っていることを、マリックは知った。しかし数はわからないが、おそらく数千人と思われる少年たちが、依然としてコートジボワールのプランテーションで働いていることも知った。

疑いを持つ理由は何もなかった

シカソの街からでこぼこの裏道を三〇キロほど行くと、シルカソという村がある。二〇〇五年に私が訪ねたとき、アリ・ジャバテとマドゥ・トラオレは、将来の計画を立てているところだった。引き締まった体の立派な青年になっている。しかし彼らの家族は、一九九〇年代後半に二人が姿を消し、数年後、打ちひしがれ、弱りきって戻って来たときのことを忘れてはいない。

家を出る決心をしたときのことを彼らは話してくれた。村の一人の少年がコートジボワールのカカオ農園に働きに行き、自転車を持って帰ってきたことを、当時、村では皆が知っていた。自分もトラオレも羨ましくてたまらなかったとジャバテは言う（自転車の少年が働きに行った先は親類の所で、安全は保証されていたことを二人が知ったのは、問題に巻き込まれ、家に帰った後のことだった）。コートジボワールに行きさえすれば、金を稼いで帰ってこられると二人は考えた。

ジャバテは一四歳、トラオレは一五歳だった。二人は夜、家を出た。トラオレの父親の自転車を黙って持ち出した。もっといい自転車を持って帰ってくれれば、父親もきっと許してくれると思いながら、シカソまで自転車をこいでいった。ＣＦＡフランでいくらか持っていたが、その金はあまりもたないことがわかった。

「街では何にでも金がかかるんだよ」とジャバテは苦労人のように言う。「小便するにも金が要る。やたらな所でやったら罰金だ。田舎ならどこでも好きな所でできるのに」

一人の男がバス乗り場で彼らに近づいてきた。男のことはソロという名前しか知らない。どこへ行くのかと男は二人にたずねた。

「オレの所はだめだけど、兄貴の所なら仕事があると思う」と男が言ったのをジャバテは覚えている。

「一緒にコートジボワールに行けば、一五万ＣＦＡフラン〔約三万七〇〇〇円〕も稼げるって話だった」

二人にとってはびっくりするような大金で、大いに心が動いた。二人は一緒に行くことにした。夜の間に移動してコルホゴに着くと、見知らぬ男の家に連れて行かれた。そこにはすでに大勢の子供たちがいた。誰がその家の面倒を見ていたのかは覚えていないが、翌日、ソロはもう一人の男を連れてきた。

「ソロはオレたちをそいつに渡したんだ」と、トラオレが悲しそうに言う。

「違うよ」ジャバテがきっぱりと言い直した。「売ったんだ」

自分たちが売られたことに二人が気づいたのは、後になってからだ。そのときの二人は、シルカソ村の外の世界で、何が普通で何が公正なのか、まったく知らなかった。ただ、仕事をして金を稼ごうと思っていただけだった。大人が物事を決めるのに慣れていて、この男たちが、今までの限られた世界で知っていた大人とは違うのではないかと疑いを持つ理由は、そのときはまだ何もなかった。二人は「オーナー」についていった。これが仕事を見つけるやり方だと思っていたからだ。

他の少年たちと数人の少女たちと共に、二日間バスに乗り、農園に着いた。新しいボスは、ビール腹で「太っちょ《ル・グロ》」と呼ばれていた。しかし二人が覚えているのは、乱暴な男だったということだけだ。「太っちょ」は、二人に五万CFAフラン注ぎ込んでいて、二人を働かせて元をとろうとしていた。二人は、同じ目にあっている他の二〇人ほどの少年たちに会い、皆ただ働きをしていることを知った。少年たちは、長方形の泥壁の家で寝泊りした。最初は窓があったが、少年たちの何人かが夜の間に逃亡しようとしたため、窓はふさがれた。二人の記憶では、ほとんどバナナばかり食べていたが、皆と同じように、隙を見てカカオ豆をかじった。

何カ月も過ぎ、何のために家を出たのかも忘れかけた。「太っちょ」の子供たちは学校に通っていたが、奴隷の少年たちは、ゴミ箱をひっかきまわして食べ物をあさった。生活は生きるための闘いになり、絶望的な厳しさになった。逃亡は諦めた。逃げようとしてつかまったら仕置きだと脅されていたし、せっかんされる少年も見た。少年たちは呪文をかけられていると思い込み、怯えていた。魔法で農園に閉じ込められていて、魔術を解くことはできないと、農園の管理人たちは彼らに言っていたのだ。一人の少年が逃げようとしてつかまり、魔法の秘密をどうやって知ったのか言うように責め立てられた。心理的な拷問は、肉体的な虐待とほとんど同じ効力を持っていた。

もしもマッコがいなければ、自分たちはまだあの農園にいただろう、あるいはたぶん、今頃はもう死んでいただろうと、二人は思っている。総領事が調査しているという噂は、カカオ農園の集中するコートジボワール西部のあちこちに広がっていた。少年たちの一人が、窮状をブアケのマッコのオフィスに伝えることができた。おそらくマッコの情報収集網の誰かを通じてだろう。「マッコが警察と一緒に来た」とジャバテは言う。このときは、「ボスが逃げろと言ったから、森に隠れていた」。少年たちは、警察に見つかれば罰されると思い込んでいた。「でも一週間後にマッコは、今度は一人で来た」。ジャバテは言う。「チビたちは病気だったし、オレたちも本当に疲れてた。マッコは、ここから脱け出すのを手伝いに来たって言った。こらしめに来たんじゃないって」

少年たちは自分たちのおかれた状況にまったく気づいていなかったので、自分たちがどんな風に見えるか考えもしなかった。

「オレたちを見て、マッコは泣いたんだ」とトラオレは思い出す。

女たちの「職業あっせん業」

マッコは、農園が複雑な児童人身売買ネットワークと取引していることが次第にわかってきた。本当に悪いのは農園ではなく、子供たちを農園に送り込む犯罪ネットワークだと彼は言う。少年たちは、自分の意志で家族の農園を離れ、密輸業者のもとにさえ、自分の意志で来る。「子供たちは、家族のためにお金が必要なだけなんだ」。子供たちは、自分たちが経験したようなひどい搾取は予想もしていなかった。マッコは、カカオ農園の多くもまた、過酷な搾取に絡めとられていると考えている。もちろん、貧しい人間の絶望を利用した農園があることも事実だ。しかし子供を買っている農園のほとんどは、自分たちも経済的な困窮に追い込まれてそうしたのだった。農園と少年たちと、双方の藁をもつかむ思いにつけこんで、人身売買業者が利益をあげていた。

「職業あっせん業」というのは、こうした業者が当局に対して使う名称だ。彼らは、マリ人が何世代にもわたって受け継いできた信頼の制度につけこんだ。農園の多くは、自分たちの取引は公正で、少年たちには業者から金が支払われると、本気で信じていた（あるいは信じたがっていた）のかもしれない。すべての農園が子供たちに、性悪の「太っちょ」のような暴力をふるったわけでもない。しかし子供たちが売られたと言う事実、あっせん業者への支払いの元がとれるまで農園に縛りつけられている事実からして、これは強制労働だ。前世紀の悪名高いクーリー制度と何ら違いはない。

マッコが子供たちを帰国させていた頃、児童人身売買システムは地域にかなりはびこり、国際機関も知るようになっていた。一九九八年の報告で、ユニセフ（国連児童基金）は取引の実態を詳細に書いている。ユニセフの言葉によれば「徴集担当」は、バス乗り場やシカソに通じる交通量の多い道路で子供に声をかけ、できる限り大勢集める。たいてい小型バスでコートジボワールへ送る。この汚い仕事はなるべく市場の開いている日に行うという。通行者が多く、国境であれこれ詮索されないからだ。

報告に言う「到着払いシステム」で、徴集業者と移送業者は子供一人あたり五万CFAフランを受け取り、折半する。農園側が子供一人に支払うのは公には八万CFAフランとなっているため、システムは合法的に見える。しかし、子供たちに残された金からは、部屋代や食事代が引かれる。たいていの場合、うやむやのまま費用が差し引かれて、一年後に子供たちに支払われる金はまったく残っていない。

ユニセフや他の機関は何年もこのシステムを知っていたが、やめさせることができなかった。マッコのような勇気ある例外を別にすれば、地元の行政は、めったに関わりを持ちたがらない。マッコは中間業者を粘り強く追い続け、彼らのネットワークを調査するよう、コートジボワール、マリ両国の当局に迫った。手の込んだ人身売買のやり方も、彼はよく知るようになった。業者のうち、マリ人が子供の徴集をする。コートジボワール人は書類を整えて、夜の間に国境を越え、子供たちを人目につきにくい場所に泊まらせる。初めはコルホゴ、それから南下してブアケ、総領事館の目と鼻の先だ。

この密輸ネットワークで最もマッコの注意を引いたのは、女たちの関与だった。そもそもこの女たちが始めた組織なのかもしれない。マリ人の女性たちは、自国の市場で手に入らない商品を買いに、しばしばコートジボワールに出かけていく。多くは食品や布などだ。それをレンタカーに積んで、国境を越えてマリに運ぶ。当然、商品の運搬に使うレンタカーは、コートジボワールに引き返すときは空っぽだ。これに何か積んでコートジボワールに売りに行けば、金を稼ぐ機会が増える。マリにはコートジボワールに売れるような商品はない。ただ一つ、安上がりの労働力を除いては。

女たちは、道で子供を拾っていく。足りなくなることはありそうもない。国境警備員は疑いを持たない。まったく普通に見えるからだ。母親やおばさんと旅行する子供たち。質問されたときには、いくらかの袖の下で解決するという暗黙の了解もあった。コルホゴに少年たち（少女たちも少しいる。カカオ農園だけでなく、大都市で家事や売春をさせるために売る）を泊まらせる家があり、そこに人身売買業者が引き取りに来る。

内輪の取引として始まったが、本格的な商売になり、コーヒー農園や綿花プランテーションにも労働力を提供するようになった。犯罪世界に新手の「専門業」が生まれたわけだ。人身売買業者が送り込む子供の数は増え、女たちは子供の一時的滞在の世話をするようになる。

多くを知るようになるにつれて、人身売買密輸業者に対するマッコの追及は厳しくなっていった。マッコのおかげで密輸業者が逮捕されるようになった。容疑の明らかな数件は、コートジボワールで起訴に持ち込まれた。だが業者側は、ますます巧妙になっていく。夜に活動する。時にはバイクを使って、子供たちを小グループで移動させる。未開墾の森林地帯を抜けて、少人数の子供たちを移送する。

ジャバテとトラオレは、マッコの助力で、やっと家路につくことができた。金はまったく稼げなかった。家を出るとき父に黙って借りた自転車もなくした。マッコが新しいのを買うようにお金をくれたときは夢見心地だった。もっと嬉しかったのは、「太っちょ」が、実は本名はレニクポ・イエオというのだが、手錠をかけられて警察に連行されるのを見たことだ。イエオは虐待容疑で逮捕され、有罪判決を受けた。ただし、一カ月足らずで釈放された。子供たちがいれば、そろって彼に不利な証言をしただろうが、誰もいなかったからだ。子供たちは帰国していた。

一九九七年から二〇〇〇年の初めまで、マッコは強制労働に苦しむ子供たちを見つけ出し、救出する仕事を続けた。NGOは帰国した子供たちが安全に過ごせる場所を開設した。しかし、関心を持つ人々は限られていた。マッコよりも影響力をもつ政府関係者は、彼が明るみに出しつつあった問題の深刻さを認めたがらない。マリ政府は、コートジボワール政府に劣らず困惑するばかりだった。マリの貿易と商業活動はほとんど全面的に、対コートジボワール関係に依存している。コートジボワールのカカオ農園にいる移民労働者から、マリの家族への送金はかなりの額に上っていた。マリは、両国にとって都合のいいこの体制にひびが入ることを望まなかったのだ。だが、その暗部に目をつぶることは次第に難しくなっていった。

コートジボワールの人権問題についての二〇〇〇年の報告で、アメリカ国務省は、驚くべき率直さでこう判断している。

「一万五〇〇〇人のマリ人の子供たちが、コートジボワールのカカオ、コーヒー・プランテーションで働いている。多くは一二歳以下で、一四〇米ドルで年季強制労働に売られ、一日一二時間、年に一三五ドルから一八九ドルで働く」

これは今までで最も強く、かつ権威ある公式発言だ。米国務省によれば、二〇〇〇年の間だけで（おそらくマッコのおかげで）、約二七〇人がコートジボワールからマリに帰国した。あと何人が今もカカオ農園で、ただ働きさせられているのだろうか。

アメリカや国連の圧力を受けて、マリ、コートジボワール両国政府は、ブアケ協定と呼ばれる合意に署名した。この中でコートジボワールは、国境の監視の強化、カカオ農園に残る子供の帰国支援にしぶしぶ同意した。しかしコートジボワール官僚は、報告書が示すほど問題が深刻であるとは認めたがらず、子供の人身売買は、仮に存在するとしても、外国人、特にマリ人とブルキナファソ人によるものだと主張した。コートジボワール政府によれば、わが国民は関わっていないというのだ。問題は解決されたとして両国は批判の声を抑え込み、これ以上深刻な事態に発展するのを避けようとした。

マッコは解任され、帰国を命じられた。だが彼は、子供たちのための活動をやめようとしなかった。まもなく、彼は仕事を失った。「マリ経済の生死は、コートジボワール次第だ」と彼は説明してくれた。「コートジボワールに首根っこを押さえられている。私は目障りになったというわけだ」

告発と救出活動

ブライアン・ウッズとケート・ブルウェットは、社会派ジャーナリストを自認している。自分たちの望みは、テレビドキュメンタリーで世界を変えることだと公言してはばからない。

一九九〇年代後半、二人はアメリカの活動家でNGO「フリー・ザ・スレイブス」代表のケビン・

ベイルズと共に活動した。「フリー・ザ・スレイブス」は、イギリスの国際反奴隷制協会（ＡＳＩ）の姉妹ＮＧＯだ。彼らの目的は児童強制労働を明るみに出すドキュメンタリー映画の製作で、対象は三つの業種だった。インドのじゅうたん製造業。ニューヨークの国連外交代表団に雇われている家事労働者。そして西アフリカの綿花産業。この三つ目は、製作チームが二〇〇〇年、カカオの収穫シーズンの最中にコートジボワール入りした後、変更された。カカオ農園の児童人身売買をめぐってＮＧＯの報告があちこちから立て続けに出ていた。

彼らが製作したドキュメンタリー映画『奴隷制——その全容を探る』〔*Slavery: A Global Investigation*〕は、あらゆる点で衝撃的だった。「私たちは実際にプランテーションに足を踏み入れて、次から次へと奴隷に出会ったのです」とブルウェットがインタビューで語っている。彼らが会った一〇代の少年たちや、もっと幼い子供たちは、一年経っても金をもらっていないと話した。少年たちは、せっかんを受けたことや、ほとんど食べ物をもらわず餓死寸前だったこと、劣悪な住環境のことを語り、ずたずたに傷のついた尻を見せた。映画の中で最も議論を呼び、強烈な印象を残したのは、ある少年がインタビュアーにこう語った場面だった。「チョコレートを食べている人は、オレの肉を食べていることになるんだ」。見ている人にしっかりとわかるように、むちの効果音が入っていた。

映画のためにインタビューを受けた一人、ジャベ・デメブレ。カカオ生産地帯であるコートジボワール西部の中心都市ダロアのマリ人会の会長だ。彼は、カカオ農園の九〇％が児童強制労働、あるいは奴隷を使っているという、議論を呼ぶ発言をした（これを立証することはできないが）。

映画製作者は農園側にも話を聞いている。彼らは、少年たちのために金を払ったことをあっさり認め、あくまでもビジネス上の取引で何も悪いことはしていないと考えている。「職業あっせん業者」と子供たちの間で契約は了解済みのはずだと言う。農園側の話では、体の傷は少年同士の喧嘩でできたものだ。鍵のかけられた小屋については、「そりゃあ、外部の危険から子供たちを守るためです」

映画はもともと綿花産業の年季強制労働を明るみに出すことを目指したものだったが、二〇〇〇年九月にイギリスのチャンネル4で放映されると、カカオ農園をめぐる事実の方がはるかに大きな衝撃を与えたようだ。もっとも、世論は無気力、時には冷ややかとさえ言える状況で、アフリカからの悲劇の物語でこれを動かすことは難しくなっている。飢餓、エイズ、人を殺傷する訓練を受ける子供兵士。こうしたことが続くうち、安逸をむさぼる視聴者の感性は麻痺してしまった。しかし、子供たちが搾取され、虐待されているのがチョコレートのためであることが、映画製作者さえ予想もしなかったような、強烈なインパクトを与えることになった。子供たちが奴隷にされているのが、先進国の子供たちにとって一番の楽しみを生産するためだというのだ。世論は沸騰した。イギリスのメディアは映画とその内容を詳しく報道した。視聴者や読者から抗議の手紙、ボイコットを匂わす手紙がイギリスのチョコレート企業に殺到した。

英国ビスケット・ケーキ・チョコレート製菓業協会（ＢＣＣＣＡ）は、慎重な声明を発表した。「主張は無視できないものとはいえ、映画が取材した農園はコートジボワールのカカオ産業をいささかも代表するものとは思われない」。コートジボワール官僚は、映画をでたらめだと一蹴した。

いずれにせよ、事実はこうだ。カカオ農園の児童強制労働と人身売買の報告は、何年も西アフリカから届いていたが、チョコレート産業は無視してきた。それはちょうど前世紀に、悲惨な現実にどうしても直面せざるをえなくなるまで、サントメ島からの報告を無視していたのと同じだった。

チョコレート企業とコートジボワール政府はダメージ回復策に着手した。一方、NGOと人権活動家は報道と世論の怒りを追い風にしようとした。ドイツ、フランス、カナダをはじめ数カ国の援助機関が会議を招集、コートジボワールの農園から子供たちを救出するためのアクションプランを作成した。「セーブ・ザ・チルドレン・カナダ」の代表ミシェル・ラルーシュはこう宣言する。「二つのシナリオがある。一つは、子供たち全員が農園から解放されること。でなければ私たちは戦略を変え、全員をプランテーションから連れ出す。どちらの方法にせよ、私たちは必ずやる」

NGO「セーブ・ザ・チルドレン」の主導で、シカソにアフターケア施設が作られた。ホロン・ソ（「自由の家」）だ。開設から四年半、ホロン・ソは、帰国した、あるいはコートジボワールへの出国前に連れ戻された二〇〇人以上の子供たちの一時的な避難所になってきた。また、もう一つの地元機関「マリ・アンジュー」と共にホロン・ソは、国境で子供たちを引き止め、越境しないよう保護する活動を行った。二機関は、コートジボワール行きの危険性について子供たちに教育するプログラムも地元で始めた。しかし、多くの子供たちがこの警告に耳を貸さない。マリ国内の生活は絶望的に厳しく、子供たちを「宝くじ」に賭けようという気持ちにさせるのだ（自分だけは運よく金の稼げる仕事を見つけられるだろうと思いたがる子供たちの気持ちを、援助関係者はこう表している）。国境で同じ子供を一度ならず見つけることがあっても、「マリ・アンジュー」関係者は驚かない。

ドキュメンタリー映画が発表された後、コートジボワール農園での児童搾取の告発や、マリとブルキナファソから子供が誘拐され続けている実態に関する報告が相次いだ。「フリー・ザ・スレイブス」

のケビン・ベイルズは、地元人を雇ってコートジボワールの市場に行かせた。「職業あっせん業者」が取引の機会をうかがっていると言われている場所だ。ベイルズに雇われた人間は、子供を買おうとしているふりをした。半時間のうちに、彼らは子供一人あたり四〇ドルで、二人を買うことができた。

英BBCのハンフリー・ホークスリーは二〇〇一年四月、ベニンを出航したMVエチレノ号という船について、衝撃的な話を伝えた。コートジボワールでの労働のため、最年少は六歳という二〇〇人もの子供たちがこの船で運ばれているという。だが船がついにつかまったとき、船に乗っていた子供は四三人しかいなかった。警察の発表によれば、数人を除いて全員、大人と一緒だったという。援助機関は、最初の報告が誤っていたのか、あるいは、逮捕が近いことを知った船長が子供たちを海に投げ込んだのかと色めきたった。最もありそうなのは、BBCが伝えているように、エチレノ号が他の船と間違えられたということだろう。名前もわからないもう一隻は、子供たちを積んだまま、首尾よく入港したものと思われるという。

議論が激化するのをよそに、コートジボワール政府は、児童人身売買について「犯罪者の小グループによるきわめて限られた現象」と主張、児童を非合法に働かせているカカオ農園はほとんどないと強調した。しかし、議論を巻き起こしたBBCの報告から数カ月も経たないうちに、『ナイト・リダー』紙が、カカオ農園の児童搾取についてさらに衝撃的な報告を連載した。

スダーサン・ラガバン、スマナ・チャタジー両記者は、コートジボワールのカカオ生産地帯で児童人身売買の被害者が容易に見つかることに気づき、その多くにインタビューした。国境の監視を強めているとマリ政府当局は主張していたが、両記者は人身売買ネットワークが続いていることを知る。

『ナイト・リダー』紙取材班は、マッコがトラオレとジャバテを救出してまもなく、二人に会っている。悪名高い「太っちょ」にもインタビューを行った。すでに他のジャーナリストによって明らかにされていたことに多くを負っているが、『ナイト・リダー』紙にはアメリカの読者に訴えることができるという利点があった。初めて、このおぞましい話がアメリカの無関心に楔を打ち込み、カカオ製品の世界一の消費国で非難の声が起こってきた。

一〇〇年前、ネビンソンは『ハーパース』誌の連載で、無関心だったイギリスの世論を動かすことができた。『ナイト・リダー』紙の連載は同じような浅ましい事実を伝えるものだった。健全で手頃な値段の小さなお菓子、チョコレート。それがアメリカに届けられる背景には、食べ物もろくになく、虐待を受けるアフリカの子供たちの強制労働があるのだ。アメリカの一三〇億ドル産業を牛耳る少数の企業の製品の原料は、監視の目の届かない、数十万ものアフリカの農園から来る。チョコレート産業は、国際的な報道が目覚めさせた良心に突如振り回されることになった。

マッコは現在も失業中だ。しかし、一瞬たりとも自分のしたことを後悔したことはない。彼が救い出した少年たちは、マッコのことを本当に懐かしそうに思い出す。

「彼は本当に親切にしてくれたよ」とトラオレは言う。「幸せに暮らしているといいなあ」

二人の命の恩人が今どうしているのか、私は言い出せなかった。彼の生活が二人と比べていくらかましというだけだとは。

第7章 ― 汚れたチョコレート

マーズ社は、全従業員に秘密保持の誓約を義務づけているところから、しばしばCIAにたとえられてきた。このたとえは言い過ぎだ。業務の秘密保持に関して、マーズ社はCIAよりはるかに徹底している。

――ジャン・ポトカー『お菓子の国の危機』〔*Crisis in Candyland*〕

「奴隷不使用」ラベル

二〇〇一年ワシントン、キャピトル・ヒル（米議会）。暑さが耐えがたくなり始める六月末。選挙区にブロンクス行政区やウェストチェスター、ロックランド両郡（ブロンクスのすぐ北）などの地区を抱えるニューヨーク州第一七選挙区選出の下院議員エリオット・エンゲルは、七月四日独立記念日の祝日を前に、ちょうど仕事を一段落させるところだった。仕事を増やす気はさらさらなかったが、『ナイト・リダー』紙の記事がデスクにおかれたとき、彼は心底ショックを受けた。アメリカのチョコレートには、児童奴隷という材料が入っている。記事はそう言っていた。「読めば読むほど、これは放ってはけないという気持ちが強まったのです」と、カカオをめぐる政治に関わるようになった経緯を、エンゲル議員はインタビューで語った。

代わり映えのしない農業予算案が下院で採決にかかるところだった。今すぐ何かできるかもしれないと考えたエンゲルは、予算案に付帯条項をつけた。チョコレートにラベルをつける制度の提案だ。児童強制労働と無縁の製品であることを証明できた場合、チョコレートに「奴隷不使用《スレイブフリー》」という表示ができる。

「ツナ缶に〈イルカに無害〉という表示をするのと同じです」とエンゲルは言う。彼の驚きをよそに、付帯条項は二九一票対一一五票で下院を通過、共和党の議員にもかなりの賛成者が出た。議会は、ラベル作成に二五万ドルの予算を組んだ。

アメリカのチョコレート企業は不意を突かれた。当初、各社は、奴隷制の報告に衝撃を受けたと表明する一方で、無関係であることを強調した。二大企業マーズ、ハーシー両社は、多くの原料がコートジボワールから供給されていることを認めはしたものの（業界観測筋によれば、アメリカのカカオのほとんどはコートジボワール産だという）、カカオの生産・流通プロセスは自社の監督範囲外であると主張した。コートジボワールには約六〇万のカカオ農園がある。この問題と共に使われるようになった用語でいえば、どのチョコレートが「クリーン」で、どれが奴隷労働で汚染されているか、誰にも証明不可能だと言うのだ。

「各社の対応には驚きました」と、チョコレート企業側との早い時期の会合についてエンゲルは言う。「業界関係者が私のオフィスを訪ねてきました。険悪でしたよ、喧嘩腰でね。会社をつぶす気か、と。私としては、『問題があるとは思わないが、調査を実施する』という反応を予想していました。ところが、徹頭徹尾、損益の話ばかりだったのです」

チョコレート大企業は、イメージの問題に神経を尖らせる。乗り物や売店のそろった遊園地「ハーシーパーク」は、ペンシルバニアのハーシーの町の中心として観光客のお目当てになっている。アメリカの家族が休日を過ごす、健全な場所。ハーシー・フード社の利益は、ミルトン・ハーシーの起こした慈善事業に左右されているのだ。また〈M＆M〉は学校で売っている。マーズ社は出版社と提携、漫画のキャラクターを使い子供の本を通じて商品の売り込みを行う。〈スキットルズ〉、〈リースィズ・チョコボール〉、〈キスチョコ〉、〈アエロ〉、〈キットカット〉、こうした象徴的な製品が、その倫理性を試されることになった。チョコレートでできたイースターのうさぎから、学校整備の募金のために家々をまわって買ってもらう箱入りチョコまで、全製品がラベル付けの対象になる。

ハーシー社、マーズ社、キャドバリー社、ネスレ社といったアメリカに本拠をおくチョコレート企業や外国企業のアメリカ支社、さらに巨大食品コングロマリット、カーギル社、アーチャー・ダニエルズ・ミッドランド社。こうした会社が皆、投資家とアメリカの一般消費者の反応次第で、大きな損害を被る可能性に直面することになった。アメリカの消費者は、不正を知れば商品を買うのを手控えるという、絶大な威力を発揮する行動で知られている。これまでもバスケットボールやバービー人形が、児童労働撲滅運動の槍玉にあげられてきた。スポーツ用品メーカーもおもちゃ会社も、少なからぬ痛手を負った。チョコレート企業に勝ち目はあるのだろうか？

エンゲルのつけた下院付帯条項は、ワシントンの夏を揺さぶった。しかし、彼が民主党上院議員トム・ハーキンと組むようになると、ラベル提案はまさに夏の嵐となった。「ハーキンは物事を徹底的にやるタイプだ」と、エンゲルの立法顧問ピート・レオンは評する。ハーキン上院議員は、エンゲルの付帯条項の修正案を上院に提出。こちらのほうがはるかに強力で、法の執行予算も四倍だった。「チョコレート業界は、付帯条項が下院を通ったときも気を揉んだが、ハーキン上院議員が関わるようになって本当に焦った」

ハーキンはアイオワ州の小さな町の出身者で、国際人権問題に積極的に取り組む姿勢を打ち出す。しかし彼の人権問題への関わりは、時として重大な結果につながっていた。一九九二年、ハーキンは児童労働阻止法案を提出した。児童労働によって生産された製品の輸入を禁止するものだ。最終的にはこの法案は議会を通らなかった。しかし、このようなボイコットがありうるという脅威から、世界中の産業界に恐怖が走り、深刻な影響が出た。特にバングラデシュでは、衣類業界が五万人の児童労働者を突如として解雇した。家計を支えていたほとんどの子供たちは、もっと危険で給料の安い他の仕事に就かざるをえなくなった。砕石業、あるいは売春を余儀なくされた場合も多かった。上院議員にすれば善意の行動だったのだろうが、意図に反する結果につながっていた。

似たような影響が起こる可能性が、コートジボワールでも高かった。カカオ豆の輸入禁止はコートジボワール経済を破綻させ、地域全体に影響を与えかねない。西アフリカ全体の移動労働者が、コートジボワールのカカオ産業に依存していたからだ。人権擁護団体はもう何年も、「児童労働の最悪の形態」に米議会の関心を向けさせようとしてきたが、今度は、売名狙いの議員の派手な立ち回りが問題をさらに深刻化させることを心配し始めた。実際、世界の多くの場所で、子供たちは働いている。人権と経済的要請の間に一線を引くのはかなりの難題だ。それはまた、倫理問題に敏感で、問題の白黒をはっきりつけたがる消費者にとってどこまでが許容範囲なのかを、見極めることでもある。

人権擁護団体や議員との応酬を経て、チョコレート業界は悟る。「奴隷不使用《スレイブフリー》」ラベルが導入されたら、自社の製品が「クリーン」であることを証明するのは至難の業になるだろう。当初、チョコレート企業は、問題を取り繕おうとした。チョコレート製造業者協会（ＣＭＡ）の広報担当副代表スーザン・スミスは言う。

「私たちの中にも農園育ちの人間はたくさんいます。そういう人間にとっては、農園で子供が働くのは当たり前のことです」

コートジボワールで本当に子供たちが搾取されているのか、それとも単に報道がセンセーショナルに書き立てただけなのか、それが疑問だと彼女は言ってはばからなかった。また、「『僕の肉を食べていることになるんだ』と言った子は金をもらってそう言わされたのだろう」。私がドキュメンタリーの話を持ち出したとき、オフレコでこう言ったチョコレート会社の役員もいた。「指示されたのでなければ、そんなことを言えるわけがない」。いずれにせよその子は確かにそう言い、その言葉は報道のあちこちで引用されていた。

チョコレート大企業は、火傷しかねないこの政治問題をコートジボワール政府に丸投げした。クリーンなカカオ豆を保証するのは政府の責任であると主張。しかしコートジボワール政府は、イメージダウンをさらに深刻化させただけだった。責任を「外国人」に押しつけたのだ。コートジボワールは国連に書面を送付、コートジボワールでカカオ生産にあたっているのは主に「高潔かつ勇敢、誇りと寛容精神を抱くわが国民」だと書かれていた。「農業活動に従事する一〇%の外国人（マリ人とブルキナファソ人を指す）のうち、二〜三%が児童人身売買に関わっている。児童労働者の多くはまた、都市のストリートチルドレンとなる」。声明はすべての非難を移民層のディウラ族に向けた。ディウラ族は、ウーフェ・ボワニの招きでコートジボワールに来た人々だ。マリ人とブルキナファソ人の農民も、コートジボワール政府によって犯人と目された。自分の国の子供たちだから関係もあるだろうというわけだ。

こうした発言にまったく真実が含まれていないわけではない。コートジボワールの最貧層の農民はマリ人とブルキナファソ人だ。多くが小作農民、つまり土地を所有せず使用しているだけの農民で、安上がりの労働力を探すのに最も必死になっているのは彼らだ。しかし結局、こうした論調の信頼性は乏しかった。コートジボワールがブアケ協定に調印して数カ月も経たないうちに、警察が一三の人身売買業者を逮捕、そのうち数人がコートジボワール人だった。また児童労働者をただ働きさせている農民は、コートジボワール人が多かった。アブドゥライ・マッコがその多くを突き止めている。コートジボワール政府による外国人差別発言は、自国のカカオ産業の保護のためにはならなかったし、チョコレート企業が自社の評判を守るのにも役に立たなかった。

ハーキン・エンゲル議定書の意味

イメージダウンの危機に直面して、チョコレート大企業はロビイストに助けを求めた。CMAは、かつての共和党大統領候補ボブ・ドールを担ぎ出す。さらに引退した民主党上院議員ジョージ・ミッチェルが加わった。いずれも上院で多数党院内総務を務めた二人の老練政治家は、依頼してきたチョコレート業界の意を受け、六〇万もの農園で何が起きているか知ることなど到底不可能だと論じた。しかし議会の情報筋によると、ドールとミッチェルは、取引を試みるようチョコレート会社に助言したという。収拾がつかなくならないうちに、しつこいNGOと高潔な議員の先生方を味方に取り込んでおく方がいい。情報筋によれば、二人のロビイストはこう言って警告したという。「アフリカに行って、子供たちにマイクを向け、自分は奴隷だと言わせたがるジャーナリストはごまんといる」

有力者のドールとミッチェルの登場は、効果をもたらしたようだ。タイミングも都合がよかった。

二〇〇二年の中間選挙を控え、候補者たちは資金が要る。献金してくれるかもしれない企業の足を踏みつけるのは賢明ではない。公式記録によれば、ハーキンの選挙資金のうち、一万二〇〇〇ドルがアーチャー・ダニエルズ・ミッドランド社、三万五〇〇〇ドルが砂糖業界、二万ドルが乳製品業界から来ていた。乳製品業界はチョコレート産業の重要部門の一つだ。子供の権利の擁護者というのは、イメージ戦略としては大いに結構。しかし上院農業委員会委員長であり、アイオワ州の農園地帯を政治基盤とする上院議員にとって、食品業界の巨頭に闘いを挑むには最適の年ではないかもしれない。農業予算につけられた反奴隷制の付帯条項が上院を通過する前に、議員たちはチョコレート大企業と妥協する道を見つけ出した。

ハーキン・エンゲル議定書と呼ばれるようになる文書は、産業界を規制する自主協定としてアメリカ史上初のものであり、また間違いなく最も野心的なものでもあった。チョコレート企業は、カカオ生産現場の児童奴隷労働の排除に向けて、六項目の実施事項を受け入れる。チョコレート製造会社、カカオ豆輸出入業者、さらにコートジボワール政府は、NGOそしてILO（国際労働機関）と共同で、監視および検証制度を設ける。これは純粋に道義的な取り決めだった。署名者は法的拘束を受けるわけではない。多国籍企業はまた、カカオ農民の生活向上を手助けし、アフリカで就学率を上昇させるという、漠然とした約束にも同意した。この約束の履行はILOが監督する。

六項目にはそれぞれ期限が設けられ、最終的に、二〇〇五年七月一日までにカカオ供給過程での児童強制労働の廃止につながることになっていた。このときまでに、「カカオ豆とその派生製品が児童労働の最悪の形態を用いずに生産されたということについて、関連連邦法に沿った公的認証が、各者に容認可能、確実、自主的かつ業界統一の基準で」得られること。この期日までに、カカオ農園の「児童労働の最悪の形態」を業界が根絶できなければ、議員たちは最初のプランへ戻る。すなわち、業界にとっては恐怖の「奴隷不使用」ラベル制度の導入だ。

ＮＧＯ「セーブ・ザ・チルドレン・カナダ」のアニータ・シェスは、西アフリカのカカオ農園の子供のために権利擁護を求めるベテラン活動家だ。彼女は、協定の文言が意図的に曖昧にされ、トラックが通れるほどの大穴が空いていると批判する。改革を目指したＮＧＯの当初の活動が、経験不足と無知によって台無しにされたと彼女は考えている。自分たちが扱っている問題が何なのか誰もわかっていない。「解決しようとしている問題をきちんと定義することが必要です」と彼女は言う。「奴隷制」という言葉は不穏当だと、業界とコートジボワール政府が反発した。用語は徐々に変化して、「児童労働の最悪の形態」という婉曲表現も使われるようになった。強制労働を指す法的表現で、ＩＬＯ主導で使われるようになったものだ。確かに「奴隷制」ほど露骨ではない。子供の権利擁護の活動家の多くも、議論の言葉使いをトーンダウンしたいと考えている。自分たちのキャンペーンが、かえって害をもたらすのではないかと心配しているのだ。シェスは言う。「目的は労働から害をなくすことで、労働の場から子供を無理に連れ出そうとしているのではありません。子供が仕事を得ることが必要な場合があるし、子供たち自身が仕事を得たがっている場合もあるのです」

児童人身売買を禁止する法律の順守に加えて、シェスが求めていることは、子供にとって厳しすぎる仕事の包括的な禁止を業界が行うことだ。重い袋の運搬や、ナタのように、まだ扱える年齢に達していない道具の使用などがこれにあたる。彼女の解釈によれば、議定書には子供の通学の妨げになる仕事や、農薬散布のように健康上危険がある仕事も含まれるはずだという。

実は議定書のどこにも書いていないことがある。チョコレート企業側が、カカオ豆の対価として農民にまともな額を払うようにすればいいということだ。業界に批判的な立場からはすでに、鍵を握る問題のありかが指摘されてきた。生産者の貧困。農民ができるだけ安上がりの労働力を求め、搾取に走るのは、経済的に追い込まれているためだ。時代が変わり、技術が進み、チョコレート生産に関わる人間は、労働にせよ資本にせよ、自分が注ぎ込んだものに対して十分な報酬を得られるようになった。唯一の例外が、底辺に位置する農民なのだ。だがこの点は議定書の射程外だ。シェスはこの失態に失望を隠さない。「長い目で見て、ハーキン・エンゲル議定書にどれだけ効力があるでしょう。農民がカカオを売る値段の安さと、その農園で使われる労働の形態や質には直接の関係があるのです。議定書はこれに対応していません」

コートジボワールの首相は、児童人身売買スキャンダルが最初に表沙汰になったとき、もしも本当に強制労働を終わらせたいなら、チョコレート会社はこれまでの一〇倍の値段でカカオを買うことになると警告した。議定書作成に関わった、ある労働運動のリーダーはオフレコでこう語った。「業界関係者に対して『カカオ豆をもっと高く買ったらどうです?』と聞くたびに、チョコレート会社の弁護士がさっと居住まいを正して、『価格協定は国内法違反だ』と告げるんです。こういう連中をどうにもできないんですよ」

イメージ戦略の観点では、議定書はチョコレート大企業にとって上々の出来だった。時間を稼ぎ、ラベル付けの脅威を取り除いてくれたようだ。議定書を順守するふりを見せ、しばらく時間を使っていればよい。政治家は、次々に出てくる他の問題を追いかけて、そのうちどこかへ行ってしまう。エンゲル自身によれば、議定書は無意味だという批判は的外れだという。チョコレート業界は立法者からはっきりしたメッセージを受け取ったのだ。「我々が本気だということが伝わった」と、議定書署名後の会見で彼は言った。期限は厳密に設けられた。六項目の目標を達成できなければ、ラベル制度の法制化が再び現実味を帯びるのだと彼は言う。チョコレート大企業は二〇〇五年七月一日までにカカオ豆を「クリーン」にすることを約束した。児童強制労働が自社のチョコレートの中に入っていないことを業界独自で証明する方法を見つけるだろう、と。

チョコレート企業はこの取り組みをアピールするために専門家の手を借りた。アフリカからの情報をヨーロッパに発信する『大陸通信』によれば、ハーキン・エンゲル議定書のおかげで、ロビー産業はちょっとしたブームに沸いていた。パウエル・ゴールドスタイン・フレイザー&マーフィー法律事務所はカーギル社のために動いた。ネスレ社についたのは、バーバー・グリフィス&ロジャーズ法律事務所、ホーガン&ハートソン法律事務所。その他、ハーシー社やマーズ社の隠れみのであるCMAのために活動した事務所があり、コートジボワール政府のために働いた事務所もある。

NGO側がこの問題で主導権を握ったことは一度もなく、こうした攻勢にかなうはずもなかった。NGOの活動はばらばらで連携がとれていなかったと援助関係者は嘆く。「いわば『連立政治』をやってしまった」という活動家もいる。彼は、追い込まれたチョコレート産業に議定書が逃げ道を提供したと批判し、同時に、援助機関や人権擁護団体が政治家にすり寄ったと非難する。ハーキン・エンゲル議定書では、児童労働問題に関わってきたNGOが議定書のプロセスの監視役に指名された（議定書に批判的な立場に立てば、取り込まれたということになる）。多くのアメリカのNGOが、考えられる限り最善の解決として、上位団体を通じて議定書を承認した。

アニータ・シェスは、鼻をつまみながら署名する仕草を見せ、もし期限が守られなければ、自分も含めて人権擁護団体は圧力を強めることになると言った。一方、議定書のNGO側の顧問であり署名にも加わった、「フリー・ザ・スレイブス」のケビン・ベイルズは、議定書を手放しで賞賛、他の製造業部門にもモデルとなるとしている。「もし他の産業がこうした社会的・倫理的責任感をもって行動すれば、二七〇〇万人の強制労働者の解放にぐっと近づくことになる」

妥協との戦い

アメリカの主要NGOの中で公に反対を表明し、議定書を拒否したのは一つだけだった。国際労働権利基金（ILRF）は、旧来の徹底対抗型政治運動のNGOで、業界側との妥協を一切認めない。ILRFは一九八〇年代半ば、メソジスト派の一牧師によって設立された。当時アメリカ企業は発展途上国へ、激しい、容赦ないまでの進出攻勢をかけていた。一方、こうした諸国の労働者の窮状に対して国際労働運動はまったく関心を持っていなかった。中米で労働組合幹部の殺害が相次いだが、誰も彼らのために公正を求めようとしないようだった。新設のILRFは、他のNGOの手に余る、緊迫した状況に踏み込んでいった。

それから二〇年、ILRFは相変わらず当初の独自路線を歩み、業界側との一切の妥協に抵抗している。人権問題関係の多くの活動家が大企業側との協力に理解を示し、現代では相手陣営との「パートナーシップ」が欠かせないとさえ主張する中で、ＩＬＲＦは断固反対を貫く。ＩＬＲＦは八年で八件の訴訟を起こし、大企業の告発を数多く行っている。この中には世界最大の石油メジャー、エクソン・モービル社への告発も含まれる。

ＩＬＲＦの若い人権派弁護士ナターシャ・サイズは、議定書の深刻な欠陥をＩＬＲＦで最初に指摘した。米国内で製品を販売するチョコレート大企業に対して「奴隷不使用」の表示を義務づけるはずだった法案の提出について、「正しい方向だったと思います」と彼女は評価する。「この制度には罰則、つまり有効な執行手段があります。結局、議定書に法的拘束力がないなら、苦労して作成し、署名をすることにどんな意味があるでしょう」という。多くのアメリカの援助機関が議定書を承認したことについて、サイズは警戒を強めているが、驚いてはいない。「企業の世界と渡り合っていない他のＮＧＯは、相手の出方について認識が甘いのです。『話し合って解決しましょう』というのは企業側の常套句です。でも企業と闘ってきた私たちには、向こうのやり口が見えるし、対処の仕方もわかるわけです」

二〇〇二年春、ＩＬＲＦはハイチ生まれの経済学者マルクス・ヴィレール・アリスティドを西アフリカに派遣、カカオ農園の実態調査を行った。この後アリスティドは何回も西アフリカを訪問、それまで他の研究者が誰もしなかった方法でカカオの生産流通過程に入り込み、農民、労働者、仲買人、働く子供たちと関係を作った。彼は、「職業あっせん業者」が農園に送り込む子供をどのようにして売買するかを探り出した。彼の結論では、子供たちは給料を支払われている場合でも、収穫が終わるまで滞在を強いられていた。農民の率直な話によれば、児童労働の強制は現実に存在し、農民が生き残るにはどうしても必要だという。児童人身売買業者にとっては、商売は繁盛、捕まる危険性もきわめて低いので、理論的には罪に問われるリスクがあっても、やる価値はある。

二〇〇二年五月、アリスティドの調査に基づき、ＩＬＲＦはアメリカ税関局に請願を提出、コートジボワールから輸入されるカカオ豆の調査を要請した。請願は、調査終了までアメリカへのカカオ豆の輸入を全面的に停止すべきだとした。輸入業者が国内法に違反している可能性がきわめて高いという理由だ。一九三〇年以来、アメリカは奴隷によって生産された製品の輸入を禁止している。「児童労働を使った製品でないことを証明する責任はチョコレート業界側にあります」とＩＬＲＦ副代表バーマ・アスレヤは言う。ＩＬＲＦの主張では、浅ましい行為を止める責任は農民ではなく、多国籍企業側にある。そうする力があるのは企業側だけだからだ。チョコレートは巨大な国際ビジネスであり、農民は供給過程にまったく影響力を持たないとアスレヤは言う。ＩＬＲＦによれば、ハーキン・エンゲル議定書は空文だ。アスレヤは言う。「チョコレート企業がどんな対応を打ち出したとしても、児童奴隷制のような深刻な問題を、私企業の自発的な努力に任せるわけにはいきません。まして奴隷制を許さない連邦法が明文化されているのですから」

米議会議員、チョコレート大企業の経営陣、コートジボワール政府、そして善意のＮＧＯが協力し、細心の注意を払って積み上げた積み木に、ＩＬＲＦは揺さぶりをかけたわけだ。議定書を承認したＮＧＯはＩＬＲＦの請願に懐疑的で、ＩＬＲＦのようにゲリラ戦術を使えば事態を悪化させるだけだと不満をもらす。ＩＬＲＦの請願に反対する陣営は、この請願の影響でコートジボワール産カカオがアメリカ市場から締め出されることになると言う。「そうなれば、コートジボワール経済は破綻し、国民は皆、仕事を失うだろう」

ＩＬＲＦはこのリスクをあえて引き受けようとしているようだ。アスレヤは、ボイコットはないと思っているという。チョコレート大企業は、主原料の入手手段を失う前に譲歩するだろうというのだ。自社のカカオ豆が「クリーン」だと税関局に証明する必要に迫られることになるだろう。業界と議会が楽屋裏で結んだ妥協に逃げ込むことはできないだろうという。これは事実上、ＩＬＲＦ対米多国籍企業の一騎打ちの始まりだった。どちらが先に弱気を見せるか。賭け金は高い。コートジボワールのカカオ農民数万人と貧困のどん底にいる労働者の運命がかかっている。

ＩＬＲＦが独自路線を進む中、議定書支持派は増えていった。二〇〇二年七月、ＩＬＯを始めとする国際労働運動や、数を増すＮＰＯ、アメリカ以外のチョコレート企業、カカオ生産諸国政府がジュネーブで会議を開催、ハーキン・エンゲル議定書を世界に適用することで合意し、スイス国内法の下で「国際カカオ・イニシアティブ」と呼ぶことを決定した。一年前エンゲル議員の目に宿った一筋の光は今や、既設新設とりまぜた数十の機関の頭文字名を羅列した、官僚的文書に結実したわけだ。

勝利宣言の影で

チョコレート大企業の経営陣は、これまでの報道を、過剰反応したジャーナリストの噂にすぎないと断じ、取り合わないことにした。一世紀前、ネビンソンの告発に直面したキャドバリー社が自前で調査者を雇ったように独自調査を開始。ナイジェリアに本拠をおく国際熱帯農業研究所（IITA）を指名して、コートジボワール、ガーナ、カメルーン、ナイジェリア、ギニアの各国で働く子供の数の調査、その労働条件の報告をさせた。業界はこの調査の「独立性」を謳うが、調査の進展に重要な役割を果たしたのは世界カカオ基金（WCF）、チョコレート大企業の慈善活動の看板機関だ。またアメリカ政府が資金の多くを提供した。すでに議定書を承認する側にまわっていたILOが、質問事項の準備を手伝った。かつてキャドバリー社が西アフリカの事情について自社版の報告を望んだときは、ご指名の調査者に公然と札束を渡した。現代世界では、一〇をこえる公共機関が「パートナー」になって後押しするというわけだ。

西アフリカで数カ月調査を行った後、IITAは結論を出した。カカオ農園に児童労働が存在するという主張は誇張であり、メディアの報道ほど問題は広がっていない。確かに貧困はある。しかし、全員とは言えないまでもほとんどの子供たちは、地元の文化では当たり前の条件で働いている。「ばらまかれた大げさな数字には皆かなり驚いた」と調査を指揮したジム・ゴコフスキーは言う。人身売買の犠牲になった子供が一万五〇〇〇人に上るとした先の米国務省報告のことだ。ゴコフスキーが『ニューヨークタイムズ』に語ったところによると、「概ね、カカオ産業に浴びせられた非難はあたっていない」。「アフリカの子供が農園の手伝いをする」ことは誰でも知っていると彼は指摘した。IITAが公表したのは調査結果の要約のみで、報告全体ではなかった。数字をどのように割り出したのか、説明はまったくない。

議定書の承認ないし署名をしたNGOと労働運動家は激しく反発した。アニータ・シェスは、「セーブ・ザ・チルドレン」の西アフリカ現地事務所から、ＩＩＴＡの調査の実態を聞いた。ＩＩＴＡ調査団は、農園の生活について子供たちに聞き取りをするとき「歯切れが悪く」、しばしば聞きにくい質問を避けていた。また、調査団が農民の証言に何の疑いもなく依拠していたことも知った。農民たちはすべてのインタビューを監督し、子供たちに代わって答えていた場合さえあった。シェスはＩＩＴＡの報告を認めなかった。「セーブ・ザ・チルドレン・カナダはＩＩＴＡ報告結果について、コートジボワールのカカオ農園における児童労働と児童人身売買の実態を正しく反映していないと考える」

国際反奴隷制協会（ＡＳＩ）は、調査方法が偏っていると指摘。調査団が行ったのは児童人身売買の調査ではなく、児童労働者に仕事の満足度を尋ねただけだったという。

ＩＩＴＡ報告の調査はすべて、カカオ生産国であるガーナとコートジボワールで実施され、西アフリカの労働力供給側の諸国では行われなかった。マリの援助関係者は、毎週一〇〇人のマリ人の子供が国境を越えていると推定する報告があるにもかかわらず、驚いたことにＩＩＴＡから誰も調査しに来なかったと語った。ＩＩＴＡが初めから、児童労働問題活動家の足をすくうつもりだったのかどうか、それは何とも言えない。しかし結果的にはそうなり、業界側は大いに満足した。

ＩＩＴＡの調査は調査方法に疑問があり、踏み込んだ視点もないなど、限界が多いが、実はきわめて深刻な問題を認めている。報告によれば、二八万四〇〇〇人もの子供たちが西アフリカの農園で危険な状況で働いている。そのうち三分の二以上はコートジボワールで、適切な防護服なしに農薬散布を行ったり、使いこなせないナタで開墾を行ったりしている。報告では、ほとんどの子供が家族や親戚の監督の下で働いているとされ、強制労働や奴隷制のカテゴリーには入らないことになる。家族内

思われる農園で働いており、二五〇〇人には農園での労働のため密輸された可能性があるという。の「雑用」となるからだ。しかし報告の結論によれば、一万二〇〇〇人の子供が、縁戚関係がないと

ＩＩＴＡの報告には、組織的な重大問題があることを示す警戒警報が十分あったわけだ。しかしチョコレート企業にとっては、それまでの調査が児童奴隷制を大袈裟に報告したという、ＩＩＴＡの結論だけに焦点を当てる方が都合がよかった。多くの報道が、カカオ生産現場の「児童奴隷」問題はでたらめだったと宣言した。そのほとんどは企業寄りの業界メディアだ。「チョコレート、安堵のため息をつく」と『ダウ・ジョーンズ・ニューズワイヤーズ』紙は宣言。業界は「宿題をやり遂げた」といったのは同紙の経済記者エンザ・テデスコだ。「チョコレート企業への疑いは完全に晴れた、と複数の市場関係者が語っている」

チョコレート企業の役員たちが、指名した報道関係者に対して匿名を条件に語った言葉が、メディアを通していろいろと伝わっている。あるカカオ・ディーラーは、「これで消費者にもわかるでしょう。カカオ農園は、劣悪な環境で奴隷のように働く何千人もの労働者を抱えた大プランテーションなどではなく、世帯主が家族を養おうとしているだけの小規模農園だということです」と言っている。また、ボイコットではなく、むしろもっとチョコレートを食べるべきだ、そうすればアフリカの農民の収入が増え、貧困が根絶できる、と語った。別の「ほっとした」チョコレート業界の専門家は、子供たちの悲惨な労働条件はそうした国々の文化の一部であり、アフリカの基準で見れば虐待ではないと言っている。「子供たちが学校に通っていないのは、働かなければならないからではない」。皮肉のつもりはまったくないらしいが、理由は「学校がないからだ」

ＩＩＴＡ報告の情報が、チョコレート企業をこれほど安堵させたのは驚くべきことだ。及び腰の、多くの点で不適切な調査方法による報告とは言え、それでも数十万人の子供たちが悲惨な状況で働いていると結論しているのだ。子供たちが貧しく、学校に通えないこと、また子供たちの多くが児童人身売買業者によって仕事に就かせられていること。しかし、彼らが「奴隷」と呼ばれない限り、そしてその数が、数十万という控えめな数である限り、問題はないことになる。子供たちが、児童人身売買業者の甘い誘いに「自ら」乗るほど、極端な貧困に苦しんでいること。両親が、子供をあと一日養うよりも、名も知れぬ中間業者に売る方を選ぶこと。カカオ生産者が生計を立てるのに必死で、労力を得るために児童強制労働と監禁に手を出すこと。誰もが認めるこうした事実はどれも、情報を求めたはずの業界トップの注意を引かなかったようだ。

二〇〇二年八月二八日、ホロン・ソで活動していた「セーブ・ザ・チルドレン・カナダ」関係者の情報で、三人の男が国境を越えて数十人の子供を移送していたところをマリ警察に逮捕された。男たちは、子供一人当たり二万五〇〇〇〜三万ＣＦＡフランを地元の住民に払っていた。この容疑者の拘束で誰の目にも明らかになったことは、国際的な関心と報道にもかかわらず、犯罪は依然として頻発しているということだった。マリ国境警察は、地域社会が密輸業者を匿うため居所の特定が困難なことが多いと言った。「あっせん業者」から受け取る金は、家族にとってはどうしても必要な金なのだ。だからこれでよかったのだと自分たちも近所の人も納得させる。子供たちが本当に、働きに行った先で豊かになり、いつの日か戻って来て、幸運の成果を分けてくれるというかすかな望み。実は現代版の奴隷制にわが子を売り渡しているなどと、認められる親があろうか。

この逮捕はＩＩＴＡの報告とほぼ同時期だった。しかし業界のプレスリリースでの勝利宣言には影響を与えなかった。コートジボワール当局によれば、拘束は何よりもブアケ協定が機能していることを示すもので、深刻な人身売買問題はもはや存在しない。

アフリカで警察が逮捕を行い、ハーキン・エンゲル議定書が発効し、業界関係者の言葉を借りれば、児童労働問題への「取り組み」はかなり進んできた。ビジネスが戻り、チョコレート巨大企業で確立された秘密保持の伝統も戻ってきた。消費者に語りかけることにもう意味はなくなった。議定書発効後、各社は個別の会見を拒否、コメントを世界カカオ基金（ＷＣＦ）に任せる。ＷＣＦのビル・ギートンがチョコレート大企業の顔になり声にもなった。落ち着いた、穏やかな物腰の青年で、子供たちに対する深い配慮をにじませていた。彼は、チョコレート業界が可能な対策をすべてとっていることを強調、「カカオ生産現場の児童労働を監視するシステムを導入する予定です。そして改善策をとっていきます」と会見のたびに繰り返した。そして最後に付け加える。考え深く慎重に微笑を浮かべ、「とはいえ、カカオ豆の一粒一粒を追跡することは不可能です」。まともに考えれば他に考えようがないでしょうと、その笑顔は言っているようだ。

キャドバリー一族は草葉の陰から、現代のロビー活動と広報戦略をさぞかし羨んでいることだろう。自分たちの時代にこれがあれば、新聞の悪評をあらかた避けられたはずだ。現代チョコレート産業のトップは、批判勢力の中にネビンソンのようにしつこく食らいつく人間がいないことに、ひそかに満足を感じているかもしれない。それどころか彼らはもっと有利だ。現代にはパックジャーナリズムという現象がある。

熱帯魚よろしく、メディアはしばしば一つの方向へ群れて泳ぐのだ。そして突如一斉に方向を変える。ブルウェットとウッズの衝撃的なドキュメンタリー映画と、その後に相次いだ大々的な報道から一年あまり、ジャーナリストたちは、以前記事や映画でインタビューされていた子供たちと援助関係者の所へ戻ってきた。しかし今回はその信憑性に異議を申し立てるためだった。中でも最も突出した記事が、毎週日曜発売の『ニューヨークタイムズ・マガジン』誌に載った。

自分の見たいものだけを見る人々

『ニューヨークタイムズ・マガジン』では、一匹狼の若い記者マイケル・フィンケルが、体を張った型破りの取材方法で名を上げげつつあった。彼にとって最初の巻頭記事となったのは、ぼろぼろのボートでサメのうようよする海を越え、アメリカに向かって命がけの脱出を試みたハイチ難民と行動を共にしたときのものだった。このスクープの後は、ガザ地区で暴力の取材、それから臓器の非合法売買の調査。すべてセンセーショナルな話ばかりで、一部で賞賛も集めたが、人目を惹くためのスタンドプレーだとの批判も呼んだ。

二〇〇一年春、『ニューヨークタイムズ・マガジン』は、コートジボワールの奴隷制を描いたブルウェットとウッズのドキュメンタリー映画と、国際反奴隷制協会の資料をフィンケルに渡し、カカオ農園の児童労働の調査をするよう指示した。フィンケルは二〇〇一年六月にコートジボワール入りし、ダロア市マリ人会にコンタクトをとった。ブルウェットとウッズのインタビューで、労働力の一部として子供に強制労働させている農園は九〇％に上るという数字を出した団体だ。

マリ人会はフィンケルのために、農園での強制労働を逃れてきた一〇代の少年たちとのインタビューの場を設けた。フィンケルは、少年たちから聞いた話にすぐに疑問を持つようになったという。皆が同じことを言っているように思えたからだ。まるで指示されたかのように。一人の少年が農園でぶたれたと語ったが、フィンケルはその信憑性を疑った。フィンケルは傷を見せてくれるように頼んだが、少年はもう治ったと言った。他の少年たちにも頼んだが、誰も見苦しい傷を見せられる少年はいないようだった。

フィンケルはまた、次のようなことも明らかにした。こうした国々で仕事をする際には、「しかるべきときに贈り物をしたり、多少の心づけを包んだり」するものだ。しかし、彼がコートジボワールで会った仲介人や世話役は、彼が普段経験しているよりもずっと強引に貪欲に金品を求めた。このため彼の疑いは深まったという。「マリ人会のメンバーに話を聞いてメモをとり、うなずいていれば、むろん奴隷制は存在するということになる」とフィンケルは書いている。「ジャーナリストが奴隷に会うためにに金をはずむとなれば、マリ人会の役員は二つ返事で奴隷を連れてきてくれるように思われた」

こうしたことから、フィンケルは自分が違う話を追いかけていると考えるに至る。「軌道修正したんです」と後に彼は言っている。「奴隷を探すより、嘘つきを探すことにした」。順当だったのは、奴隷と嘘つきと両方探すことだっただろう。カカオ農園にはおそらくどちらもいたからだ。しかしフィンケルは自分がひっかけられたと感じ、調べるべき問題は児童労働ではなく、児童労働という作り話だと感じた。

帰国後フィンケルは編集者に言った。奴隷制ではなく別のことを書くつもりだ。ジャーナリストがいかにして自分の見たいものだけを見るか、またNGOがいかに自分に都合がいいように間違いを固定化するか。ところが編集者の方は、それよりも一人の少年を描いた特集記事を書く方がいいと言った。そうすれば、子供たちが本当に奴隷かどうか、読者が自分で判断できる。フィンケルはおとなしく従った。悲しげな表情をした一〇代の少年の写真と共に載った、彼の記事の見出しはこう問いかける。「ユセフ・マレは奴隷か?」

記事の中でフィンケルは、少年の視点から語っているかのように、マレの生活を描写した。この感情的な手法で、マレは奴隷なのか、あるいは単にどこにでも見られる貧困の犠牲者に過ぎないのか、とフィンケルは疑問を呈した。記事が強く示唆したことは、マレが「セーブ・ザ・チルドレン・カナダ」のようなNGOに操られたということだった。フィンケルによれば、「セーブ・ザ・チルドレン・カナダ」は、少年たちがホロン・ソ避難所にいる間に、ブルウェットとウッズのドキュメンタリー映画を見せ、彼らに特定の考えを吹き込んだという。少年たちは自分が奴隷にされたと思い込まされたのだと、フィンケルの記事は暗に示した。彼らは、ただ仕事を探している貧しい子供にすぎなかっただろう。あるいはユセフが履いていたナイキのスニーカーのような、アメリカ製品を買う機会がほしかっただけだろう。

フィンケルの記事は、二〇〇一年一一月、チョコレート大企業の宣伝攻勢の最中に出た。児童労働への懐疑派には思わぬ追い風となる一方、児童人身売買と強制労働をやめさせるという難しい仕事をしていたNGOには逆風となった。「セーブ・ザ・チルドレン・カナダ」は猛反発した。フィンケルの記事を読むと、「セーブ・ザ・チルドレン・カナダ」が子供を誘導したように見えるからだ。しかしアニータ・シェスには、もっと気になることがあった。「ユセフ・マレは奴隷か?」を読んだシェスには、少年の話は細かい点で辻褄が合っていないように思えた。彼女は、マレを見つけて話を聞くようマリの現地事務所に指示。そして予想以上のものを見つけることになる。でっち上げについて書いたというフィンケルの記事そのものに疑わしい点があり、明らかな間違いもいくつもあった。ホロン・ソ訪問の日付まで違っていた。さらに奇妙なことに、「ユセフ・マレ」とされた写真は、本当は別の少年のものだった。マドゥ・トラオレ、父の自転車を持ち出して、アリ・ジャバテと共にカカオ農園を目指した、あのシルカソ出身の少年の写真だったのだ。

フィンケルがアフガニスタン戦争の取材から戻ってきた所を、アニータ・シェスはやっとつかまえた。彼の記事は誤解を招くと思うと彼女は言った。事実をもう少し明確にしてもらえますか? フィンケルはおとなしく従った。彼が記事を整理しようとすればするほど、アニータの疑問は深まっていき、ついにフィンケルは、自分がインタビューした多くの子供たちの話をつなぎ合わせて架空の人物を作ったことを認めた。後になってフィンケルは、ホロン・ソでユセフ・マレに会っていないこと、子供たちがブルウェットとウッズのドキュメンタリーを見ている様子など目撃していないことも電子メールで認めた。マレは、彼がインタビューした少年たちの一人だという(マレがこのアメリカ人ジャーナリストとは会ったことがないと言っているテープをシェスは持っている)。電子メールと電話でフィンケルは、自分が真実を曲げたことを表沙汰にしないでくれと懇願した。『ニューヨークタイムズ・マガジン』

は、他にも誤報スキャンダルで揺れている。間違いなく自分は首になる。幼い子供たちが路頭に迷う（フィンケルには子供がいないことをシェスは後になって知る）。

「セーブ・ザ・チルドレン・カナダ」の関心は真実にあると、シェスは彼に言った。嘘だらけのフィンケルの記事は、「セーブ・ザ・チルドレン・カナダ」にとって害になる。『ニューヨークタイムズ・マガジン』が、写真に正しい名前を示すことも含めて訂正を掲載すれば、それで十分だ。これでフィンケル氏は辞めさせられることになるだろうとシェスは思った。

写真の名前を訂正するため、フィンケルは編集者に経緯を説明せざるをえなかった。編集者はすぐに疑いをもった。主人公の名前を捏造していたとすれば、他にどんなでっち上げをしているかわからない。フィンケルは主人公が架空の人物だったことを認め、本当らしく見せようとしただけだと言った。他はすべて本当です。まあ、実際に起こったことというわけではありませんが。しかし自分には創造する権利があるのだというフィンケルの弁解は、編集者には通用しなかった。編集部はフィンケルを雑誌から追放、次号に事実関係の訂正を長々と掲載した。数カ月後、同誌はフィンケルの以前の記事をすべて入念にチェックした結果、他には重大な事実との相違はなかったと発表した。ユセフ・マレの記事ほどの食い違いはもちろん一つもなかったという。

この顛末の一部始終を含む、わけのわからない暴露本の中で、あれは人生で唯一最大の過ちだったとフィンケルは言う。『真実』〔*True Story*〕の中には、「逃げおおせられると思っていた」と書かれている。自分の揉め事のあれこれを書いたこの本のために、三〇万ドルの前払いを受けたという噂だ。中身は、記事をめぐる不始末の詳細が別の話とまぜこぜになっている。フィンケルになりすまして殺人容疑を逃れようとしたとかいう悪党の話だ。『ニューヨークタイムズ・マガジン』掲載記事については、「西アフリカのジャングルで貧困に喘いでいる少年のことを書いた。主人公が実在しないことを誰が突き止めたりできるものかと思った」

フィンケルは、締め切りに追われ、覚醒剤を飲み飲み三日も徹夜して、その記事を書いたことを認めている。記事を書くには調査不足だと気づいたことも認めている。コートジボワールから帰国したとき、彼は他のジャーナリストやNGOのいんちきを暴いてやろうと考えていただけで、後で編集者に言われるような、少年の葛藤を書くつもりではなかった。トロントへ飛んでアニータ・シェスや「セーブ・ザ・チルドレン・カナダ」を買収しようと考えたことも認めている。現金一万ドルあれば、口止めできると考えた。しかし彼はいまだに、確かに書いたことは作り話だったかもしれないが、記事そのものは真実を語っていると言い張っている。

フィンケル騒動をめぐって、彼の本の出版後、新聞や雑誌に多くの記事が掲載された。こうした記事では、真実は時として事実の羅列だけでは表せないという考え方が支持されている。時には事実が真実の邪魔をすることもあるという。こうした釈明がアメリカのジャーナリズムに何をもたらすにせよ、西アフリカの労働問題が混迷の度を深めることになったことに変わりはない。

フィンケルの話は、脱線のように見えるかもしれない。しかしそこには、数々の見過ごせない要素が表れている。グローバル経済の世界での搾取について語るとき、いつもつきまとっていることだ。遠く離れた途上国での事実を操作して、その問題とは無関係な利益を得ようとする風潮。政界や産業界の利害をめぐる情報操作の波及効果。外部の人間が巧みに、多くの場合自分の利益になるように調査を行うとき、愚直な犠牲者がどれほど無力か。重要な問題が、誤った報道によってどれほどたやすく片付けられ、たとえごまかしが暴かれても、その正当性がもう回復されなくなってしまうか。

忘れられていく問題

結局、その後の数カ月から数年間、カカオ生産現場の児童「奴隷」のニュースは、差し迫った「対テロ戦争」によって隅に追いやられることになる。ＢＢＣのハンフリー・ホークスリーをはじめ、人身売買を告発する記事を書き続けたジャーナリストはいた。しかし、ホークスリーの場合、個人的な使命感からだったようだ。「この話には、どうしても頭にこびりついて離れないものがあるんだ」と彼は言う。一方で、ジャーナリストの群れの関心は他に移って行った。

チョコレートと児童労働に関して質問が出るたびに、チョコレート業界は質問者に対して、ハーキン・エンゲル議定書をご覧くださいと言った。議定書は二〇〇五年七月一日までに「クリーン」なチョコレートにすることを世界に約束している。議定書の一部として企業は、農民の生活向上と子供たちの通学支援のための小規模な活動に資金を提供し始めた。

私がコートジボワールで訪れたあるプロジェクトは、子供たちが自分のカカオの木を育てられるように、苗木を育てる小さな施設を開設した。また学校の近くの小さな野菜畑に出資し、子供たちが自分で食べ物を育てられるように支援している。私の見た所では、畑が養えるのは、多くても生徒の半分以下、それも週に何日かだけだ。この小プロジェクトの管理職たちは苗木育成施設がやがて利益を出して、食べ物をもっと買えるようになるだろうと主張した。チョコレート企業は苗木施設にも畑にも長期的な資金提供の約束をしていないので、そうならなくては困る。

学校の建物自体は、ぼろぼろだった。校庭では尿の強い匂いが鼻をつく。トイレがないのだ。それでもこのプロジェクトは、チョコレート会社の有難い援助を示すものとされている。この学校も、こと似たような他の数校も、アビジャン国際空港の近くという都合のいい立地にある。小さな売店を切り盛りしている教師たちによれば、外国からの視察が多いという。進歩の兆しを見たがっている人間たちだ。実際は、外部向けのこの小プロジェクトで、他の学校よりもましな環境になっているとすれば、それはコートジボワールの農園地域の水準があまりにもお粗末だからにすぎない。石油会社が地元の住民や政府を懐柔するためにアフリカ諸国に注ぎ込んでいる巨額の金と比べると、こうしたプロジェクトへのチョコレート企業の投資は、微々たるものだ。「ぞっとするような場所でぞっとする会社をいろいろ見てきたが、ここほど金が出し惜しみされている所はほとんどない」と、自ら調査したＢＢＣのホークスリーは言っている。

二〇〇一年にチョコレート業界に承認されたハーキン・エンゲル議定書は、少なくとも、西アフリカのカカオ農園に児童労働問題が存在することは認めた。しかし強制労働に対処する取り組みは皆、見かけ倒しに終わっている。結局、コートジボワールのカカオ農園での子供の搾取は、政治家や企業経営陣のお情けによっては止められず、彼らには制御不能な要因がこれを止めることになる。

戦争だ。

第8章——チョコレートの兵隊

カカオがあれば、必ず厄介事もある。

——コートジボワール南部のカカオ農民

アフリカン・ドリームの蹉跌

マリの農業地帯で暮らす人間にとって、休閑期となる六月は憂鬱な月だ。空気は熱気と熱いほこりでざらつく。骨ばった牛がわずかな緑を鼻で探って、食べられるものが残っていないか探している。十分降るかどうかわからない、もしかするとまったく降らないかもしれない雨を待つうちに、人々は静かな絶望の気配をまとうようになっている。特に現在は、サハラ砂漠が容赦なく南へ拡大を続け、過剰作付けでやせた広大な土地を不毛の砂漠に変えつつある。

打ちひしがれた農民が力なく中庭に座り込み、遠くの雷の音を聞いている。雨はいつも誰か他の人間のところへやってくる。彼らの畑の作物は、九カ月ほどしかもたない。六月には一日一食になる。それでも朝のうちのまだ涼しい時間、空腹で疲れ果てる前に、彼らはもう一度やせきった土地にかがみこみ、ちっぽけな土地をなだめすかして、もう一度だけわずかな種をまき、どうか雨を恵んでくれるようアラーの神に祈る。

マリ人が老いも若きも、乾ききった土地を捨て、わずかな身の回りのものをまとめて、仕事を探しに行くのはこの時期だ。しかし二〇〇五年六月は、帰って来た人の方が多かった。彼らは目に恐怖を浮かべ、聞き手の想像もつかない話と共に帰ってきた。

マリ南部の村を離れて「約束の地」へ向かったとき、カデル・ワタラは二〇歳、将来に夢を抱いた、たくましい若者だった。一九八七年のことだ。アフリカの政治家の雄フェリックス・ウーフェ゠ボワニの呼びかけに応じたのだ。大志ある農民よ、コートジボワールに来たれ、土地を耕しジャングルを農地に生まれ変わらしめよ。アフリカン・ドリームだった。ワタラもそれにあずかるはずだった。「父が結婚を決めてくれたんですよ」と、彼は恥ずかしそうに語る。働き者の若い花嫁と共に、ワタラはコートジボワールに移住した。

彼はすぐに、新しい祖国のルールを理解した。

「いずれ自分の土地を分けてあげようと言ってくれる、受け入れ先を見つけることが必要でした」

ワタラにきっかけをくれたのはロベール・ショーというコートジボワール人だった。

「私たちは最初、彼と一緒に働きました。森を切り拓いて木を植えたのです。別の土地を切り拓くとき、一部は彼の、一部は私の土地にしようと彼は言いました」

ワタラは、取り決めはいつもきわめて友好的だったと強調した。カカオ生産地域ではどこでもそうだった。地元農民は外部の労働力、特に北から来る頑健なマリ人やブルキナファソ人を必要としていた。分け合う土地はふんだんにあった。

ワタラは、雇い主のためにも働きながら、七ヘクタールを自分のために切り拓いた。大変な苦労を重ね、やがて彼は自立できるだけの蓄えを得た。ショーのために働くのをやめて自分の土地に全力を傾けられる。それが取り決めだった。まもなくワタラはさらに土地を増やし、カカオ農園を拡大する用意ができた。しかし一九九〇年代に入り、コートジボワール南部から中部にかけての過密農園地帯には、開墾の余地はほとんど残っていなかった。国際市場のカカオ価格は低下、またコートジボワール人は外国人に土地を分けたがらなくなっていた。コートジボワール人は自らの手で開墾し、安上がりな労働力を使ってカカオの生産量を増やして、借金から抜け出そうとしていた。マリからの移民とロベール・ショーのようなコートジボワール人との友好的な取り決めは、珍しいものになっていた。

一九九三年一二月にウーフェが世を去った後、ワタラは移民に対する敵意が強まったのを感じた。後継政権が「イボワリテ（コートジボワール性）」という原理を打ち出し、それに呼応して外国人排斥が露骨になった。この用語は漠然としていたが、やがて「純粋なコートジボワール人の血筋でなければ、完全な市民権を享受できない」ということを意味するようになった。

実際問題としては、経済の奇跡の一翼を担うよう招かれた移民たちが、自ら切り拓き生活を営んできた土地に対して何の法的権利も持てないということを意味した。少なくとも地方の人間にとって、それが「イボワリテ」という言葉の意味になった。明文化された法律も通達も一度もなかったとワタラは言う。しかしコートジボワール人の土地所有者たちは、この差別的政策で隣国からの移民に対する搾取が許されるものと解釈した。「（彼らは）土地をくれます」とワタラは説明する。「我々が開墾して、（カカオの植え付けのために）まず他の木を植える。すると、誰かが入ってきて、土地は自分のものだと言ってカカオを植えるのです」

最悪だったのは、ゲレ族のところだとワタラは言う。ゲレ族はコートジボワール中部の地元民だ。ワタラは、「ゲレ族に土地をもらっても、その家族がやってきて取り返されます」と言う。また「ゲレ族は人口調査をしたいと言ってきました。誰の土地を取ったらいいかわかるからです」。調査をすれば、コートジボワール人は誰が外国人か知ることができる。その家族が何世代もコートジボワールで暮らしていても関係ない。

ワタラは、リベリア国境に近い南西部には未開墾の土地がまだあり、「神々の食べ物」に適していると聞いた。すでに多くのマリ人、ブルキナファソ人が、カカオベルトの人口密集地から遠く離れた、この処女地に移り住み、農園を再開しようとしていた。だが、そこは危険で不安定な場所だった。

国境のすぐ向こうでは、専横をきわめるリベリアの軍閥大統領チャールズ・テイラーが恐怖政治を敷いていた。テイラーの殺戮を逃れた難民がコートジボワールに流入し、リベリアの危機が遠からずコートジボワールに波及することが現実味を帯びていた。ワタラは迷った。一方で彼は、周囲のコートジボワール人の反感と敵意に危険を感じ、差別的な「イボワリテ」政策を恐れていた。一方では戦争の危険も気がかりだった。しかし結局ワタラは、妻子と共に西へ向かい、ほぼ全員がマリ人という村に居を定めた。

ブロレキンはリベリアから三〇キロほどの所にある村だ。マンと呼ばれる地方の、国立公園になっているうっそうとした熱帯雨林の端にある。ワタラはここなら安全だと感じた。同国人に囲まれているというだけでなく、多くが彼の縁者で、村長は彼の伯父だった。

しかしこの地域の平和は幻想だった。二〇〇二年九月、コートジボワール北部で反乱が発生した。兵士が反政府クーデターを起こし、マリとの国境から南に向かって制圧、港湾都市アビジャンに迫った。その後、反乱軍は中部のブアケに押し戻されたが、戦闘は続いた。反乱軍兵士はマリ系で、差別的な「イボワリテ」政策に反発していた。この政策はさまざまな害を及ぼしたが、中でもイスラム教徒の多い北部と、キリスト教、土着宗教の多い南部の対立を深めていた。両陣営の最前線が、カカオベルトの中心部を通ることになった。

ワタラはBBCで戦争のニュースを聞き、いつか村が戦闘に巻き込まれるのではないかと心配した。ブロレキンは政府軍が支配している地域にあった。村人がマリ人だったため、敵側と見られているのをワタラは知っていた。

ほぼ同時期に、リベリアに近い、村の西側で戦闘が起こった。しかしワタラはすぐに、これが別の戦争だとわかった。「北では宗教が問題でした」とワタラは言う。イスラム教徒対キリスト教徒の戦争ということだ。一方、「私たちの所では、土地が問題でした」。ワタラの話では、コートジボワール人は北部での衝突を口実に土地の接収を始め、移民を土地から追い払った。

事態をさらに悪化させたのは、リベリアから傭兵が国境を越えてきたことだ。コートジボワールの混乱に乗じて、さらに国内を不安定化させようというのだった。まだ少年と言った方がいいような年齢の、この重武装した残忍な戦士たちをワタラは恐れた。傭兵たちは、コートジボワール人による土地接収と、イスラム教徒である移民系農民の追放に喜んで手を貸した。没収した土地の値段に応じた手数料が手に入ったからだ。リベリア人兵士は村から村を順に回って、民族浄化作戦を行った。

傭兵がブロレキンに迫ったとき、ワタラは途方にくれた。妻は臨月で、逃げなければならなくなったとき走れるかどうかもわからない。雷雨の夜だった。自然が猛威をふるう中、出産が始まったが、洪水に足止めされた産婆は、いつまでたっても来なかった。何時間も陣痛に苦しんだ末、妻は男の子を産み落とし、まもなく息を引き取った。生まれた子供は弱々しく、熱もあったが、ワタラは医者を呼ぶこともできなかった。彼はなすすべもなく、子供がだんだん力尽きていくのを見ているほかなかった。妻と赤ん坊の埋葬を済ませて、ワタラは気づいた。残った息子と共に逃げなければならない。でなければ二人も餌食になってしまう。襲いかかってくるのは自然ではなく、ワタラのような人々を土地から追い出そうとする武装勢力だった。

夜明け前にブロレキンは襲撃を受けた。リベリア人傭兵とコートジボワール軍は、この小さな村をまず砲撃してきた。「それから兵士たちが村に入ってきました。村人に、表へ出ろ、有り金を全部持って来いと言いました。そして、私たちの家を吹き飛ばしたのです」。泥壁の家々が砲撃で跡形もなくなり、ワタラは呆然とした。兵士たちは周りで笑っていた。

家が壊れると、村人は周囲の熱帯林に逃げ込んだが、兵士たちは追跡してきた。砲弾と銃弾の音が耳をつんざいた。「夜の間は隠れて、昼間に移動しました」。ブロレキンの村人は近隣の村々の人々と合流、皆で北へ向かい、イスラム勢力反政府軍の制圧地域を目指した。生き残った人々は、そこを経てマリに帰ることができた。二〇〇二年晩秋、マリを出てから一五年後、ワタラは帰国した。無一文で、深く傷つき、夢は灰燼に帰していた。

彼がこの話をしてくれたのは、二〇〇五年六月のある午後だった。一息に、よどみない記憶の流れのままに語ってくれた。ひときわ整った風貌を持つ彼は、眉間に刻まれた深い皺がなければ、三八歳より若く見えたはずだ。コートジボワールでの平穏な生活を破ったあの砲撃のために、ほとんど聴力を失っている。彼の横には、年端の行かない息子がまっすぐに立ち、父親が見知らぬ人間の一団に、恐ろしかった逃亡のことを話すのを心配そうに見ている。ワタラは息子を安心させようと優しくその手をなでる。親戚たちは、もう何度も聞いたに違いない話を聞きに彼の周りに集まる。彼らが悲しんでいるのは、ワタラのためばかりではなく、自分たちのためでもある。コートジボワールの土地からワタラが得る稼ぎに頼って生きていたのだ。望みはただ一つしかない。ワタラがいつの日かコートジボワールに戻り、自分の土地を取り戻すこと。戦争が終わったときに。もしも終わるなら。

ワタラが話し終わると、親戚たちは黙って荒れた畑に目をやり、雷鳴に耳を傾ける。

憎悪の連鎖

一九九三年ウーフェ・ボワニの死は、コートジボワールに権力の真空状態を残した。彼は自分のことに没頭して、後継問題に対処せずに世を去った。もっとも、専制国家で理性的な政権移譲が仮にも可能であればの話だが。公平を期して言えば、誰が後継になっても国家の運営は困難だった。失業率は幾何級数的に上昇。旱魃と人口過密が農地をむしばんでいる。対外債務は爆発的に増大。政府機関は解体しつつある。国民の間で高まっていた期待は肩透かしをくっていた。経済が全面的に一つの産業、カカオに依存している一方、カカオ豆の価格に対してまったく何の影響力も持っていないことを大統領は知っていた。ウーフェ・ボワニは誇大妄想（どれほど情け深かろうとも）の例にもれず、後継者を育てておかなかった。彼の死後、コートジボワールは混乱に陥る。

ウーフェの後継者になったのはアンリ・コナン・ベディエだったが、政権は短命だった。前任者のような人間的魅力もカリスマ性もなかった新大統領は、恐怖と威嚇で国を支配しようとした。「イボワリテ」という有害な政策を最初に導入したのは彼だった。この時点では法制というより政治的方便だった。全国で、当局による移民層への嫌がらせや差別が野放しになった。カカオ農園でのマリ人少年の虐待問題に対して、ユニセフが最初にコートジボワール政府に対応を迫ったとき、政治家たちの対応が生ぬるかった理由の一つは、「外部の人間」には政治的権利がないという姿勢が支配的だったことにある。ベディエは、移民層をスケープゴートにすれば、自分の無能が露見せずに済むのではないかとやってみたのだ。

人種差別による支配というベディエのお粗末な目論見は、一時的には人気を集めたかもしれない。しかし､彼のとどまるところを知らない私欲の深さは国民を離れさせ､同時にコートジボワールをいっそうの債務負担に追い込んだ。ベディエはすべての災厄の責任を外国人に押しつけたが、国際機関の財務担当者は彼の訴えに納得しなかった。一九九八年、ＩＭＦ、世銀、ＥＵはコートジボワールへの援助を全面的に停止。一年後、国軍が反乱を起こし、ベディエはクーデターによって政権を追われる。ロベール・ゲイ元参謀長が大統領になったが、事態は少しも改善しなかった。

ゲイ大統領は、ベディエとは相容れない点もあっただろうが、「イボワリテ」という概念は気に入っていた。彼はベディエの政策を法制化、正式に市民となれるのは、「純粋な」コートジボワールの血筋の人々（両親とも国内で生まれていること）に限るとした。問題は、ウーフェがコートジボワールの奇跡のために外国人を招き入れることに成功していたために、人口の三分の一近くを移民またはその子孫が占めていたことだった。これだけ大きな少数派が、中には一歩も国を出たことがない人々でさえも、公的には市民と見なされなくなったのだ。

ゲイ大統領も長くはもたなかった。彼に劣らず富と権力に飢えたローラン・バクボによって、政権を追われる。国際社会の圧力に押されて、バクボは選挙を実施した。しかし彼が大統領に当選したのは、多分に唯一の有力な対立候補になるはずだった北部出身者アラサン・ワタラを選挙戦から排除したことによる。ワタラはイスラム教徒で、ブルキナファソ系だった。「イボワリテ」政策に従えば、ワタラは、国内で生まれていても市民ではないことになる。バクボは、「ワタラには候補者資格がない」と宣言。驚くべきご都合主義的行動だったが、何としても西アフリカに平穏を保ちたかった国際社会は、見て見ぬふりをした。バクボの前任者が二人とも政権を追われており、特にフランスは強力な指導者が政権に就くことを願っていた。狡猾なバクボの後ろには野心家の妻シモーヌもついていて、条件にぴったりだった。

バクボが政権の座について数カ月後、アムテスティ・インターナショナルをはじめとする国際人権団体は、アビジャンの北にあるヨプゴンで多くの遺体が埋められているのが見つかったと報じた。ヨプゴンはカカオ生産地帯の中心部で、カーギル社もカカオ豆の処理工場を構えている。墓を調べた調査団は、五七人のイスラム教徒の男性の遺体を発見、皆アラサン・ワタラの支持者として知られている人々だった。目撃者によれば、殺害したのはコートジボワールの憲兵隊だという。バクボは調査を約束したが、殺人罪に問われたものは誰もいない。これは、この後に続く多くの集団処刑の最初のものにすぎなかった。

都市、特にアビジャンでは、教育を受け、野心を抱いた新世代の若者たちがいた。彼らは、ウーフェの経済的奇跡が終わりを告げたという現実に気づきつつあった。この国がしばし謳歌した繁栄を享受できなかったことに、彼らは不満を持っていた。彼らの根強い不満は急進派の若者につけこまれ、政治的に利用されるようになった。「親父さん《ル・ヴィユ》」の頃のような黄金時代を取り戻すことを公約に、急進派の若年層が台頭してきた。強硬派のカリスマ大学生、シャルル・ブレ・グデ。「総長」として知られるようになった彼は、数千人の怒れる若者たちを集め、「愛国青年連合（ＣＯＪＥＰ）」と呼ばれる民兵組織を結成。バクボ大統領はこの民兵組織を公然と支持し、裏では資金援助も行っていた。学生たちは、アメリカの過激なラップ音楽運動に影響され、目立つ格好をまねした。だぶだぶのトラックスーツに金鎖。アフリカ系アメリカ人のシンボル的存在、暗殺されたマルコムXを自分たちのヒーローと宣言した。

　ブレ・グデの組織の他にも、アビジャンに本拠をおく複数の民兵組織があった。彼らは移民に暴力をふるい、フランス系企業の建物を破壊した。「総長」は、隣国から来る移民であれフランス人であれ、外国人がコートジボワール経済に影響力を持ちすぎていると公言。真のコートジボワール人が国の運命の支配権を握るときが来たのだといった。

　アメリカも国連も南アフリカも、コートジボワール政府に対して、急進派の若者たちを鎮静化させ、人種差別的発言を抑制し、移民層の権利を回復するよう助言した。この不穏な状況が手に負えなくなってからでは遅い。しかしバクボは拒否。そして北部のイスラム勢力が自ら事を運んだのだった。

　二〇〇二年九月一九日、ウーフェの死以来、鬱積していたすべての問題が、ついに大規模な反乱として噴出した。北部の野党指導者を支持する政府軍兵士が、三カ所の拠点で反乱を起こした。南部のアビジャン、中部のブアケ、北部のコルホゴだ。初期の戦闘で三〇〇人が死亡。ゲイ元参謀長は、妻、息子、孫たちと共に暗殺された。バクボの息のかかった政府軍部隊によるものと思われた。バクボは、ゲイが反乱のお膳立てをしたと非難していた。

政府軍は反政府軍をアビジャンから撃退したが、ブアケ以北、マリとブルキナファソとの国境までは、「コートジボワール愛国運動（MPCI）」という反政府勢力の支配下におかれた。コートジボワールは、イスラム勢力の支配する北部とキリスト教徒（および伝統宗教）の多い南部に分断され、無政府状態に陥るかどうかの瀬戸際にあった。カデル・ワタラとブロレキン村の村人が、荒らしまわる略奪者の手に落ちた村から逃れたのは、この頃だ。略奪者の多くはリベリアから来た傭兵やコートジボワール政府軍兵士だった。「イボワリテ」政策の下で市民権を持たないと見なされる四〇万人が、ワタラのようにコートジボワールから逃れた。四万八〇〇〇人がそのままマリに帰国、難民の半数以上がブルキナファソに逃れた。残りはガーナ、トーゴ、ベニンに逃げ込んだ。

フランスは、コートジボワールがルワンダの二の舞になることを恐れた。ルワンダでは一九九四年、人種差別の狂乱の中でフツ族が八〇万人ものツチ族を殺害していた。フランスはバクボに軍事的支援を提供。フランスの憂慮は衷心からのものだったが、自国の国益に配慮したこともまた明らかだった。当時コートジボワールには、一万六〇〇〇人のフランス人が在住し、国内経済の八〇％がフランスを本拠とする多国籍企業に所有、または管理されていた。こうした企業の利益は年間二五億ユーロに上った。

フランスは、南部と北部の間で停戦交渉を行い、停戦ラインを守るための部隊を派遣した（フランス市民と企業の保護という目的もあった）。内戦発生から一週間後、約七〇〇人の仏部隊が到着、すぐに反乱を制圧した。数カ月のうちに、この旧植民地に派遣されたフランス軍は三〇〇〇人規模になった。これはフランスにとって、「トルコ石作戦」以来、アフリカでの最大の軍事作戦となった。「トルコ石作戦」は、フランスが真っ先にルワンダに部隊を派遣、ヨーロッパ人の救出とフツ族虐殺者（伝統的にフランス寄りだった）に対する報復の防止にあたったものだ。

仲介にあたった諸国と近隣諸国は、バクボに対して、北部反政府勢力との間で和平案と権力分割の取り決めを推進するよう圧力をかけた。フランスはさらに数百人を増派。重武装した部隊で、強力な空軍力と砲撃部隊に援護されていた。さらに、主にアフリカ諸国が兵力を提供した、比較的軽装備の国連平和維持軍六〇〇〇人が、停戦ラインを挟む「信任地域」の治安維持にあたった。

北部でのＭＰＣＩによる反乱の動きは、少なくとも当初は、かなり統制のとれた、プロの作戦だった。作戦に加わったのは、訓練をつんだ元コートジボワール軍兵士だった。国土の半分を制圧した以外は、フランスにとっても政府にとっても大して問題を起こしていない。制圧地域に住む民間人は、さして妨害を受けずに仕事に出かけることができた。彼らの制圧した北部地域には、コートジボワール経済にとって価値のある資源はほとんどなかった。しかし「もう一つの戦争」、ワタラをはじめとする農民たちが巻き込まれた南西部の動乱は、まったく性質が違っていた。戦闘はカカオをめぐって行われた。南西部には莫大な富がかかっていたのだ。その分、戦闘の残虐性もエスカレートした。

チャールズ・テイラーは、リベリア国内での十年にわたる戦争の間に、しばしば病的なまでに精神不安定な兵士によって軍を作り上げてきた。テイラー指揮下で徴集された若者や少年たちの中には、入隊の通過儀礼として、両親の殺害を命じられた者もいたと言われる。テイラーは、西アフリカ全体を不安定化させようとしていた。彼の政治的・軍事的野心は、自らの権威を近隣諸国に広げ、大リベリアを築くことだった。コートジボワールもその標的の中にあり、ローラン・バクボにとっての政治的難局は、テイラーにとっては絶好の機会だった。

イスラム反政府勢力が北部の支配を争っていた頃、南西部に二つの反乱勢力が生まれていた。名前とは裏腹に暴力的な「正義平和運動（MJP）」と「コートジボワール大西部国民運動（MPIGO）」だ。この二つの勢力は互いに関連はないが、ともにゲイ元参謀長派で、バクボ政権の転覆を図っていた。チャールズ・テイラーはこれを歓迎して支援、武器と殺人部隊を提供した。

反バクボ勢力とリベリア人傭兵部隊には共通の目的があった。肥沃なカカオ生産地帯をできる限り支配すること。それによって、テイラーはコートジボワール国内に足がかりを作れるだろう。またテイラーにとって、カカオの利益は魅力的だった。シエラレオネのダイヤモンド鉱山への電撃的侵略がもたらした利益の再現になるだろう。これまで、彼の軍事的計画の財源は宝石だった。カカオは彼の新しい財源になると思われた。この小さな褐色の豆の潜在的価値は、テイラーの妄想的な栄光の夢を財政的に支えた「紛争ダイヤモンド」（政権転覆を目的とする反政府勢力の制圧下で産出され、軍事行動の財源とされるダイヤモンド）に匹敵するものだった。

「カカオ＝武器と権力」というテイラーの方程式は、彼独自のものではない。バクボ大統領も、国軍の財源をカカオの利益に依存していた。また西部の反政府勢力も、カカオを財政的・軍事的成功の鍵と見ていた。カカオを支配する者、そして南西部サンペドロ港を支配する者が、国の支配権を握るのだ。

コートジボワール中央政府、反政府勢力、そしてリベリア人傭兵部隊による予測不能の凶悪な権力闘争に、移民労働者たちは巻き込まれた。敵味方は時に入れ替わったが、移民層が担わされた役割は同じだった。南西部の衝突に関わるすべての勢力が移民を標的にした。政府軍部隊も地元憲兵隊も、移民排斥の指示を受け、喜んでそれを実行した。警察は移民に市民権を証明する書類を要求したが、そのような書類は誰も持っていなかった。また土地の所有証書も要求したが、その書類も一度も得たことはなかった。

民族浄化と「イボワリテ」という破壊的な政策に直面して、カデル・ワタラをはじめ、約束の地に住み着いていた人々は逃げるほかなくなった。

イボワリテの体現者

ロジェ・ニョイテは巨体の持ち主で、熱帯の熱気に挑むかのように、つば広のフェルトの帽子をかぶっている。帽子の中にはタオルが詰め込まれ、吹き出してくる汗をあらかた吸収してくれる。こういう帽子はアフリカのこの辺では現代的なファッションアイテムで、アメリカ風の凄味を利かす演出と考えられている。しかし、こうしたフェルトの中折れ帽は、ハリウッドの古いギャング映画でもなければ、アメリカでもめったにお目にかかれない。ギャングのイメージがどこまで現実の反映で、どこまで虚栄心の表れなのか、判断は難しい。ニョイテのオフィスの壁には、活動的なスポーツマンでかつ有力政治家である彼自身の写真が並んでいる。彼は政府高官と親しく付き合う仲で、このギャラリーで他を圧する重要人物は「親父さん」その人だ。

ニョイテはガニョア市長を務めている。ガニョアは活気のある街で、内戦下、民族大虐殺の最中にも、カカオとコーヒーの取引は休みなく続いていた。巨大企業カーギル社をはじめ、多国籍企業各社がビジネスに忙しい。市長は、この地域の平穏を守ることに決めている。ニョイテの権威は、ガニョアだけでなく、周辺に広がるカカオ農園地帯にも広がっている。

私がニョイテ市長と面会したのは二〇〇五年春だった。南部と北部の停戦協定が守られ、国連平和維持軍とフランス軍部隊が信任地域の治安維持にあたっているときだった。しかし南西部では、人種差別を底流に、残虐な殺戮が続いていた。地域に残っていた移民層は武装して踏みとどまろうとし、政府軍と傭兵部隊は貴重なカカオ農園の支配をめぐって闘いを続けていた。

「イボワリテ」の顔を知りたいのなら、彼に会うべきだと私は言われた。市長は、移民層の間では悪名高かった。無法の若者をたきつけて田舎を荒らしまわらせ、「外国人」農民を恐怖に陥れたのはニョイテだと、移民たちは考えていた。フランス語では移民を「アロジェン」（「アロ」は「異なる」、「ジェン」は「生まれ」の意）という。何世代にわたってその土地を耕作していようと、「アロジェン」には土地所有の証書がなく、権利もないということを、市長ははっきりさせたのだ。

「それは、市長ご自身が共有しているとおっしゃる、ウーフェ - ボワニの価値観に対する裏切りではありませんか？」と私は質問した。

「いいえ」と市長。「大統領もコートジボワールが保護されることを望まれたはずです」。移民はイスラム反政府勢力の支持者として知られているとニョイテは公言してはばからない。「だから、彼らは敵なのです」

「それでは、移民は保護される権利を持たないというメッセージを伝えることになりませんか？」

「私は公僕です」と彼は答えた。「皆さんを守ります。無理やり出て行けなどとは誰も言っていません。しかしながら、もし移民が問題を起こすのであれば、元の場所へ帰るべきなのです」

「しかし、民族が違うというだけで、罪のない人々が殺されています。市長はどうされるおつもりですか？」

「これは民族浄化ではありません」と彼は笑いながら答えた。「私たちは共存しています。フツ族、ツチ族とは違うのです。ああいうことは、ここでは決して起こりません」。そういう報道があるとすれば、「何かにつけて騒ぎ立てるのが好きなメディアのせいです。欧米のジャーナリストがこういう話をでっち上げるのです」

ニョイテとの面会が終わったとき、ロイター通信の記者で今回の旅行の案内役のアンジュ・アボアは、呆れて首を振った。「これがコートジボワールの公式発言なら、非公式発言がどうなるか、推して知るべしだ」

落ちていくコートジボワール

ガニョアから北へ一〇キロのウラガイオの町に行けば、公式であれ非公式であれ、人種差別政策の発言が、力を持たない人々の生活にどのような影響を及ぼすか、はっきりとわかる。町はずれの家で、カスーム・シセは残されたわずかな持ち物の間に座っていた。身分証明書によれば七〇歳だったが、ずっと老けて見えた。年月の刻まれた、やせた顔。目は深く落ちくぼんでいる。骨ばった体で、堅い木の椅子の上で居心地悪そうに何度も座りなおした。彼はブルキナファソ系だ。私たちを家に連れてきた若者にシセは何事か命じ、若者はプラスチックの椅子とビン入りのオレンジ・ソーダを持ってきてくれた。私たちはマンゴーの巨木の木陰に座って、シセから争乱の話を聞いた。

何世代も協調して暮らしてきた地域社会が、どのようにして、殺戮の嵐が吹き荒れる場所に変わったか。一年前、この地域のブルキナファソ人たちが何回も襲撃され死者が出た。しかし、きちんとした捜査は一度もされなかった。一つの噂はこうだった。ブルドゥーメに住む一人の移民女性が、魔術を行うために聖なる森から砂を持ち去った。地元のベテ族はバクボの出身部族だが、彼らがこれを発見し、この地域の八〇〇人前後の移民を全員追い出した。ベテ族によれば、追い出された移民たちは夜になって戻ってきて、ベテ族の村人を殺したと言う。

もっとありそうな話で、地域の報道とも一致するのは、暴力がカカオの記録的な豊作に誘発されたとするものだ。しかも、カカオ豆の価格は普段よりも高くなっている。こちらの話によれば、政府当局が地元のベテ族をたきつけ、カカオ収穫直前に移民全員を追放させたという。新聞報道によれば、近隣の村からも七〇〇人が追放されたという。どちらの話が実際に起こったことを説明できるのか、そして追い出された移民による報復があったのかどうかにかかわらず、移民追放は当局の容認する行動だったようだ。警察は移民を助けるための介入をしなかった。実際には、移民がバスから降ろされて、有無を言わさず警官に処刑されたという報道もあった。

カスーム・シセは尊敬を集める部族の長老だ。暴力について私たちに話すことに同意してくれたのは、ウラガイオでは彼だけだった。質問の答えを考えているときシセは、諦めと絶望を表すように、日焼けした長い手で顔をぬぐい、答える前にじっと空を見つめる。彼の話には、最近銃を持って家々をまわってきた若者の一団のこともあった。若者たちは村人を一人残らず脅し、金品を奪っていった。おそらく愛国青年連合（ＣＯＪＥＰ）のメンバーだろう。兵士でも警官でもなく、時には猟銃くらいの小規模な武器しか持っていない。しかし、無法の若者が移民の村で家を焼き払い、村人が森に逃れなければならなくなっても、軍も警察も移民の保護に来なかった。

シセの話では、一回の襲撃で一〇人が殺されたこともあったという。彼も他の村人も逃げだした。その後村に戻ったが、待ち伏せされるのを恐れて、誰も農園に仕事に行かない。私たちが話を聞いたとき、ウラガイオの西側一帯は絶えず襲撃の危険にさらされ、そこの住人のほとんどは難民キャンプに身を潜めているとのことだった。暴力はカカオ生産地域に広がっている。村があとどのくらいの間、生き残れるかわからないとシセは言う。避けられない衝突に備えて武装した村人もいるようだ。

コートジボワール生まれだということを証明する書類はあるものの、シセの生まれた村は北部、つまり反政府勢力の制圧地域にある。それだけで彼は憲兵に、反乱の支持者で協力者と見なされる。第二次大戦直後に彼の父が開墾した土地について、法的権利があるとシセは考えている。しかし、現在の法体系に基づけば、一家には有効な証書がないことになる。シセによれば、「伝統的売買」だった。旧式の紳士協定のようなもので、地元の住人同士の間で取り決められた。かつては皆がそれを尊重していた。今はそうではない。ニョイテ市長はこうした取引について軽蔑を隠さず、「酒の上でのやりとり」で、法的裏づけはないと一蹴した。

「伝統的売買」を無効にする突然の動きは、この地域でカカオ農園を営む人間にとっては衝撃だった。政府がもともと存在していたと主張する、新しい規制のもとでは、市民権証明書を持つ農民だけが土地を所有できる。外国人はこうした書類を得ることができない。貴重な居住証明書をどうにか得ることができた人間も、警察がそれを破り捨てるのを呆然と見ていなければならないだけだ。

国際危機グループ（ICG）の報告によれば、北部の反乱発生から数日間のうちに、治安部隊が地方の村々に入り、移民を片端から反乱の「シンパ（支持者）」として逮捕し始めた。ICGの報告では、こうした治安部隊は「イスラムの大量破壊作戦」を開始したのだという。警察がモスクを襲撃して、イマーム（聖職者）を暗殺。バクボ政権に対して、あるいはその兵士たちの汚い行為に対して批判的な発言をした人間は、ただ「姿を消す」ことになった。

経済がつまずき、フランス人ビジネスマンが暴力を避けようと家族を船で本国へ送り返したため、都市では仕事がなくなった。大学を出たものの雇用の見込みのない若者たちが、失望と反感を抱えて地方へ戻った。彼らは大学に蔓延する憎悪の言葉を吹き込まれ、シャルル・ブレ・グデのような民兵組織のリーダーに、不満を吐き出すはけ口を見出していた。こうした怒れる若者たちが今、祖父や父がかつて農業を営んだ地方へ戻ったのだった。彼らは、ニョイテ市長のような地方の指導者に煽られて、農園を営む移民の土地を取り返すことを要求した。多くの場合、彼らの家族はもうずっと前に土地の所有権を放棄していたが、そんなことは問題ではない。若者たちは、「総長」ブレ・グデの教えに従って、一国一城の主になると心に決めていた。

コートジボワール人が皆、移民の引き揚げを望んだわけではない。コートジボワール農民の多くは移民を必要とし、難民キャンプから戻ってくるのを待っていた。移民なしでは、カカオ生産は不可能だった。移民労働力をめぐってコートジボワール人が銃撃し合ったことも少なくとも一度はあった。

移民の中には、逃げずに反撃した者もいた。報復殺人も多く起こった。死を招く報復の連鎖。対立勢力がお互いの村を夜襲した。村同士の暴力が日常茶飯事になるとリベリア国境地域の民兵組織は、移民を土地から追い出すため、まったく手段を選ばなくなった。この地域で活動を続けていた国際援助機関の関係者は、おぞましい大量殺戮を報告している。首を切られた遺体。女性と子供でいっぱいの家に火を放つ。女性のレイプ。家畜の殺害。畑を焼き払う。略奪の横行。国連平和維持部隊は、この混沌とした状況に介入することはめったになく、援助関係者と伝道団だけが人々を守ろうと孤軍奮闘していた。NGOや宗教団体は敷地に避難民を受け入れたが、そうした場所さえも襲撃を受けた。

ジャック・セールは、国際移住機関（IOM）の精力的な人権活動家で、ブロレキン村近くの地域に最後まで残ったヨーロッパ人の一人だった。コートジボワールに何年も住み着き、第二の故郷のように考えていた。私がアビジャンでセールと会ったのは、彼が安全のために南西部から逃れてきたばかりの頃だった。地域在住のフランス人として、また移民保護に関わった人間として、彼には自分が民兵組織の標的になりかねないことがわかっていた。しかし彼は、滞在が自殺行為になるまで踏みとどまっていた。目撃した残忍な攻撃のことを話すとき、彼の顔には恐怖が焼き付いていた。

セールは、コートジボワールがアフリカで最も平和で繁栄を謳歌する国だった頃のことを覚えている。それほど昔のことではない。それに実はそれだけではないのだとセールは語る。コートジボワールには寛容の精神、洗練、品位があった。内戦以来のこの国のやりきれない変貌ぶり。内戦を彼は「断絶」と表現する。文明社会の規範からの逸脱だという。かつての社会では、コートジボワール人は移民と共存し、フランス人は地元人のように暮らしていた。彼の愛する古き良きコートジボワール。しかし何もかも様変わりしてしまった。周りで見るものは「怒りをたたえた、凶暴な顔」だという、セールの話は暗い将来を暗示するかのようだ。

コートジボワールは第二のルワンダになっていくのだろうか？　それとも第二のリベリアか？　シエラレオネ、あるいはコンゴか？　観測筋は、コートジボワールが落ちていく先がどの地獄なのか推測しようとする、不気味なゲームをやっている。ジャック・セールは、コートジボワールがアフリカのユーゴスラビアになるのではないかと考えている。繁栄、高い教育、多民族の共生。かつて地域のモデルだった国が、ほんの数年で、貧困、人種差別、欲望に引き裂かれてしまった。

恐怖より多くセールの心を占めたのは、ある不思議な展開に対する驚きだった。戦闘がどれほど激しくなろうとも、カカオを運ぶトラックは、サンペドロ港へ必ず積荷を届けているようだった。そこから欧米諸国のチョコレート売り場まで届けられる。「賄賂なのか、反政府勢力とあらかじめ取り決めがあったのか、わかりません。でもカカオの運搬業者にとって、道はいつも開けているのです」。戦争でさえ、先進諸国のお気に入りの楽しみを妨げはしないようだ。

噂では、カカオの大手商社は、戦争のおかげで大儲けしたという。ロンドンに本社をおくアルマジャロ社は二〇〇二年七月に、二〇万四三〇八トンのカカオ豆を買い付けた。もしも内戦が起こればカカオ豆価格の上昇に拍車がかかると踏んだのだ。内戦発生直前、買い付けからわずか二カ月後の時点でも、業界観測筋の推測では、いっそうの価格上昇を見込んでアルマジャロ社が市場を「絞り上げ」ようとしていたという。アルマジャロ社は偶然の一致だとして取り合わないが、この取引で九〇〇〇万ドルもの利益を上げたと言われている。

バクボ政権は、政府側の制圧地域、すなわちカカオベルトの南西部と中部のカカオに対して、増税を行った。反政府側も西部で同じことを行ったが、こちらは賄賂とゆすりという非公式の税制によってだった。カカオからの収入の多くは、武器商人と腐敗した政府上層部の懐に収まった。バクボ政権は停戦交渉をする一方、カカオの利益をイスラエルやウクライナ、ドイツの武器業者に渡していた。アメリカは公式にはバクボに対して戦闘停止を求めたが、チャールズ・テイラーの干渉を恐れるあまり、ブッシュ政権はコートジボワール政府への武器提供を許可した。

その間、チョコレート企業は自社製品を市場へ送り続けた。彼らは、コートジボワールが崩壊することを恐れて、他の熱帯諸国にカカオ増産を考えるよう働きかけた。歴史が示すように、国もカカオ農園も移ろいゆくが、チョコレート熱は永遠だ。

影の首謀者

二〇〇三年一月、フランスはリナ・マルクーシ合意（合意が署名されたパリ郊外のラグビー練習場の名前をとってこう呼ばれている）と呼ばれる和平案を仲介した。バクボと彼の率いるコートジボワール人民戦線（FPI）はこの合意を押しつけられたというのが一般的な受け止め方だ。南部と北部とで権力を分け合う取り決めだったが、実際には、国全体への絶大な影響力をフランスに与えるものだった。

産業、ビジネス、投資などフランスの権益に関わるものは保護の対象になる。一方、北部反政府勢力は、重要な大臣ポストを得た。
フランスは「合法的クーデター」を行ったと非難された。この非難をかわすのは難しい。フランスは、利害関係のない仲介者とは到底言えないからだ。アビジャンの青年組織は反仏集会を開き、「フランスのテロ」からコートジボワールを守ってくれるようアメリカに呼びかけた。大統領はマルクーシ合意への署名を迫られた。しかし大統領官邸の「マクベス夫人」、妻のシモーヌ・バクボは、フランスは速やかにコートジボワールから手を引くべきだろうと、不吉な示唆をしてみせた。政治的緊張が高まると共に、外国企業は国外への脱出を開始。大統領が不安を打ち消そうとしても、ファーストレディと暴徒化する若者たちがそれとは逆の不穏なシグナルを出している状態では、効き目はなかった。

国際通信社は西アフリカ支局をセネガルに移した。人権団体、援助機関は店じまいし、援助資金は政情のもっと安定した国々に振り向けられた。博愛主義は安全がお好きなのだ。コートジボワールは危険になりつつあった。ジャック・セールのようにとどまる勇気のある人々にとっては、暴力に巻き込まれた地方の村々に行くことは次第に困難になっていった。

カカオ農園の児童奴隷制の報道は続いていた。しかし今では、ボイコットをちらつかせてコートジボワールを脅そうとするフランスのキャンペーンの一部と見なされるようになった。歪んだ論理だった。しかしコートジボワールの抱えるすべての問題は、今やフランスに責任が負わされることになった。
バクボは欧米のジャーナリストとＮＧＯを名指しし、メディアに児童労働の話を提供してカカオ価格を不安定化させようとしていると非難した。最大の証拠としてバクボがあげたのは、メディアが綿花産業における児童労働に無関心だとされていることだった。綿花産業の児童労働は、国内の多くの人権活動家には、カカオ農園の児童奴隷制よりも広範かつ悪質と考えられていた。これはまた、投資家が先物取引で大きな利益をあげられるように、欧米諸国がカカオ価格の操作を画策している証拠でもあるという。これは根拠のないことではない。いずれにせよ、すべての噂や暗示が、外国人に対する被害妄想の空気を醸成した。外国人というのは、バクボ政権が嫌う人間を指すことになった。

西アフリカの児童人身売買は、戦争の間、確かに前ほど問題にはならなくなった。ジャーナリストのでっち上げだったからではないし、警察が歯止めをかけるのに成功したからでもない。コートジボワールのカカオベルトへ子供を密輸するのに伴う危険が増したからだ。人身売買業者は、内戦の最前線を通らなければならなくなった。南北両勢力の軍隊と二つの国際部隊が厳重に警戒している地帯だ。西アフリカでの児童密輸のうまみは、ユニセフによれば、リスクがきわめて少ないところにあった。犯罪は安きに流れる。コートジボワールは、危険の地雷原になってしまったというわけだ。

和平協定にもかかわらず、カカオの利益で新兵器を手に入れたバクボは、北部反政府勢力の拠点ブアケを空爆するという暴挙に出た。二〇〇四年一一月五日のことだ。これはあからさまな和平協定違反だった。しかもバクボは、マルクーシ合意によって「和解地域」とされていた場所の中心でそれをやったのだ。

フランス軍は戦闘を行いたくはなかった。死者の中に九人のフランス人兵士と一人のアメリカ人の援助関係者がいなければ、バクボも見逃してもらえたかもしれない。しかしフランスは二〇分と経たないうちに空爆によって報復、コートジボワールの空軍力を完全に破壊した。小さいながら、カカオ輸出益によって賄われた、なかなか立派な戦闘機部隊だった。

数日のうちに、自然発生的な、しかし明らかに一定の方向性をもった暴力の波が、全国に広がった。震源地は、アビジャンの高層ビル群、企業オフィス群の中のどこかにあった。ブレ・グデの愛国青年連合は、アビジャンで毎週「国会」を開催していた。ここで彼は、疎外された若者たちに、すべての外国人は仕事を奪う敵なのだという考えを吹き込んだ。空軍が破壊された後、「総長」ブレ・グデは怒りの矛先をフランス人に向けた。国営テレビに登場した彼は、すべての若者に行動を呼びかけた。この呼びかけを受けて、武装し暴徒化した若者が町をまわって、フランス人市民を狩り出した。コートジボワール人でさえ、恐怖を感じた。

一週間にわたる略奪と放火。店も家も破壊され、多くの女性がレイプされたと話す。愛国青年連合をはじめとする民兵組織は、フランス人の半数をコートジボワールから追い出した。フランス軍部隊が反撃し、数知れないコートジボワール人を殺害した。

混乱の最中、「総長」ブレ・グデは「国会」で部隊に呼びかけた。

「今週、仮面ははがれ落ち、我々は、誰が反乱の影の首謀者だったかを知った。フランスだ」

第9章 カカオ集団訴訟

キャラメルは一過性のものにすぎない。
チョコレートこそ永遠だ。

——ミルトン・S・ハーシー

杜撰な国境警備

マリの首都バマコから南下し、コートジボワールに向かっていくと、心が浮き立ち、将来が希望に満ちている気がしてくる。シカソは西アフリカの中核都市で、バマコから国境までの中ほどにある。色彩と活動が突然爆発したかのような、活気あふれる街。田舎の景色を覆い尽くす、わびしい荒れた土地以上のものが人生にはあるのだと感じさせる。荒涼とした村からこの街に出てきた少年たちが、冒険心でいっぱいになることは想像に難くない。少年たちがこの先何カ月も何年も、自分たちを奴隷という悲惨な運命に追いこむことになる男と出会うのは、まさにそういうときなのだ。シカソを出てさらに南へ、国境へと向かうと、五感がみずみずしく満たされてくる。干上がった川底、骨ばった牛に代わって現れるのは、南国のマンゴー林、青々と茂った植物。空気は別世界の香りを豊かに漂わせ、何かいいことが起こりそうな気配を湛えている。

戦争の前には、コートジボワールへのこの道は活気にあふれていた。大型の輸送トラックが、地元で収穫された、あふれんばかりの綿花や、木材、セメント、金属を山と積みこみ、ギニア湾沿いの大港湾都市へ向かう。バスは満員だ。人々はわずかな商品を抱えているか、さもなければ、空のかごを持っている。コートジボワールの豊かな商品がそこに入るはずだ。バスはそうした人々を乗せて、狭い幹線道路を低い唸りを上げて走り、乳と蜜の流れる土地を目指す。

コートジボワールの内戦が最も激化したとき、交通はほとんど完全に途絶えていた。マリ系の反政府勢力は、車が国境を越えコートジボワール北部の制圧地域へ入ることをほとんど認めなかった。政府側が、停戦ラインを越える車を認めることはさらにまれだった。停戦ラインは国を南北両勢力の支配地域に分断していた。二〇〇五年春以来、停戦状態が保たれ、制約は緩くなった。何重にも設けられた検問所での交渉、必ず払わされる賄賂を厭わなければ、コートジボワール南部にさえ、商品を運んだり行ったりすることができるようになった。南への道が生命線であるマリ人にとっては、北部反政府勢力と政府との和平の可能性は、唯一の救いの望みだ。

コートジボワール国境に位置するマリ側の町が、ゼグアだ。埃っぽく、俗っぽい小さな町。戦争前はにぎわいを見せ、今はそんな良き時代が戻ってくるのを待っている。税関のすぐ近くにあるハーレムシティ・ホテルの売り物は、ティキ・バー〔ポリネシア文化を模したバー〕で、冷えたビールにヤシ酒、ジャズクラブ、「何でもお楽しみいただけます」というふれ込みだ。最近ではお楽しみといっても、ポータブルステレオの耳障りな音楽や、ぬるい炭酸飲料、陰気そうな売春婦くらいしかない。

税関に近い、町一番の大通りには、中国製のスクーターが列をなし、どのような物でも人間でも、国境を越えて運ぶことを商売にしている。国境監視所付近の様子をしばらく見ていると（他にあまりすることがない）、スクーターがやすやすと国境を越えていけるのは明らかだった。積荷が何だろうと関係ない。少々金をはずめば、どのような荷物でも、もう少し人目につかないところで国境を越えて密輸すると私は言われた。人の手の入っていない森を網の目のように縦横に走る小道を通っていくのだ。マリ‐コートジボワール間の国境はいつでも、戦争が最も激しかったときでさえ、抜け穴だらけだった。特に、ゆるゆると時間の流れる田舎はそうだ。羊飼いが羊を放牧し、親戚同士が国境のこちら側にもあちら側にも住んでいるような場所なのだ。ポンコツの小型スクーターは、違法な積荷を積んだまま、見つかることもなく、ヤギ用の道を難なくたどって行くことができる。

このスクーターによる輸送システムが児童人身売買業者に好んで利用される方法になったのではないかと、マリ国境警察は疑いを持っている。アルズマ・ファスム・クリバリは、警察と軍の混合組織、国家憲兵隊の副警部補で、この地域の国境警備主任だ。ゼグアから車ですぐの駐屯地カディオロに駐在している。この小さな作戦基地で一握りの部下を指揮する青年主任は、いわば国境における当局の最後の砦となっている。強靭な細身の体の持ち主で、落ち着いた歯切れのよい話しぶりだ。腐敗に染まっていないアフリカの警官というものがありうるなら、クリバリがそれだろう。

クリバリは不満と憤りを感じているが、それには理由がある。オフィスの設備は機能していない。車もほとんどなく、インターネット接続環境もない。こんな状態で、どうやって密輸業者を摘発できるのか？　けばけばしい緑のペンキがはげかかった、窓のないオフィスで、クリバリは机の引き出しをかきまわし、国境で保護した子供たちの写真を探した。散らかった中を探しているうちにデオドラントを見つけ、シャツのわきの下に控えめにつけた。国境警備主任は来訪者を予想していなかったようだ。

間違いようのない〈ライフブイ〉〔英国製石鹸のブランド〕・デオドラントの香りが湿気の多い部屋に広がる。クリバリは自分の体験を語った。彼は、マリ北部の故郷の町ティンブクトゥで、税関吏として高い評価を受けていた。彼はサウジアラビア人による手の込んだ密輸網を摘発した。「彼らはマリの子供をさらって、飛行機でリヤドへ送り込んでいました」と語るクリバリは、大胆な犯罪の衝撃が覚めやらない様子だった。しかし彼の考えでは、ここの国境越えでの子供の密輸はもっと巧妙だという。コートジボワールで、問題は解決されたも同然と言う報道が出たにもかかわらず、人身売買は規模こそ縮小したものの続いているとクリバリは言う。「自分と部下で今でも一カ月に数十人の子供を保護しています」

二〇〇三年八月に彼が着任して以来、国境警備ははるかに厳重になった。スクーターは一度に一人か二人の子供を運び、国境を越えた後で集合すると彼は考えた。内戦の唯一の利点は、マリ系反政府勢力の協力が得られるようになったことだ。反政府勢力は多くの場合、マリ国境警察がコートジボワール北部まで密輸業者を追跡することを認める。また国境を越えようとしていた子供を反政府勢力が送り返してくることもある。ただ反政府勢力の民兵が、子供たちを兵士にするために手元においたままにすることもあるのではないか、というのがクリバリの懸念するところだ。

コートジボワール政府の協力がないことを彼は嘆く。また、そもそも子供を手放してはいけないとマリ人を説得する努力がいろいろ行われたにもかかわらず、いまだに親たちは進んで子供を手放すとクリバリは言う。「今年になって、二二人の子供を連れたマラブーを摘発しました」。マラブーというのは、北アフリカのイスラム教指導者のことだ。彼らは伝統的に、宗教教育を施すといってイスラム教徒の子供を引き取る。マラブーは愚直な農民家族の信心深さに取り入り、農民たちは喜んで子供を引き渡す。クリバリが見たように、全員とは言わないまでも、こうした宗教指導者の多くがペテン師だという証拠がたくさんあるにもかかわらず。「マラブーがただの詐欺師だということは、我々にはわかっています。でも皆、彼らを信じているのです」。クリバリは子供たちを保護したが、マラブーは国境を越えて逃亡した。

国境警察は日常的に児童人身売買ネットワークを摘発している。しかしカディオロ警察署には、密輸業者、人身売買業者に対抗できるような資金も設備もない。業者は、もっと国境を越えやすい所に移動してもう一度試みればいいと心得ている。「ファックスさえあれば、隣の警察署に密輸業者の似顔絵や情報を送れるのですが」。データベースもなくては、犯罪者の摘発は難しい。

私のレンタカーでクリバリと一緒に周辺をまわった。クリバリは日本製のSUVをもっている。マリ南部の密輸組織を摘発した褒章として大統領から贈られたものだ。しかしこの車はリッター六キロしか走らない。そんな燃費の車を走らせる余裕はなく、車は駐車場で錆びつきつつある。

森や農園を通る、入り組んだ小道や獣道に入る。なぜ違法な国境越えの移送がしばしば警察の目を逃れられるのか、すぐに明らかになった。私たちは、国境警察の派出所を二カ所たずねた。戦略的に配置された、きわめて有効な場所のはずだ。しかし遠い方は閉鎖されていた。配属された警官は、いったん勤務につけば一週間続けて滞在しなければならない。勤務時間が終わっても、毎日家に帰るのは高くつくからだ（ガソリン代が許さない）。食事は、地元住民が持ってきてくれる物に頼ることになる。この飽き飽きするような任務に就こうという人間を見つけるのにクリバリが苦労し、派出所が機能しないのも、無理はない。適切な警備を行えるようにガソリンを買う予算はない。もう一つの派出所の方が町に近く、配属された警官は勤務時間通りに働くことができる。しかし、犯罪者は警官の動きを簡単に読める。人身売買業者は昼休みを待ち、警官が昼食を食べに出ている間に国境を越えるのだろうとクリバリは思っている。

クリバリの推測によれば、国境を越えた子供のうち八〇％は二度と戻って来ない。「あるいは、不良やチンピラになって戻ってきます」。子供時代を奪われ、家族や村での本当の社会生活が欠如したために、発達が阻害されて社会に適応できない人間になってしまう。マリ南部で逮捕された泥棒や軽犯罪者の多くは、ただ働きの過酷な年月を経て帰国した若者たちだという。「顔を見ればわかるのです」とクリバリ。「人間性が残っていないのです。一〇年間の奴隷労働がそうするのです」。彼らは書類もなく、自分の家族が誰だったかも覚えていない。マリでは、親族がいなければ惨めな行く末が決まったようなものだ。

「結局は、国内問題です」

この地域の輸送業者組合は、ゼグアの大通りに本部をおいている。その広い車庫は、町の日常活動を監視する、またとない場所になる。レンタカーの店や小型バス会社が近くにあり、少年や若者たちが、コートジボワール行きの車に便乗しようと道の角に隠れて様子を伺っているのが目に入る。何年も、輸送業者はそれを何とも思っていなかった。彼ら自身も若い頃、仕事を探してコートジボワールに行っていた。しかし、人身売買のネットワークが農園でただ働きさせる子供を送り込むというのは、比較的最近になって始まったことだった。

奴隷労働の現実についてマリ人を啓発するキャンペーンの一環として、「セーブ・ザ・チルドレン・

カナダ」は、トラック運転手に五日間の研修を実施、研修中は手当を支払い、研修後には証明書を発行した。

「研修は満足いくものでした」とバラ・ケイタは話してくれた。彼はゼグアの輸送業者組合の代表で、運転手を何人か車庫に呼び、研修で知ったことを説明させた。「子供がどんなふうにして大きくなるか、話を聞いたよ。小さいときは大人の言うことを聞いて、少し大きくなると今度は友達の方へ行くとか、そういう話だよ」。子供の発育についてのこの初歩の知識は彼らの心に残った。これまで普通だと考えていたことが、実は虐待なのかもしれないということに彼らは初めて思い至った。子供たちは自分の意志で人身売買業者と一緒にいるように見え、運転手たちは気にかけてこなかった。「問題だとは思いませんでした」とケイタは言う。「連中（人身売買業者）は仕事をしているだけだと思っていました。やめさせれば、訴えてくるかもしれませんでしたし」

「セーブ・ザ・チルドレン・カナダ」は運転手たちに、人身売買業者を呼び止めるべきだといった。業者はトラブルと見るや、子供を放すかもしれない。そうしたら、子供をホロン・ソへ連れて行く。子供たちはそこで面倒をみてもらい、家族のもとへ戻る。運転手たちはこの仕事をやる気満々で引き受けた。前の週に四人の子供を保護したと話してくれた運転手がいる。子供たちは歩いていた。一人の男が一緒だったが、子供たちの知り合いのようには見えなかった。五日間の研修で知識を得ていた運転手はこれを見とがめ、見知らぬ男に歩み寄って何をしているのか問いただした。男は口を濁し、ちょっと失礼してタバコを買ってくると言って、そのまま戻って来なかった。「四人の子供をシカソまで連れて行ったんだよ（車で二時間かかる）」と彼は言う。「セーブ・ザ・チルドレンに子供を引き取りに来てくれって電話したんだけど、誰も来ないもんだから」

　五日間の研修から数週間しか経たないうちに、「セーブ・ザ・チルドレン」のホロン・ソ事業が閉鎖され、誰もスタッフが残っていないことを運転手は知った。研修で聞いていたのとは話が違った。彼は子供たちをシカソまで連れて行くために、ガソリン代に自腹を切った。慎ましい昼食の他は食べ物の持ち合わせもなく、買い物をする金もなかった。一日分の稼ぎをふいにして、やっと誰かから、「マリ・アンジュー」の地元オフィスが、保護された子供の世話を引き受けていると聞いた。そこで責任から解放されたのは有難かった。しかし彼にとっては迷惑な厄介事だった。もう二度とやらないと言う。彼の話を聞いた同僚たちは証明書の角をいじりながら、彼の言う通りだと言い、密輸業者と関わりを持つ前に二の足を踏むだろうとつぶやく。

　クリバリ主任も同じ経験があるという。彼が着任したとき、児童人身売買問題に気づかせてくれたのは「セーブ・ザ・チルドレン」のような援助機関だった。しかし多くの外国ＮＧＯの関心は、よそへ移ってしまったようだ。この先、子供を保護しても、誰が面倒を見てくれるのか、彼は心配している。最近保護した子供たちは、両親が見つかるまで、彼の自宅においていた。子供たちの食費などは自分持ちだった。もし彼の予測通り、戦争の後で児童人身売買が増えれば、扱いきれるかどうか、わからない。

「セーブ・ザ・チルドレン・カナダ」によれば、ホロン・ソ事業は、施設を必要とする子供の数の割には経費が嵩んだという。戦争によって、コートジボワールの農園に子供を送り込むことは人身売買業者にとって難しく危険になった。当面の危機は去ったとして、「セーブ・ザ・チルドレン」は、地元のＮＧＯに事業が引き継がれるべきだと考えた。「結局の所、国内問題なのです」と、保護された子供の世話の責任について、「セーブ・ザ・チルドレン」のナディーヌ・グラントは言う。

それならそれでいい、とクリバリは言う。しかし、コートジボワールで戦争が終わったら、もちろん仮に終われればの話だが、そのときには人身売買は勢いを盛り返すことが予想される。以前の商売が復活するだけでなく、国の再建のために安上がりの労働力を求めることになるだろう。クリバリ主任の予測では、あっせん業者はもっと攻勢を強めさえするだろう。それに別の心配もある。「この地域に、今までにないほど、たくさんの武器が入っています」。コートジボワール北部には小型の武器があふれていて、間違いなく密輸業者や犯罪ネットワークの手に入る。「これからは、トラック運転手たちに密輸業者を呼び止めろとは言えなくなります」とクリバリは言う。

「セーブ・ザ・チルドレン・カナダ」は運転手の研修を続けているが、内容は違っている。マリ南部と隣のブルキナファソのバス乗り場六カ所で、逃げてきた子供たちを見つけるのが運転手の役割だ。大人と一緒でない子供たちがバス乗り場にいれば、その名前を登録、また、人身売買業者に追跡されている疑いがあれば、警察を呼ぶ。このプロジェクトはカナダ国際開発局（ＣＩＤＡ）の出資によるが、期限は二〇〇七年までと決められている。「セーブ・ザ・チルドレン・カナダ」は、もしもコートジボワール内戦が終結すれば、人身売買は野火のように広がるだろうと認めている。子供たちはこれまでにもまして、危険にさらされることになる。

シカソではマリの援助機関「グアミナ」が地域の一〇代の若者のための研修を実施、国を出ないように呼びかけている。コートジボワール国境を越えることが簡単になったため、カカオ農園の危険について若者に知らせることは急務だ。「グアミナ」は「セーブ・ザ・チルドレン・カナダ」の啓発プログラムを引き継いだわけだ。

「グアミナ」のコミュニティセンターでは、小さな木の舞台の上で、一〇代の少年少女がさまざまな場面を演じている。強制労働の恐怖から戻った少年たちの話を集めたものだ。若者たちは、このプロパガンダ演劇とも言うべきものでさまざまな役割を演じる。金が稼げると約束して子供をおびき寄せる人身売買業者の役割を演じる若者もいれば、子供をせっかんするコートジボワール農民役もいる。最後にヒーローが登場する。マリ人会のメンバーが子供たちを助け、家に送り返してくれるのだ。実にわかりやすい寸劇で、コートジボワールで働く危険を伝えるメッセージは、間違えようもない。

見ている人々が意見を求められると、別の結末になる話が見たいという声が上がることがある。少年が金になる仕事を本当に得られる話だ。こうなると、「グアミナ」の代表が割って入り、それは認められていないと説明する。金になる可能性がほんのわずかでもあるなら、親たちは子供を送り込みたがるのではないか、あるいは売りたがりさえするのではないか。それが心配だと、彼は私に小声で言う。座って見ている若者たちもささやき合う。コートジボワールに行って自転車を持って戻って来た人の話を、彼らは皆、聞いたことがあるのだ。

プロパガンダは、絶望した人々のかすかな望みに、楔を打ち込むことはできない。

子供たちが自ら進んでコートジボワールに行っているという事実によって、彼らは奴隷ではないと言われることが多い。しかし、空腹を抱えていなければならない苦しさを和らげるために、わずかな金を稼げるかもしれないという、なきに等しい可能性に「飛びついた」というのは、選択をしたことにはならない。

懐柔と妥協

ワシントンでは、カカオ生産現場における最悪の労働形態を排除するための期限が数カ月後に迫り、エンゲル下院議員とハーキン上院議員は、警告を発しておく必要を感じていた。二〇〇五年二月一四日、両議員はアメリカの各紙に論説を掲載、チョコレート企業の責任逃れが認められると非難した。「チョコレート大企業へのバレンタインデーの贈り物」というこの記事の中で両議員は、チョコレート業界幹部が七月一日の期限を守らないと知らせてきたことを明らかにした。「その代わり、ガーナと、おそらくコートジボワールでも、小さなパイロットプロジェクトを開始する計画だという。これが前進であることは確かだが、議定書で約束した確固たる行動からすれば、遺憾ながらまったく期待はずれである」

両議員は、宝石業界に数年前に課せられた認証制度について書いていた。内戦の戦費に充てるために産出、売却されるアフリカ産の宝石類、いわゆる「紛争ダイヤモンド」について、米国内での販売を違法とするものだ〔クリーンダイヤモンド貿易法（CDTA）、二〇〇三年施行。紛争ダイヤモンドの輸出入を禁止する国際的取り組み、キンバリー・プロセス認証制度（KPCS）を受けて制定〕。ハーキンとエンゲルは、同様の強制力のある措置がカカオについても必要かもしれないと警告、「話し合いは時間切れだ。子供たちが苦しんでいる」と宣言した。「今日のバレンタインデーに、私たちの食べるチョコレートの多くはほろ苦い。アリ・ジャバテをはじめとする数知れないカカオ奴隷の苦しみが混じっているからだ」

論説掲載後、エンゲルに電話で聞いたところでは、チョコレート企業がしかるべき行動をとれるよう猶予を与えることに両議員ともやぶさかではないと言う。しかし「引き下がるつもりはありません」と彼は言い切る。「我々が本気なのは彼らにもわかっています」

NGOや労働組合、人権擁護団体、チョコレート会社の上位団体などの名前が羅列された国際カカオ・イニシアティブは、確かに大きな進歩はないと認めている。しかし、参加者の中で、特にILOなどは、希望が出てきたと言っている。「弾みがついた感」があり、またチョコレート会社が「クリーン」なチョコレートという概念に主体的に関わろうとする姿勢を続けている事実があるからだという。

一方、コートジボワール政府は、改革を目指す陣営が大切なことを忘れないよう指摘をしてくれていた。コートジボワールは内戦下にあり、「テロリスト」と闘っている間は児童労働問題に取り組むことは考えられないのである。同時多発テロ以来、流行語になったこの言葉を、コートジボワール政府は北部の反政府勢力を指すために使うことにしている。

こうした生ぬるい反応は、金と関係があるのだろうか？ NGOの多くは、議定書に署名した後、チョコレート大企業と提携した。西アフリカの農民の状況を改善させる努力について尋ねられると、世界カカオ基金（WCF）は、ILO、世銀、アメリカ労働省、カナダ国際開発局と協力し、「数百万ドル」の各種プロジェクトが進行中だと答えた。WCFのビル・ギートンによれば、援助機関との「パートナーシップ」で、チョコレート企業各社で今年度六〇〇万ドルを拠出したという。彼らの一三〇億ドルとも推定される利益の中からだ。チョコレート大企業にとっての目の上のこぶ、アニータ・シェスの話によれば、「セーブ・ザ・チルドレン・カナダ」もＷＣＦのパートナーの一つとして、資金提供の申し出を受けたという。これを断った理由には、提供される資金の額があまりにも少なかったことがある。しかし他の援助機関は同意署名している。

その間も、コートジボワール産カカオは、絶えることなく欧米諸国の工場へと流れ込んでいた。カナダは、児童奴隷制によって生産された可能性があるカカオの使用に反対する陣営の先頭に立っているが、内戦発生以来、コートジボワール産カカオの輸入は、実に倍増している。

動き続ける産業

二〇〇五年春、コートジボワール南部と北部の内戦は膠着状態に陥った。戦闘が激しさを増したわけではないが、この状態は双方にとって都合の悪いものだった。両陣営とも、戦闘から得られるものはもうない。一方、状況の行き詰まりによって、南部と北部の移動がさらに困難になっていた。カデル・ワタラが逃れた、南西部のカカオ戦争は、少しも収まる気配がなかった。リベリア国境付近の村々では、農園労働者が、マリやブルキナファソへの帰国もままならず、ろくに保護されていない国際難民キャンプに身を寄せていた。重武装した民兵組織が一帯を荒らしまわり、人々を恐怖に陥れていた。

ロイター通信のアンジュ・アボアはこうした地域に駆けつけ、血なまぐさい虐殺が起こるたびに取材を行った。アンジュと運転手のコフィ・ブノワは、多くの場所に私の同行を認めてくれなかった。

外国から来た白人にとって、重武装した平和維持軍と同行するのでなければ、それは自殺行為だというのだ。しかし、民間人の農民やその家族の保護のためでさえ、平和維持軍が戦闘に介入することはまれだった。

コートジボワール人にとって、内戦はショックだった。隣国リベリアやシエラレオネが落ち込んだような暴力は、自分たちとは無縁と考えていたからだ。外の世界にとっては、アフリカで、もう一つの国が惨劇に巻き込まれたという話は、別に珍しくもなかった。コートジボワールがこれほど重要な商品、つまり世界中のチョコレートに原料を提供する国でなければ、外国の通信社も関心を寄せなかったかもしれない。

驚くべきことに、カカオ豆はコートジボワールの主要港であるサンペドロ港に運び込まれ続けていた。港湾当局の記録によれば、コートジボワールのカカオとコーヒーの出荷施設は、二〇〇二年から二〇〇四年まで、カカオ輸出のかなりの伸びを示している。カカオベルトでの暴力がきわめて激しかった時期だ。二〇〇五年の第一四半期になって、おそらく戦闘の影響と思われる輸出減を記録しているが、減少幅はそれまでの二年間の増加分ほど大きくなかった。

ノエル・カボラはまだ仕事ができていることを有難いと思っている。彼はシニコッソンで、少年たちに私を紹介してくれた仲買人だ。自分たちの収穫したカカオ豆がどうなるのか知らなかった、あの少年たち。カボラはブルキナファソ人だが、帰国を望まなかった。帰国しても何もない。戦渦に巻き込まれたコートジボワールのカカオベルトは、危険の多い場所だが、少なくともカカオ取引はまだ機能している。カボラの住むスブレの町は、廃材で建てられたみすぼらしい家の並ぶ、わびしい場所だ。

時折火が出て、住民が間引かれるという。しかしスブレには、この地域の多くのカカオ取引業者や買い付け業者が集まる。彼らが多国籍企業にカカオ豆を供給しているのだ。ここにいれば、カボラは仕事に困らない。

カボラは、アンジュと私をこの辺境農園地帯の奥深く連れて行ってもいいと言った。農民たちに会うために西部の戦争地域ぎりぎりまで行く。スブレを出ようとしたとき、コートジボワールの検問警察に数時間拘束され、金を要求された。私が外国から来た白人だったため、賄賂の額はつり上げられたと思うが、地元のアフリカ人も皆、同じように金を巻き上げられている。仲買人たちは幹線道路を走るときは決まって多額の通行料を支払う。アフリカで仕事をするには、ある程度の心づけは当然と見なされるが、カカオ運搬ルートの賄賂の額は、カボラのような仲買人の稼ぎの大半を食いつぶすほどだ。カカオ中間業者は、チョコレート大企業と取引のあるレバノン人であることが多いが、彼らが仲買人に払う額には、農民への支払い分と賄賂が含まれている。しかし仲買人が農民の所に着く頃には、金は相当目減りしている。私が話を聞いたアラブ系取引業者の推測では、二〇〇五年にカカオ輸出が減少した理由の一つはこれだという。幹線道路上での憲兵によるピンはねで、仲買人の手に入るはずの利益が奪い取られてしまい、その結果、多くの仲買人が仕事をやめたのだ。

アフリカは警官の腐敗で知られている。しかしコートジボワールのカカオ生産地帯は、第三世界の汚職にまったく次元の違うスタンダードを設定している。道で出会った憲兵は、トラックや車の窓からカラシニコフ銃を突き出し、銃口を突きつけて金を要求する。彼らの多くはヤシ酒に酔っており、抵抗は許されない。憲兵の権威に逆らおうとした数人の地元民は、姿を消した。私たちは一〇キロの間にこうした検問を五カ所通った。先へ行けば行くほど、脅迫は強く、金額は高くなった。

　カボラが私たちを連れて行ってくれたのは、シギノ・ブエイマ・ゾンゴの農園だった。年齢は五〇代、三〇ヘクタールのカカオ農園の経営者で、四人の妻と一五人の子持ちだ。また農園で働く少年や若者たちもいた。ゾンゴが故郷のブルキナファソの村から集めてきたのだ。「里帰りするときは、働き手を探していると皆に知らせます」とゾンゴは説明する。少年、あるいは親が名乗り出る。農園で数えてみると一一人、一四歳から一九歳で、ゾンゴの家族と同じように食べさせてもらっているようだった。といっても、たくさん食べているという意味ではない。

　少年たちは、ゾンゴの農園で働いて給料をもらうことになっていると口をそろえて言う。しかし誰もお金を見たことがない。ゾンゴは、カカオの売り上げが、生産コストと比べてどれほど少ないか、長々と説明する。少年たちが二年の年季を終えたとき、おそらく給料をもらわないということを暗に言おうとしているのではないかと勘ぐりたくなる。

　ゾンゴの仕事は、かつてはきわめて実入りがよかった。彼は、ノエル・カボラのような仲買人から、カカオの品質が高いことで尊敬されている。しかし、一生懸命働き、揺るぎない評判があっても、カカオで生計を立てることは不可能だ。ゾンゴの農園を見ると、カカオ農民が、ただ働きの児童労働の搾取にどれほどたやすくはまり込んでいくのか、すぐわかってくる。

　ゾンゴの子供たちも含めて、誰も学校へ行っていない。学校がないからだと彼は言う。この地域の住民はほとんどが移民層で、コートジボワール政府は公共サービスを提供しない。もし学校があったとしても、ゾンゴの家族や農園の働き手は主にバンバラ語を話し、コートジボワールの公用語であるフランス語を知らない人が多い。ゾンゴは家族のために医療保険の定額料金を払っている。しかしカボラが後で話してくれたところでは、農園の働き手のためには払っていないだろうという。

少年たちは、はにかみ屋だ。最年少の一四歳は、悲しげな目をしたひょろひょろの少年で「男の仕事ができて誇りに思っている」と話してくれた。ゾンゴはめったに少年たちに質問に答えさせない。ブルウェットとウッズのようなジャーナリストが最初にこの地域の児童労働問題を追及したときは、農民たちは働き手の雇用形態について率直に語った。しかし今では、農民たちは皆、アメリカでの政治的議論のこともコートジボワール産カカオのボイコットの可能性のことも知っている。ゾンゴはラジオでそのことを聞き、議論が起こっているのを知っている。彼は、少年たちはちゃんと扱われているると言い、こちらが聞きもしないのに、「うちには奴隷労働はない」と言い出した。

ゾンゴによれば、彼が頼むような農園のどんな仕事よりも、少年たちにとって危険なのは、恐ろしい襲撃を繰り返す酔っ払いの兵士たちが近くにいることだ。あとどのくらい農園の仕事を続けられるかわからないと彼は言う。土地の所有権について聞いてみると、三〇ヘクタールは自分のものだと彼は力説した。もっとも、書類は何もない。「でも、ここがうちの土地だってことは皆知っている」と彼は主張したが、彼自身でさえ納得したようには見えなかった。

「奴隷はいないが、虐待はある」

ノエル・カボラは、奥地のさらに先まで連れて行ってくれた。道路はほとんどなくなりかけ、小型車なら抜けられなくなりそうな穴がところどころにある。私は何度も、道が悪すぎる、引き返した方がいいといった。彼は笑う。この道は、彼が週二回カカオ豆の集荷のために通っている道で、今よりましな状態だったことなどない。急流の川に渡された数本の板の上を、大型トラックは唸りを上げて進んでいく。この国の主要産品で、経済の主軸でもある作物が、こんな道路に頼っているというのは驚くべきことだ。ここでは、資源の富は一方通行だ。サンペドロとアビジャンの港へ流れ込む富が、生産者の利益という形で還元されることは決してない。このきわめて重要な経済活動のインフラ整備にまわることもないようだ。農民をカカオ生産に駆り立てるのは絶望だ。政府と企業の無関心が一次生産者を事実上、システムの孤児の状態においている。

一キロほど行くたびに、道路わきに膨らんだ袋の山がある。集荷用のカカオ豆だ。そして、台の上で発酵しているカカオ豆の放つ、間違いようのない、すっぱい匂い。これから乾燥されて、来週には集荷できるようになるだろう。道を進んでいくと、数十人の子供たちが目に入る。アニータ・シェスが「きわめて危険な状況で」働く人々がいると言った通りのように思える。少女たちは頭上に重い袋を高く積み、少年たちは腕と同じくらいの長さのナタをひきずっている。若い彼らの表情は険しい。最初は睨むようにこちらを見つめていた。しかし、微笑んで手を振ると、人懐っこい笑顔が返ってくる。

年長の少年たちは、有害な殺虫剤、殺菌剤散布用の器具を背中に背負っている。防護服なしで裸足だ。車を止め、こうした薬剤にさらされる危険について母親たちに尋ねると、彼女たちは笑い、防護マスクの値段は、カカオを市場に出すために払う賄賂と同額だという。両方は払えない。皮肉なことに、この仕事の危険性は、経済状況が悪化したため減っている。カカオの木の生育に必要な薬剤を買えなくなった農民が多く、薬剤散布は減っているのだ。

もう農園などないだろうと思えてからずいぶん経って、カボラはトラックをさらに森の奥へと進め、彼の集荷先のうちで最も遠い所に着いた。ブルキナファソ人の小村で、カボラの話では、多くの少年たちが一日中農園で働き、夜にコーランを学んでいるという。この話をしながら、カボラは警戒するように私を見ていた。この労働形態を問題だと思っているようだった。話を聞くと農園はマラブーの集落ではないかと疑われた。マラブーとは若い労働者の搾取を隠蔽するために、宗教的信仰心を利用するイスラム教指導者だ。

経営者はちょうど帰ってきたところだった。この遠く離れた村でも、モハマドは児童労働をめぐる騒動を聞いていて、答えるのに用心していた。彼の話では、働いているのは年長の少年たちだけだというが、周りで見かける年下の少年たちが一日中何もせずに座っていることを許されているとは信じ難い。私がここの労働条件についての質問にこだわると、ノエル・カボラは心配を表に出し始めた。経営者は鷹揚で、夜にコーランを教えるとき周りに集まる炉を見せてくれた。話は、もう少し当たり障りのない話題に移っていった。カカオ豆の価格、供給コスト、見合わない収支。彼の答えは、どこの農民からも聞いた話の繰り返しだった。現在のカカオ出荷価格では、生産コストを賄うことさえできない。まして家族など養えない。

この孤立した、人を寄せつけない場所を出たとき、太陽は森に沈むところだった。夜の帳が降り、収奪者の憲兵がいる多くの検問所でヤシ酒が効きはじめたとき、暗さを増す森に危険が潜んでいることを私たちは承知していた。

その夜スブレに戻ると、カボラは倉庫へ私を連れて行ってくれた。そこには、この地域の仲買人が集まって、カカオ豆を運び込み、大きな秤で重さを測って、中間業者が引き取りに来るまで保管しておく。倉庫にいた人間は皆、児童労働をめぐるアメリカでの議論のことを知っていて、農園で自分たちが見たことについて、なかなか話したがらなかった。

アラサン・トラオレは、カカオ農園の仕事がいつでも大きな危険を伴うものだということをわかってほしいと言う。彼はズボンをまくって、ナタの傷跡を見せてくれた。傷は誰にでもある。こういう傷は子供が大人になる通過儀礼の一部だと彼は強調した。しかしトラオレも、最近、農園で多くの虐待を目にすることは認めた。

アリ・サニューも仲買人だが、自分たちは皆、「奴隷制」という言葉には、いい気持ちがしないと言う。この言葉には、五〇〇年の歴史の重みが背負わされている。破壊された社会の重荷、その深い悲しみ。「ホロコースト」という言葉がユダヤ人にだけ使われるのと同じように、「奴隷制」という言葉は、アフリカの集団的記憶の中で最も暗かった時期についてだけ使われるものだ。「奴隷制はない」とサニューは言う。「でも虐待はある」そうだ。虐待というのはどういう意味？ 「子供を雇って、ただ働きさせるのさ」。危険の大きい労働条件については、彼によれば、雇われた働き手でも経営者でさえも、誰にでも危険はあるという。ここでは危険はつきものだ。

カボラをはじめとする仲買人は、コートジボワールのカカオ流通プロセスにおいて、きわめて重要な存在だ。カカオ生産者は誰も、商品を市場に出すための車を持っていない。カボラはいわば農民の命綱なのだ。仲買人はコートジボワールの六〇万の農園と定期的にコンタクトをとっている。カカオの生産流通プロセスにいる人間のうち、彼らだけが、カカオ生産地帯の状況について、本当の全体像を知っているのかもしれない。アブドゥライ・マッコは、売られた子供を捜していたとき、仲買人を大いに頼りにしていた。

もしも搾取をやめさせるための本格的な監視が行われることがあれば、仲買人や倉庫の管理人は、その実行の重大な鍵を握ることになる。彼らは、ワシントンやジュネーブの活動家から、潜在的な監視ネットワークと見られている。児童労働者を保護する新しい規則が順守されているか、観察して報告する最前線の人材ということだ。外部の調査官ではすぐにそれとわかってしまうだろう。またカカオ監視ネットワークの構築が可能だとしても、虐待が行われている遠い農園まで行くためには、仲買人の手を借りなければならないだろう。

アリ・サニューはやってもいいと言う。子供たちの扱われ方を、彼もよく思っていない。しかし、ノエル・カボラは首を振った。「カカオを集めに行くのがどんなところか見ただろう。森の中で一人きりだ。報告なんかしたら、農園は立ち行かなくなる。オレを生かしちゃおかないさ」。彼の言いたいことはよくわかる。遺体も見つからないだろう。

しかし仲買人たちのはるかに大きな心配は、児童労働者よりも戦争にあった。憲兵への賄賂を払うのが難しくなっている。検問は儲けが大きいため増える一方だ。別の脅威もある。移民の多い仲買人が反政府勢力に銃の密輸をしていると、当局が非難しているのだ。これはよく言われる、根拠の曖昧な非難で、カカオ生産地帯一帯の当局から何度も聞いた。もしもノエル・カボラや仲買人の誰かが姿を消すようなことがあるとすれば、カカオ農民より兵士たちの仕業だろう。

妥協の代償

二〇〇五年七月のハーキン・エンゲル議定書の期限が目前に迫り、チョコレート企業はコートジボワール政府と共同で行う、小規模なパイロットプロジェクトを発表した。一カ所は、ヤムスクロに近いウーメという地域、もう一カ所はガーナだ。この二カ所で、児童労働監視システムがどのように機能するか、試験的にやってみるという。ガーナでは、カカオ農園の強制児童労働問題が指摘されたことはなく、またウーメも、コートジボワールの問題地域として取り上げられたことはない。両議員がバレンタインデーの論説でふれたように、チョコレート大企業は善意のしるしとしてこのささやかな試みを恭しく提供しているが、それ以上のものではない。

私がウーメのプロジェクトの話を初めて聞いたのは、二〇〇五年六月、プロジェクトを推進する関係者のためにアビジャンでシンポジウムが開かれ、それに出席したときだった。シンポジウムの目的は、カカオ管理機構、いうなれば「カカオ・コネクション」の関係者に、七月一日の議定書期限の影響を避けるためのコートジボワール側の対応を説明することだった。

出席者は全員コートジボワール人で、かつ「コネクション」のメンバーだった。非公式の話の中で彼らは、ハーキン・エンゲル議定書はいかさまだが、しばらく前から、「ゲームのやり方がわかってきた」と言った。欧米社会がどんなふうにやってほしがっているかよくわかった、と。二日間の協議の最後に公式声明が報道陣に配られたが、私が聞いた非公式の話に劣らぬ率直さがそこにも表れていた。

声明によれば、「我々の生存に重くのしかかる（アメリカからの）圧力と非難に直面し」、シンポジウムの出席者は「児童労働の最悪の形態を禁止する国際法の順守」を急務と認識した。児童の保護は、正しいことだから行うべきだという言葉はまったくない。その代わりに「我々カカオ生産者は、我々の生活を脅かすこの脅威を意識していることを示さねばならない」

ウーメのプロジェクトは、アメリカからの批判の声に応えるもので、これでワシントンの議員は十分満足するだろうと出席者全員が確信しているようだった。プログラムの経費は、当初の一五カ月分として一七〇〇万ユーロが見込まれていたが、誰が出資するのか、試験期間が終わった後はどうなるのか、シンポジウムでは説明はなかった。

私はその少し前にウーメのマリ系農民と会い、ウーメの一帯では、戦争も子供の密輸の問題もないと聞いていた。古くからの地域社会で、ディウラ族は結束が固く、連携しながら労働者の虐待の監視にあたっていた。コートジボワールがパイロットプロジェクトになぜウーメを選んだのか明らかではない。おそらくヤムスクロ空港に近く、外部向けのプロジェクトとして行きやすいからだろう。労働事情を視察した後、ヤムスクロに戻れば、この首都に多くある高級フレンチレストランでの夕食に間に合うというわけだ。

二月一四日の論説で両議員が出した断固とした警告を思えば、こうした効果の疑わしい、申し訳程度の行動で済むことはありえないだろうと思われた。しかし二〇〇五年七月一日、大々的に報道されていたハーキン・エンゲル議定書の期限の日は、さしたることもなく過ぎていった。議定書を承認していた陣営は、どれほど改善がなされたか、型通りの言葉を口にし、一同「対話を継続する」ことを約束した。しかし事実上、議定書は空文化していた。

両議員は少々遺憾の意を示した。「議定書の設けた七月一日の期限が完全に守られなかったことに失望している」と、あらかじめ準備していた声明でハーキン上院議員は表明した。「しかし、認証制度の構築、および、カカオ農園に始まる供給の全過程における児童労働、強制労働の最悪の形態の排除、これらを目指してチョコレート企業がいっそうの努力を継続することは喜ばしいことである。カカオ生産国の農民と子供たちにはその権利がある」

「いっそうの努力」とは、企業側が、新たに設けられた二〇〇八年の期限を守るということのようだ。最初の期限を三年延長、それまでに五〇％のカカオ農園が児童労働形態について視察を受けることになるという（もともとの条文では全農園の視察だった）。その間、チョコレート企業は当面達成できそうな目標を目指す。「監視、データ分析、報告、そしてできる限り積極的に児童労働の最悪の形態に取り組む活動など」

エンゲルは、自分とハーキンが譲歩したわけではないと再度強調した。「改善が図られ、期限が守られると確信している」と彼は自身の記者会見で述べている。エンゲル議員は、二〇〇八年の期限が守られるよう注意を怠らないというわけだ。

エンゲルの立法顧問ピート・レオンが非公式に語ったところによると、両議員は非常に苛立っていたという。「チョコレート企業側が期限を守らないと伝えてきたのは、ぎりぎりになってからでした」。チョコレート大企業側との最後の長時間会議は四時間半に及んだが、最後には両議員は敗色が濃いことを悟った。米議会に流れた噂では、業界はかなりのロビー活動を行い、もしもハーキンとエンゲルが一戦交えることにした場合には、業界側に立ってくれる政治家を用意していたという。このような勢力の動員に、民主党の両議員はかなうはずもなかった。上院では共和党が多数派を占め、当初のラベル付け制度のプランに戻ることは不可能だった。両議員は、チョコレート企業を敵に回しては何もできないということに気づいたのだとレオンはいう。「協力を打ち切って徹底抗戦するか、それとも、膝を交えて『さあ、解決しよう』と言うか、の選択だったのです」

実効ある行動をまたもや三年間先送りするのに成功した現代のチョコレート貴族には、ジョン・キャドバリーも感心することだろう。三年後といえば、エンゲルが初めて『ナイト・リダー』紙の記事を読んでから七年が経つことになる。カカオ産業での児童労働の使用について、ユニセフが最初に懸念を表明してからは一〇年だ。チョコレート業界の企業戦略を立てる人間たちが手持ちのカードをうまく使えば、次の期限までには貧困に陥ったアフリカのカカオ農園は、もう問題ではなくなるだろう。世界には新たにカカオ生産に参入する国が続々と現れている。インドネシアは今、コートジボワール、ガーナに次いで第三位の生産国になった。チョコレート業界はもうすぐ、コートジボワールを切り捨てることができるのだ。

アニータ・シェスは、カカオ族議員たちが矛を収めたことに深く失望した。「何かを変えようと、このためにどれだけ働いたことでしょうか。その結果がこれでした。協定を作って、ものの見事に失敗したわけです」という。しかし議定書を承認したＮＧＯや活動家は、チョコレート企業のしおらしい態度と善意のポーズに懐柔された。フリー・ザ・スレイブスのケビン・ベイルズはこの問題に最も熱心で、議定書の署名者でもあった。彼はプレスリリースで「目標が達成できなかった」とはっきり書いたが、それでも議定書が、「消費者団体、業界、政府が力を合わせた」史上初のケースだと擁護し続けている。

責任逃れを許すな

バーマ・アスレヤによれば、議定書は歴史を塗り替えるようなものではなく、相変わらずのまやかしだという。国際労働権利基金（ＩＬＲＦ）は、アメリカで唯一、業界とのパートナーシップという姿勢を拒否したＮＧＯだった。「この一連のプロセスは、ビジネススクールのケーススタディにすべきでしょう。どうやってイメージ戦略を大成功させられるかの一例です」とアスレヤは言う。「メッセージを打ち出して各陣営を味方につける。大風呂敷の計画を作る。問題が立ち消えになるまで時間をかける。フリー・ザ・スレイブスのような、信頼の厚い、外部陣営を取り込む。これで完璧、晴れて無罪放免になるわけです」

しかしＩＬＲＦは、そうやすやすとチョコレート会社に責任逃れを許すつもりはなかった。強力な武器を持ちだす用意を整えていた。

ワシントンにあるＩＬＲＦの調査官マルクス・ヴィレール・アリスティドは、コートジボワールの児童労働の実態を明るみに出すことに大きく貢献した。二〇〇二年春の最初の訪問以来、彼は数回にわたって現地に渡り、数多くの情報提供者と緊密に接触して重要な情報を得ていた。アリスティドとＩＬＲＦが、企業側を告発する準備を進めていたとき、深刻な事態が起きる。二〇〇四年一一月、ワシントンの北西の高速道路で、盗難車のSUVが彼の車に突っ込み、彼は死亡した。

ILRFのメンバーは、献身的な活動家で友人でもあった人間を失った。そればかりかアリスティドの死は、児童労働問題で彼の築いた人脈と知りえた内部事情から切り離されてしまったことを意味した。これを回復するのに何カ月もかかった。回復は、もう一人のILRF調査官ナターシャ・サイズの果敢な調査によるところが大きい。アリスティドの最後の調査に同行していた彼女は、西アフリカで彼がつかんでいた手がかりの多くをもう一度たぐり寄せることができた。翌年の冬から春にかけて自ら調査を行ったサイズは、探していたものを見つけることになる。原告だ。カカオ業界での虐待に究極的な責任があると見なされる側に対して、訴訟を起こそうとする人間。

二〇〇五年七月一四日、ILRFは、ネスレ社、カーギル社、アーチャー・ダニエルズ・ミッドランド社を相手取って、カリフォルニア連邦地方裁判所に訴訟を起こした。告発事由は、アメリカに本社をおくこの三社が、アフリカの原料輸入先でカカオ豆の栽培、収穫にあたる子供たちの、人身売買、拷問および強制労働に関与したというものだ。集団訴訟の申し立てでは、マリの子供たちのために行われた。子供たちはコートジボワールに売られ、「一日一二時間から一四時間、賃金もなく、食事や睡眠をほとんど与えられず、頻繁にせっかんされながら、強制労働させられた」。三人の原告はそれぞれ、原告一、二、三と呼ばれた。ILRFは準備書面で、子供たちの安全のため匿名でなければならないと言っている。

訴訟のタイミングは偶然ではない。ILRFはプレスリリースで、こうした法的措置を求める理由について、業界側が七月一日の議定書期限を守らなかったためであると表明。「議定書の要点は、信頼できる独自制度の構築を企業に義務づけたことにある。この制度は、農園の監視および原料供給者の認証と立証を行い、「児童労働を確実に防止するためのものである」とILRFの声明は述べている。

アメリカでは、法的権利の行使は、戦闘的活動家にとっては新しい領域になっている。多国籍企業を追い詰めるために使われる強力な道具は、外国人不法行為請求権法（ATCA）だ。この法律によれば、アメリカの市民権がなくてもアメリカ人の国際法違反を問う目的で連邦裁判所に提訴できる。虐げられた労働者、特に子供たちは自力では、多国籍企業を法廷に引っ張り出せない。しかしILRFはしばしば、彼らに代わって訴訟を行う。

これまでにILRFが訴訟を起こした相手企業は、エクソン・モービル社、ディンコープ社〔米国防省の業務を請け負う民間軍事会社の大手〕、コカコーラ社などで、すべてATCAに基づいている。二〇〇四年には、ILRFはダイムラークライスラー社を提訴。軍事独裁政権下のアルゼンチンで、ブエノスアイレス近郊にあるメルセデスベンツ工場の労働組合員九人が「行方不明」となり、その遺族のために訴訟を起こしたものだ。ILRFはまた、巨大食品企業デルモンテ社による基本的人権侵害を訴えた、グアテマラの五人の元労働組合指導者のためにも訴訟を起こしている。

もちろん、アメリカの一流企業側も請願を提出し、連邦最高裁判所にATCAの失効を求めている。理由は、ATCAによって米企業が不当に競争力を奪われ、不利な立場におかれるためだとされる。諸外国の企業はそのような訴訟にさらされないからだという。ATCAが問題とするのは、奴隷制、拷問、非合法殺人、戦争犯罪、人道に対する罪、恣意的な拘束だけだ。それを考えれば、アメリカ企業がこの法律によって、世界市場における自らの競争力が削がれると考えているのは由々しきことだ。

「差し止めによる救済および損害賠償請求集団訴訟」は、「元児童奴隷を原告とし」チョコレート企業を相手取って起こされた。ＡＣＴＡだけでなく、拷問被害者保護法（ＴＶＰＡ）にも依拠している。告発事由は数々あげられているが、ネスレ、カーギルおよびアーチャー・ダニエルズ・ミッドランドの三社は、「原告の元児童奴隷の意志に反して、危害を加えられるのではないかという恐れの下で強制的に労働させ、被告企業の経済的利益を図った。これにより原告の元児童奴隷は、生命に重大な危険を感じさせられた」とされている。訴状によれば、家から連れ出されたとき、子供たちの年齢は一二歳から一四歳だった。準備書面は特定していないが、三人の原告の年齢は現在一八歳以上だ。

集団訴訟が、二〇〇五年から二〇〇六年にかけて、アメリカの裁判制度の中をのろのろと進んでいる間、状況に変化はなかった。コートジボワールは、「親父さん《ル・ヴィユ》」が約束した通り、世界第一位のカカオ生産国の地位を保っていた。スキャンダルや内戦、ワシントンで作られた議定書、訴訟さえも、それを変えることはなかった。しかしコートジボワールのカカオビジネスは、それ自体病んでいる。おそらく、カカオの木の「天狗巣病」にも劣らないほど壊滅的な被害を与えるだろう。コートジボワールのカカオは、組織犯罪という害悪に感染するようになっていた。

第10章　知りすぎた男

ここ（コートジボワール）では、政治の話なら少々乱暴なことを言ってもいい。だが怒りを買う話題が一つある。金だ。金の流れを突き止めようとすれば、死を宣告されかねない。カカオは、闇に包まれた錯綜した世界だ。金の行方はわからない。その世界に飛び込んだのがギー‐アンドレだった。彼は真実にこだわった。

――ジャック・ユイルリー（AFP通信、二〇〇四年六月、アビジャンにて）

闇の世界を知る男

アビジャンの上流地区、マルコリー。瀟洒なショッピングモール、プリマセンターがある。その駐車場に午後一時半という待ち合わせだった。二〇〇四年四月一六日金曜日、ギー‐アンドレ・キーフェルは早めに着き、古いヒュンダイ製エレクトラの脇に立っていた。車のトランクには楓の葉のステッカーが張ってある。フランス人である彼が、カナダ国籍も持っていることを示すものの一つだ。相手を待ちながら、彼はひっきりなしにタバコを吸っていた。二台の携帯電話は電源が入っていた。いつもそうやって、彼の「ネットワーク」と連絡を取れるようにしてある。「ネットワーク」にはジャーナリストや財界人、外交官、ビジネスマンがいた。アフリカ人もヨーロッパ人もいる。特にコートジボワール最大の輸出品カカオにかかわる、官界や財界の最上層部だ。

ギー‐アンドレ・キーフェル。友人の間では、頭文字をとってGAK。彼は、「カカオ・コネクション」とでも言うべきカカオ管理機構の裏側をこの世の誰よりもよく知る人物だった。フランスの新聞に記事を書くジャーナリストとして、熱帯産一次産品、特にカカオのことを調べ始めたのは、二年半近く前にコートジボワール入りする前からだった。アビジャンで、パリに本拠をおく『大陸通信』誌〔*La Lettre du Continent*〕に寄稿するフリーランス記者として仕事を得る一方、地元の新聞や雑誌にも時には匿名で寄稿していた。

プリマセンターでの約束の数週間前から、GAKの友人たちは彼の変化に気づいていた。以前にも増して落ち着きをなくしていた。それまでも彼は、じっと座っていることなどなく、いつも動き回っていた。しかし同僚の一人によれば、このところ彼のその性癖はますますひどくなっていたという。何か新しい心配事に駆り立てられているかのようだった。最近では夕食のときも神経を尖らせ、レストランにいる人々を誰彼となく疑わしそうに調べたことがあった。普段ならどの客とも名前で挨拶をかわす間柄だった。

このときキーフェルは、コートジボワールの状況が暗転し、ジャーナリスト、特に白人ジャーナリストにとってきわめて危険になったと仕事仲間に語っている。怖いもの知らずに見えた記者からこうした言葉が出るのは、ただならぬことだった。記者仲間のほとんどが恐れと賛嘆の入り混じった気持ちで遠巻きに見ていたが、彼は公の場で政府官僚にくってかかり、大統領に詰め寄り、「カカオ・コネクション」とそのマフィアまがいの取引をめぐる報道を公にしてきた。彼はコートジボワールに来て以来、いわば壊れ物の並ぶ店先に突っ込んで、したたか暴れ回ってきたのだ。その彼のような人間が心配しているとすれば、事態はよほど深刻化していることになる。

コートジボワールの政治状況は二〇〇四年一月以降、急速に悪化した。同じ年の三月、反バクボ政権派の平和的なデモが殺戮の場と化してからは、まさに急降下だった。反体制派と北部勢力は、公の場での抗議行動を禁止する措置に逆らって、アビジャンの通りでデモを行っていたのだった。警察が攻撃を開始、市民を家から引きずり出して処刑した。中には、反政府デモで何の役割も担っていなかった人もいた。国連の報告書は後に、この出来事を「虐殺」とし、「即時処刑、拷問、拉致、恣意的な拘束が繰り返された。実行したのは、治安部隊および彼らと協力あるいは共謀して行動する同様の部隊だった」と述べた。

死の部隊は、アビジャン近郊のスラムに住んでいたブルキナファソ系、マリ系移民を標的にした。移民たちは、農園を追われてそこに住んでいた。殺害された移民は数知れなかった。公式記録では死者は数十人とされているが、反体制派によれば本当は数百人だという。こうした暗黒の日々に何が起こったのか、誰にもはっきりとはわからない。外国から来た白人ジャーナリストにとっては、アビジャンの虐殺について報道しようと考えるだけでも自殺行為だった。地元記者は、良くて非難攻撃の、悪ければ暴行殴打の対象になるか、あるいは単に行方知れずになった。政府の支配下にあるメディアだけが、放送・出版を許された。反体制派の新聞社は放火された。

キーフェルに特に警戒心を起こさせたのは、四〇〇〇人の重武装フランス部隊と三〇〇〇人のアフリカ諸国兵士からなる平和維持部隊が、殺戮を止めるためにほとんど何もしなかったことだ。多くの市民は、外国部隊が安全を保証してくれると考え、非合法のデモに参加していた。だが、外国部隊はそうしなかった。GAKは友人にこう話している。もし、このような非道な行為を行ったことについて、国際社会がバクボ政権を非難しなければ、大統領は自らの権力が承認されたものと考え、暴虐に国際社会が干渉してこないと踏むだろう。一九九四年のルワンダで、フツ族の虐殺組織に対して国際社会が示した無関心を目の当たりにした記者たちの頭には、その記憶がこびりついていた。キーフェルが懸念したのは、特にフランスからの強いメッセージが欠けているために、コートジボワールでジャーナリスト狩りが解禁されるということだった。

しかし、死の部隊による殺戮が何日も続いた間、国際社会からの反応はほとんどなかった。主要通信社は皆、外部からの目とも耳ともなっていた特派員を引き揚げさせた。国連人権委員会は調査を実施したが、火に油を注ぐことを恐れて、報告書の発表を拒否した。だが報告書はリークされ、フランス国際放送に届いた。外国メディアの最悪の恐れは当たっていた。委員会報告には、「無辜の市民の無差別殺戮および……（中略）重大な人権侵害」が書かれていた。報告書は「デモは口実であり、治安部隊によって用意周到に計画、実行された作戦であったことが明らかになった」とした。

他にもキーフェルの懸念を強めたことがある。特に、シャルル・ブレ・グデの愛国青年連合や、地下に潜行して活動する青年民兵組織の動きだった。「総長」が招集する、ファシスト的「国会」は、コートジボワールの怒れる若者を何千人も惹きつけた。若者たちは、問題がすべてフランスの責任であるという考えを吹き込まれた。キーフェルは独自調査によって、青年民兵組織が多くの武器の供給を受けていると考えたが、これはかなり当たっていた。緊張が高まる中、バクボ自身が陰で糸を引く暴動は必至と思われた。

四月の午後、キーフェルがプリマセンターの駐車場に立っていたとき、デモから一カ月足らずで、懸念材料には事欠かなかった。彼はまた衝撃的な記事を出したばかりだった。コートジボワールが、ギニアビサウの独裁政権に非合法で送金しているというものだ。ギニアビサウはセネガルの隣にある問題の多い小国で、バクボの重要な同盟国だった。コートジボワールの経済的苦境にもかかわらず、バクボ政権は外国の役人や軍人に給料を出すほど金が余っていたようだ。キーフェルの記事の情報は、政権にとってきわめて重大な影響を及ぼしかねなかった。バクボ政権が国内外の疑わしい政治目的を支援するために、カカオの利益を流用していたことを強く示唆したからだ。

ギニアビサウ問題だけでなく、パリから指示が出ている上層部絡みの資金洗浄システムも調べていた。また、コートジボワール国立投資銀行（ＢＮＩ）の関与が取り沙汰される、非合法の金融取引にも調査は及んだ。ＢＮＩは、国と「カカオ・コネクション」の主力銀行だ。キーフェルは『大陸通信』などでバクボ政権の腐敗を厳しく告発してきた。多くはカカオ産業に関わるもので、カカオの収益を財源とする武器購入もたびたび報道した。イスラエルやウクライナの武器業者が細工した、怪しげな武器取引。カカオ輸出港、サンペドロ港の浚渫工事をめぐる、外国企業との怪しげな協定。

ここ数週間でキーフェルは、殺害予告を三度受け取っていた。すっぱ抜きを専門にするジャーナリストなら慣れっこになっている類の脅迫以上のものだった。こうした脅迫の出所は、この国の最上層部署のどこかだった。キーフェルは、権力者のなかにも良識ある人間がまだまだ十分いると信じている、と友人たちに話していたが、友人のほとんどは彼が自分自身を欺いているのだろうと思った。キーフェルの知らないところで不穏な動きがないか警戒する人間はいなかった。激しい反仏感情が渦巻くコートジボワール。そしてＧＡＫという人間は、ひとたび不正の証拠をかぎつければ、誰にも止められなかった。

ＧＡＫは、コートジボワールの一次産品に関して第一人者になっていた。専門はカカオとコーヒーの取引だ。彼は初め、経済記者の仕事を通して基本を身につけ、投資家やトレーダーに役立つ情報を提供していた。しかし好奇心から、カカオ産業の影の部分に次第に深く入り込んでいく。そこは、「カカオ・コネクション」を牛耳るグループが支配する暗黒の地下世界だった。コートジボワール入りしたその日から、彼はカカオ農民の側に立って公正を求め、抑圧者を告発することを決意した。彼にとって、敵は多国籍チョコレート大企業と結託したバクボ政権だった。この目的のために、彼は多くの情報を掘り起こした。おそらく掘り起こしすぎたことが、彼のためにはならなかった。

プリマセンターでの待ち合わせの相手はミシェル・ルグレという人物だった。友人と呼ばれてはいたが、キーフェルはこの男を嫌っていた。国内が不穏な時期、「友人」という言葉はいろいろな意味になる。特にその「友人」がシモーヌ・バクボの妹と結婚している場合には。シモーヌ・バクボは大統領の妻で、最強硬派のナショナリストの一人だ。ミシェル・ルグレは、キーフェルを守ることができる立場にいる友人だった。しかし事情次第では、キーフェルの破滅に手を貸すこともできた。

どのような種類であれ、キーフェルにとって友人は皆、重要だった。欠かさずコンタクトをとっていた「ネットワーク」は、彼の人生を動かすエネルギー源だった。しかし、彼をよく知っているとか、彼が何に突き動かされているのかわかると言える人間はほとんどいなかった。過食傾向のヘビースモーカーで、ストレスを生きがいにし、細かいことにこだわる。彼はコートジボワールのカカオ世界の内なる聖域に押し入った。カカオ業界のボスたちを追い、腐敗を告発し、この国で最も危険な人間たちにとってきわめて都合の悪い情報を暴露した。「友人」たちは皆、彼が内心で死を望んでいるのか、と考えるようになった。

ようやくルグレが姿を見せる。しかし彼一人ではなかった。八人の制服の男たちが、どこからともなく現れたかのように、ルグレと共にやって来た。男たちはキーフェルにつかみかかり、二台の車のうちの一台に彼を押し込んだ。車にはナンバープレートもない。そして全速力で駐車場から走り去った。

キーフェルの生命線とも言うべき、二台の携帯電話は、ぷつりと電源が切れた。彼は孤立し、彼を守るはずのネットワークから切り離されてしまった。協力者、同僚、スパイ、情報提供者、前妻、愛人、記者仲間、カカオ業界のボスといった人々の作り上げる、複雑で捉えがたい彼の世界から。

ＧＡＫは、熱い亜熱帯の午後、もやの中に消えた。タバコでかれた、しゃがれ声はもう二度と聞けないだろう。肉付きのいい丸顔を見ることもないだろう。一瞬も立ち止まることなく、休みなく質問し続けた、熊のような男に友人たちが辟易することはもうない。コートジボワールのカカオ農民の、最後にして最高の擁護者は、忽然と姿を消した。まるで初めから存在しなかったかのような、説明しようもない完全な消失だった。

忽然と消えた死体

ボードレール・ミューは、金曜日にＧＡＫから連絡がないので驚いた。連絡がないまま土曜の昼になり、彼は不審に思い始めた。ミューはコートジボワール人のジャーナリストだ。二〇代で、いたずらっぽい様子をし、笑うときには八重歯ののぞく口元を手で隠す。照れているように見えたかと思うと、積極的になる。しかしキーフェルの影響で、彼は自信をつけていた。ミューは、一人では敢えて取り上げなかっただろう数々のきわどい問題で、師と仰ぐキーフェルと協力し、鋭い切り口の記事を何本か、共同で発表していた。しかし二人の絆は、単なる共同執筆者という以上のものだった。ミューはそれまでに会った誰よりも、キーフェルを尊敬していた。キーフェルも、ミューを息子のように思っていた。

GAKがミューの人生に現れたのは、ミューが二二歳のときだった。ミューの近所、ココディ地区のアパートに新しい妻と共に引っ越してきたのだった。妻はアタ・アファという名のガーナ人の王女で、リタと呼ばれていた。リタの三人の子供は、キーフェルの養子になっていた。GAKは美食家で、矛盾だらけの人物だった。彼がこよなく愛したのは上等のワインに冷えたビール、ヘンデルにジョン・レノン、現代政治に中世史だった。

ミューは時間さえあればキーフェルの家に顔を出し、入り浸っていた。GAKは、ダンヒルのタバコを吸い切らないうちに次の一本に火を移し、灰をじゅうたんに落としながら、いつまでも話し続けた。家具はありきたりすぎると言って床に座った。キーフェルが自分をヨーロッパ人やカナダ人というよりアフリカ人だと思っていたようだという印象を、友人たちはよく受けた。一介の農民で中流ブルジョワではない、と。しかし、彼はいつもコンピュータを付け放しにしていた。コンピュータは彼と「ネットワーク」とのもう一つのつながりだった。このネットワークを通して、彼は情報を得て、あの手この手で権力に楯突いた。彼の携帯電話はひっきりなしに鳴った。キーフェルは、勢いよく立ち上がり、落ち着かない動物のように部屋を歩き回るが、すぐに彼の弱い心臓が動悸を打ち、息が上がった。五四歳だったが、キーフェルの生活は彼の健康を損なっていた。

ミューにとって、人生は難しい転機を迎えていた。父が世を去って間もなく、妻と幼い娘は、コートジボワール西部を訪問中に暴力に巻き込まれ、やむなく逃亡した。キーフェルがミューに与えることができたのは希望だった。コートジボワールが変わりうるという考えを、キーフェルのおかげでミューは持つことができた。

「GAKの働き方のせいで、彼を嫌う記者仲間は多かったけど」とミューは言う。「私は彼のやり方が好きでした」

衝撃的な資料が集まると、キーフェルはすぐに発表した。情報を人々の前に出すことが目的だった。彼はカカオ業界の周辺をぎこちなく動き回り、答えを求めた。相手は、知りたがりのジャーナリストにいまいましい質問をされるよりもっと些細なことで人を葬り去ると言われた人間たちだ。他の記者が「客観的」報道と見なす一線を彼ははるかに越えていた。ミューによれば、コートジボワールの奇跡はよみがえることができるし、よみがえるべきだとキーフェルは固く信じていた。しかしそれには、利益が生産者に振り向けられ、カカオ業界のボスと多国籍企業の特権が削られることが必要だった。理想家キーフェル。若く、感化を受けやすいミューは、彼のそういうところが好きだった。

ミューは、キーフェルが金曜の午後にルグレと会うことになっているのを知っていた。また、彼がその後すぐガーナに行って週末を過ごす予定だったのも知っていた。リタはしばしば実家に帰り、キーフェルも、しばらく「おとなしくしている」のが必要だと思うときは時折彼女と一緒にガーナで過ごした。ミューはキーフェルの家へ行ってみたが、留守だった。家政婦が知っていたのは、キーフェルが普段通り金曜の朝、車で仕事に行ったということだけだった。ミューはガーナのリタに連絡をとったが、キーフェルは来ていなかった。彼がいなくなったという話はすぐに広がる。彼の生命線である携帯電話とノートパソコンの沈黙は、彼らしくなく、不吉だった。

「丸一日も連絡がないなんて、それまでなかったことです」とミューは言う。「何かおかしいと思いました」。ミューはフランス大使館に連絡した。

ギー - アンドレ・キーフェルはこの数年、フランス外交官にとって頭痛の種だった。遠くパリのケ・ドルセー（フランス外務省）にいてさえ、彼のせいで散々な思いをすることがあった。フランスは、コートジボワールでの影響力を維持しようとしていた。かつてコートジボワールはフランス植民地という王冠の宝石だった。帝国という概念がゆっくりと死んでいく中、色褪せつつあるとはいえ、往年の栄光の名残をフランスに感じさせてくれていた。コートジボワールはフランス産業界に何十億ユーロもの利益をもたらしてくれたが、それだけでなく、ここは西アフリカにおけるフランスの影響力の拠点、フランス語とフランス文化のはるかな前哨基地でもあった。また最近になって、かなりの石油埋蔵量があることが発見され、国際ビジネス界の強い関心も呼んでいた。

パリのラグビー場で署名され、発効したリナ・マルクーシ合意は、交戦した南部と北部の亀裂をふさぐはずのものだった。しかしこの合意でフランスは、コートジボワールの内政に、正当性が疑問視されるほど大きな影響力を得ていた。フランス政府にとって戦争より大きな懸念は、シモーヌ・バクボが煽るウルトラナショナリズムだった。このナショナリズムは、「イボワリテ（コートジボワール性）」という人種差別的概念に格好のはけ口を得ていた。「イボワリテ」は反仏にもなる。こうした荒れた海では、誰でも慎重に泳ぐものだが、ギー - アンドレ・キーフェルは水しぶきをあげて飛び込んだのだ。

中でもキーフェルは、経済財政大臣ポール・アントワーヌ・ボウン・ブアブレを怒らせた。ブアブレは、コートジボワール有数の富と権力をもつ人物で、GAKの主な標的の一つだった。キーフェルは大臣の商取引を明るみに出し、カカオ基金の私的流用について報道した。流用は以前から知られていたが、この報道で初めて明らかになったこともあった。キーフェルはしばしばブアブレを、公の場で呼び止めた。たいていは経済財政省の建物で、大臣にとっては残念なことに、そこにはキーフェルの「友人」が大勢いた。ボウン・ブアブレは過去にキーフェルを脅したことがあり、ブアブレには関わらない方がいいということは、コートジボワール人ならほとんど誰でも知っていた。

さらにキーフェルの追いかけていた標的には、国立投資銀行総裁ビクトル・ネンベリッシーニもいた。コートジボワールの莫大なカカオ利権を懐に収めている人物だ。キーフェルはそれが農民の手に渡るべきだと考えていた。ブアブレとネンベリッシーニは、キーフェルの最大の敵シモーヌ・バクボと緊密な関係にあった。シモーヌ・バクボは大統領に多大な影響力を持っていた。大統領が政府の腐敗を抑える改革計画を断念したのは彼女のためだという。キーフェルにとって、敵に回したらこれほど危険な一党はなかった。フランス大使館では、彼らからの苦情が日常茶飯事になっていた。

キーフェル行方不明。これはシラク仏大統領とフランス外務省にとって厄介な問題だった。フランス国籍をもち、国際メディアに知られた人間が、コートジボワール政府の最上層部の命令で拉致された可能性がある。となると、これはデリケートな、外交上の難題だった。事態はさらに複雑化する。コートジボワール人記者の報道によれば、キーフェルが連れ去られるわずか数時間前、フランス外務省職員二人がアビジャンに到着していた。職員は、想定済みの問答以上に拉致について知っていた可能性があるという。

フランス大使館は、答えにくい質問に答えを迫られた場合に大使館がとる常套手段をとった。沈黙。キーフェルの友人たち、彼の「ネットワーク」は、フランス大使館に電話をかけ続けたが、誰も出なかった。どのみち週末というわけだった。

日曜日、「ネットワーク」の一人が警察の無線報告を傍受した。アビジャン郊外の路上で死体発見、白人だという内容だった。問い合わせると警察は、夕方六時に死体を病院に搬送、フランスかカナダの大使館員が身元確認の協力に出向く途中だという。

夜七時には、身元不明のまま白人の死体は消えてしまっていた。

激動の半生

月曜の夕方遅く、セバスチャン・キーフェルのうつうつとした毎日がまた一日暮れようとしたとき、モントリオールの東端のアパートで電話が鳴った。幼い娘ビビエンヌは、彼がまだ重い責任を引き受ける用意などなかった二三歳のときに生まれ、世話には時間も手もかかる。シングル・ファーザーで、理学療法の資格をとる勉強もしていた彼は、昼間の授業と夜のウェイターの仕事でくたくただった。電話は父のことだった。

ギー－アンドレ・キーフェルは一九七一年にカナダに渡り、モントリオールのマッギル大学で学んだ。この頃の彼のことを知る人はほとんどいない。カナダ人女性と結婚したが、市民権取得のためらしく、まもなく離婚。大学卒業と最初の離婚後カナダを離れ、七〇年代にキューバとおそらく中国をカナダのパスポートで訪れている。祖国のパスポートより政治的含みが少いのだ。その後フランスで勉強を再開、ジャーナリスト養成校でマリー・アンドレ・ルコントと出会う。彼女は、カナダ・ケベック州バリーフィールド出身でモホーク族の血をひいていた。「きわめて強い人格」同士の嵐のような関係だったと、息子のセバスチャンは見る。

二人が恋に落ちたのは激動の時代だった。一九七〇年代半ばのフランスは、政治的、社会的議論に揺れていた。二人はフランス共産党に積極的に関与。二人とも理想主義の社会活動家だった。結婚式の写真には、ストラスブール裁判所の前に集まった少人数の家族や友人が写っている。幸せでたまらないというわけでもなさそうだ。若いギー・アンドレはハンサムだが、まじめくさって黒い髪はぼさぼさだ。無頓着な、突き出した唇と気短そうな様子。花嫁は、ルノワールの絵のような瞳の、はかなげな美しさ。純白のウエディングドレスのかすかな膨らみから妊娠中であることがうかがわれた。

セバスチャンは幼いときのことをほとんど覚えていない。覚えていることといえば、両親がよく怒鳴りあっていたことくらいだ。一九七八年、母はフランスを離れ、三歳のセバスチャンと共にモントリオールに帰った。あとを追いかけるようにギー・アンドレはオタワに渡り、カナダ市民権とマッギル大法学部卒の肩書きで、自由党下院議員マルセル・プリュドム（現上院議員）の助手として仕事を得る。家族をつなぎとめようと父なりに努力したとセバスチャンは考えているが、母は夫にほとほと愛想をつかしていた。

セバスチャンはぽつりという。「母は私に父のことをことさら悪く言いました」

父が去った後の母との生活は、難しく不安定だった。家庭生活の不安定さを埋め合わせるかのように水泳にのめりこむ。きつい練習に打ち込み、気も紛れた。大会のたびに優勝するようになった彼は、何年もプールの往復を続けたかいあって、強豪クラブの誘いでフランス行きの機会をつかむ。しかし彼の本当の目的は、パリで父を見つけることだった。

セバスチャンはギー・アンドレに電話をかけた日のことを覚えている。「頭は混乱していましたが、嬉しかったですね」。ギー・アンドレは、パリの日刊紙『トリビューン』のためアフリカへ出張するところで、会えそうもなかった。彼は再婚したことを息子に話した。オサンジュというグアドループ出身の女性で、娘のカネルがいる。父は、セバスチャンに会いたい、一緒にいたいとずっと思っていたと語った。一九歳のセバスチャンはこのときのパリ滞在で、父には会えなかったものの、疎遠だった父方の家族とつながりを回復、祖父母も含め面白い親戚と知り合った。翌夏ギー・アンドレは、セバスチャンとパリで一緒に過ごした。この滞在は、セバスチャンにとって人生で最も大切な時間になる。失われていた父の封印を解き、怒りの人生を克服する役に立った。

父子はその翌夏も再会した。この二週間は「ぴりぴりしていた」という。セバスチャンは新しい恋人を連れていたが、ギー・アンドレは息子にふさわしい女性とは見なさなかった。

父子は電話や電子メールで連絡を取り合った。セバスチャンは多難な結婚生活に入り、娘が生まれた。しかし二〇〇二年、ギー・アンドレがアフリカに移ったあと、連絡は滞りがちになる。セバスチャンをはじめ家族や友人が気づいたように、GAKはすぐにコートジボワールのことで頭がいっぱいになった。彼はなかなかつかまらず、時には彼自身が語ったように、安全のため「地下に潜る」こともしばしばあった。

二〇〇四年四月一九日月曜、電話はオサンジュからだった。GAKの行方が杳として知れない。家族は、可能な限り彼の生存に望みをつなぐことにしたが、見通しは暗かった。

セバスチャンは人生が音をたてて崩れるような気がした。

知りたがりは覚悟しろ

チュードル・エラには、二〇〇二年九月のコートジボワール赴任以来、一瞬の平穏もなかった。カナダ外務省が彼を、アビジャンのカナダ大使館の政務・広報文化担当一等書記官に任命したとき、これを閑職だと思った人間はいない。彼は外交の機微よりも世界の動きの方に詳しかった。オタワに来るまで、赤十字国際委員会の仕事であちこちの現場を訪れていた。若くて独身、子供もいない。トラブルが起こりそうだとカナダ政府が考えていた仕事にはうってつけの人材だった。

しかし、これほどすぐに問題が起こるとは誰も思っていなかった。着任後三週間、荷物をほどいてデスクを見つける間もなく、エラは自分が戦闘地域のただ中にいるのを知る。反政府勢力が国土の半分を制圧、アビジャンに迫っていた。時間をかけて人々と知り合い、この国を知ろうという計画は吹き飛び、彼は大急ぎで、前任者の残した連絡先のファイルを探して、現状把握に努めることになった。命がかかっているときに社交辞令は後回しだ。エラはあちこちにいきなり電話をかけまくり助力を求める。住所録の中で、最も頼りになった一人が、カナダ人ジャーナリスト、ギー－アンドレ・キーフェルだった。

「とても助かったし、新鮮でしたよ」とエラは振り返る。「キーフェルは単刀直入、直球勝負です。この国では普通、そうではありませんから」。以来二年間、エラはキーフェルとよくコンタクトをとった。しかし個人的な友人にはならなかった。「彼は自分をさらけ出さない人間です。謎でした」。

ＧＡＫの仕事ぶりもエラの理解を越えていた。キーフェルが評判の芳しからぬ人間と会っているのをエラは知っていた。裏世界の人間のたまり場に出かけて情報を得る。ＧＡＫの周りには、彼の出入りする裏世界の、暗く怪しげな匂いが強く漂っていた。「彼をジャーナリストと呼ばない人間も大勢いました」とエラは言う。「彼にはルールがないんです。有名メディアには書かないし、フリーランスだけれど、署名はしません。書いたのが彼だとわかるのは、他の新聞がその記事に反論するとき、彼を名指しするからです。国営新聞では年中、スパイ呼ばわりされていましたよ」

署名入りの記事を掲載しないのが『大陸通信』の方針で、どれが彼の記事かは誰もわからないことになっていた。しかし、同じスクープがさまざまな名前で反体制派新聞に掲載された。コートジボワールの政治と報道の世界は緊密に絡み合い、しばしば一体化している。そこでは、手厳しい報道のほとんどの裏にキーフェルの存在がささやかれていた。本当はそうでなくても。キーフェルには非難を気にするようなところは見えなかった。

こうした事情にもかかわらず、エラはキーフェルから情報を得るのをやめなかった。キーフェルの行動はジャーナリストらしくないかもしれないが、欲得で仕事をしていないのは明らかだった。また彼は豊富な情報を持っていた。コートジボワールにいるジャーナリストの多くは、情報源がキーフェルだったと認めている。彼は情報を何の見返りもなしに教えた。

「金のためにやっているという印象は誰も持ちませんでした。車は古いし、服も普通でスーツも着ない。派手なところは一切なし。どこかでスイス銀行に口座を持っているような人ではありません。直感ですけどね。もちろん、カナダ政府の人間としての発言ではありませんが」とエラは言う。「でも彼は心底、本気でしたよ。腐敗を明るみに出したいという一心で、下心などありませんでした」

キーフェルの情報を使っていた他の外交官たちも同じ印象を持っていた。「皆がコートジボワールを離れて、怪しげな人物だけが大勢残りました」と、彼の情報提供先だった一外交官はいう。「コンサルタントと名乗る連中の仕事が何だったかはわかりません。ごっそり金の入る話でもあって、大方それを狙っていたんでしょう。キーフェルが何をしようとしていたのか、本当のところは誰にもわかりませんが、金儲けのためではありませんでした」

エラが不思議に思うのは、キーフェルがあれほど挑発的な報道をしながら、どうやってこれまで生き延びてこられたかだった。エラがコートジボワールに着任したときは、数十年にわたって享受されてきた礼節の名残がまだあった。コートジボワール人のプライドを育てた、ヨーロッパ的な文化。ジャーナリストは、民主主義らしきものの自由を謳歌していた。しかしこの節度ある雰囲気は急速に消え去りつつあった。物をひっくり返し、人を嘘つきと呼んで、何も起こる心配がない、そういう場所ではなくなった。ここでは行儀よくせねばならないのだ。キーフェルはどうやっていたのか？

カナダ大使館がキーフェルを保護していると思っていたという話を、コートジボワールで多くの人から聞いた。エラにそう話すと彼は驚いた。彼は、コートジボワール政権内部にキーフェル支持派分子がいて、この御し難い記者を見守っていたと確信していると言う。キーフェル自身、自分には後ろ盾がある、一種の守護天使のような人間がいるという印象を、味方にも敵にも与えたがっていた。彼は名前をそれとなく口にし、並々ならぬ人物が後ろにいるという雰囲気を、自分の周りに醸し出していた。もしそうした免責の保証がないなら、こうした一触即発の場所で、正気の人間がこれほど挑戦的になるはずがないだろう。彼が守られているに違いないと多くの人が考えた理由はそれだった。しかし、行方不明になる前の数日から数週間、キーフェルは恐れを感じ始めたように見えた。それまで権力者に彼への攻撃を思いとどまらせていた自信を、彼はいくらか失っていた。

ある外交官は、内部情報が枯渇すると共に、キーフェルのかけた魔法の呪文が効かなくなり、彼の利用価値が下がったのではないかと考えている。「行方不明になる前、キーフェルの情報は信頼性が低くなっていた」と彼は言う。「カカオに深入りしていた。得体の知れないものを相手に何とか尻尾をつかもうとして、その分、以前のような総合的な内部情報が疎かになった。特に安全の問題について」。同時にキーフェルは、権力を握る人間にとってひどく目障りな存在になっていた。「彼は政権中枢部の神経を逆なでした」と別の外交官は言う。「こんなことを言いたくはないが、彼は自ら災厄を招いた。コートジボワールのような国では、どこまでやっていいいか、限度というものがある」

アビジャンにいる外国チョコレート企業の一役員はキーフェルの行方不明に驚かなかったと言う。「こうなるに決まっていた。彼は知りすぎていた」。知りたがりのジャーナリストに拉致と死が降りかかるのは、不注意な運転に事故がつきものなのと同じだとでも言わんばかりだ。別の外国人は、自業自得だとまで言った。キーフェルも、アフリカにいるフランス人の例にもれず、ポスト植民地時代の優越感を免れていなかったというのだ。「GAKは白馬の騎士のつもりでいた。意見を求められてもいないのに、あれが悪い、これが悪いとコートジボワールのやり方に文句をつけた。他の場所だったら、出て行くよう丁重に頼まれたかもしれないが、ここでは姿を消すことになったんだ」

ＧＡＫの状況が変わった理由はともかく、彼が行方不明になったと聞いてチュードル・エラはやはり非常に動揺した。キーフェルの友人の一人が土曜にエラの携帯電話に電話し、ＧＡＫに会ったか聞いた。誰も彼の居場所を知らない。日曜日、この友人は、彼に何かよくないことが起こったと思うとまた電話してきた。エラはフランス大使館とコートジボワール警察に連絡する。

エラの話では、捜査初日からフランスが主導権を握った。フランスはカナダに比べて、コートジボワール国内に拠点があり、当局とも密接に接触していた。「フランス警察はコートジボワール警察と提携関係にあって、フランス側が業務の指導をしていました」とエラは言う。カナダ大使館は一歩引き下がる格好になった。キーフェルの友人たちは、カナダ大使館がキーフェル事件の解明にあまり動かなかったと非難する。しかし大使館は全力を尽くしたとエラは言う。「フランスとカナダの大使館で特別チームを作って、捜査初日からコートジボワール憲兵隊の上層部とミーティングをしました。警察にかなり圧力をかけたわけですが、彼らはよくやってくれたと思います」

キーフェルの友人たちは、フランス政府が実は真実を知りたがっていないのではないかと疑っていた。しかしエラは、そういう印象は一度も持たなかった。「最上層部で外交的シグナルがかなり出ました。でも外国ではそのくらいしかできないのです」

浮かび上がる疑惑

公式ルートからは何の反応もなかった。その間、キーフェルに情報を提供してきた優秀な「ネットワーク」が自ら調査に動き出した。友人、家族、支持者、また記者仲間、情報提供者、スパイたちは全力を注いだ。キーフェル自身が自分の行方不明事件を捜査したとしても、警察やこのネットワークよりいい仕事はできなかっただろう。

ほのめかし、噂、憶測、当て推量と事実の二転三転する寄せ集め。せいぜいそうしたものから真実を浮かび上がらせるしかないアフリカの国で、キーフェルの「ネットワーク」は可能な限り正確な状況を再構成し始めた。第一のストーリーはこうなる。経済財政省のために雇われたと思われるエージェントがキーフェルを拉致したというものだ。任務はおそらく、彼を町から連れだして軍事施設へ送り、痛めつけることだった。少々身体的な強制を加えて、調査中の事件について彼の手元にあるかもしれない資料の没収を試みる。しかし作戦計画が狂った。キーフェルは心臓に持病を持ち、定期的な服薬が必要だった。内部事情を聞き及んでいた、ヨーロッパ系チョコレート企業の一役員は無神経に「ラズベリーを破裂させた」と言った。キーフェルが心臓発作を起こしたという意味だ。

地元メディアと国際メディアが調べていくと、さらにただならぬ詳細が明らかになった。拷問ははるかに激しかったようだった。拉致グループはこん棒や鉄パイプで、彼の死までおそらく連日、殴打を繰り返した。標的を脅すだけではなく殺してしまったことに気づいたとき、秘密警察は犯罪を隠蔽せねばならない。死体はすぐに消えた。

外国メディアで働くジャーナリストに対する脅迫は、アビジャンでは珍しくなくなっていたとはいえ、殺害はまだタブーだった。六カ月前、フランス国際放送の記者ジャン・エレーヌが警察に殺害された。アビジャンの街中で撃ち殺されたのだ。実行犯の巡査部長は仮釈放なしの禁固一七年の判決を受けた。バクボ大統領は暗殺を非難したが、フランスに対する国民の不満を考えれば、そのような絶望的な行動に出るに至った理由は理解できると言ってはばからなかった。メッセージは明白だ。外国人記者を殺すことは悪い。しかしやむなくそうしたのであれば、政府も理解を示してくれる。

キーフェルの「ネットワーク」がつかめなかったのは、なぜ二日後に白人の死体が道路で見つかり、その後アビジャン病院から消えたのかということだった。キーフェルだったのか？　死体はどうなったのか？　アビジャンでは、誰にも気づかれずに白人の死体を始末するのは簡単ではない。しかし、それができたらしい。ある外国の外交官は、死体は実はアルビノ〔先天的にメラニン色素が欠乏し、肌や髪が白い〕のアフリカ人で、白人のヨーロッパ人ではなかったと聞いたと言った。しかしボードレール・ミューの話では、傍受した警察無線の会話では、はっきり白人だと言っていたという。

フランス政府がコートジボワール政府以上にＧＡＫ問題の幕引きを望んでいたのは明らかだと、キーフェルの「ネットワーク」は考えていた。キーフェルの拉致、拘束、受けた扱いをめぐって、フランス大使館が情報を持っていることをネットワークはつかんでいたが、その情報をフランス大使館は提供しなかった。フランス外務省職員は、キーフェルが非合法の活動に関与、拉致はそれに絡んでいる可能性があると記者にほのめかした。別の職員は「皆のためには、キーフェルが姿を消してよかった」と言ったと報じられた。

これとは違うストーリーもささやかれ、フランス各紙に登場した。少し前、取引のもつれからドイツレストラン経営者が拉致されたが、キーフェルがこれに関わっていたというものだ。キーフェルの殺害はこの報復だという。この話は悪質だというだけでなく、キーフェルの性格からしてほとんどありそうもないというのが、友人たちの結論だった。

ボードレール・ミューはこうしたことに深く傷ついたが、彼もぐずぐずしてはいられなかった。キーフェルの行方不明から一週間後、ミュー自身に殺害予告が送りつけられた。GAKの活動でミューが果たしていたとされる役割のためだった。彼は身を隠す必要を感じた。警察は脅迫を受けたというミューの訴えを取り合わず、彼のスタンドプレーだと主張した。しかし「ネットワーク」にはよくわかっていた。

アリーヌ・リシャールは『トリビューン』紙時代からのGAKの旧友で、フランス政府が彼を悪者にしようとしていると考え、心を痛めていた。パリで同僚だったとき、キーフェルは一次産品の報道に携わり、アリーヌは石油関係のスクープを追っていた。しかしキーフェルのアフリカ行き以来、連絡は途絶えていた。キーフェルについてこれまでに出てきた話は、公式にせよ非公式にせよ、彼が評判の芳しからぬ活動に関わったとして、彼をジャーナリストと認めないものばかりだった。「大使館はギー・アンドレを不審人物扱いし、いかがわしい、胡散臭いと言い始めました。彼はジャーナリストなのか、といった調子で」と彼女は言う。もしアビジャンで怪しげな活動が行われているとすれば、関わっているのはフランス政府の方で、元同僚ではない、とアリーヌ・リシャールは考えていた。「フランスがコートジボワールでいったい何をやろうとしているのか、ということです」

カカオ産業との関係

キーフェルについて、いささか釈然としない点は、最初にコートジボワール入りしたとき彼がジャーナリストではなくコンサルタントだったことだ。実は彼は、ステファン・ド・ボーセルという友人の強い要請を受けてアフリカに渡っている。若い理想主義者ド・ボーセルは、HSBC銀行アフリカ支店長でアビジャンに駐在していた。

二〇〇一年一〇月、HSBCはコートジボワール首相セイドゥー・ディアラから、カカオ管理機構の監査を実施するよう依頼を受けた。HSBCはド・ボーセルを調査の責任者に任命する。三〇年以上にわたってカカオ価格を安定させ、利益を確保してきた安定化公庫（CAISTAB）は、すでに世界銀行の要請で解体されており、新しい制度の構築が求められていた。農民は新しい管理組織設立の動きに不信感を示して、ボイコットしようとしていた。世銀の首脳部は、債務管理を通してコートジボワールに大きな影響力を持っていたが、独立の機関が管理機構の実質的な機能を調査して、立て直しの方向性を提示することを求めていた。HSBCはこの契約を受けた。

その一年前にローラン・バクボが大統領に就任、「親父さん《ル・ヴィユ》」の死以来続いていた不安定な情勢にやっと終止符が打たれるのではないかという、かすかな期待が生まれていた。バクボは社会主義者を標榜し、カカオ産業の腐敗の一掃と、農民の経済状態の改善に関心を表明していた。世銀とIMFは構造調整政策によって管理機構をぶち壊していたが、バクボはその有効性を再生させたいと述べた。

世銀も農民も政府も、コートジボワールのカカオ取引に新しい風が吹くべきときだという点に異論はなかった。しかし抵抗勢力が一つあった。情報筋によれば、多国籍食品企業カーギル社がHSBCに圧力をかけたという。カーギル社はHSBCの重要な顧客だった。監査を断念し、カカオの調査を中止すること。カーギル社が調査の中止を求めた理由は明らかではないが、HSBCはこれに同意した。

ステファン・ド・ボーセルは反対し、調査の継続を求めた。自分がコートジボワールの新たなスタートの一翼を担うのだという意気込みもあった。新生バクボ政権から支持もあり、彼は一次産品コンサルティング（CCC）という会社を設立、HSBCから資金提供を受けずに調査を継続するという契約をコートジボワール政府と結んだ。

二〇〇一年一二月ド・ボーセルは、コートジボワールで調査チームに加わる気はないかとキーフェルにもちかけた。ジャーナリストとして得た市場と商品の知識を、志のために生かす機会だと説得したのだ。キーフェルはローラン・バクボ政権を当初から支持していた。バクボ政権の理想主義的なレトリックや社会主義志向は、彼自身の思想的体質とよく合った。かつてのフランス植民地が、左派のアフリカ人大統領によって再建、改革されようとしていると彼は考えた。大統領は、農民や労働者の利益に関心がある。手を貸す機会がきた。彼はジャーナリズムをいったん離れ、ド・ボーセルを助けてカカオ業界の監査を行い、先延ばしされてきたカカオ管理機構の改革を軌道に乗せることを決意した。

アントワーヌ・グラゼルは、『大陸通信』の編集者で、パリを拠点としていたが、友人キーフェルのアフリカ行きに反対した。ギー - アンドレが『トリビューン』紙で働き、グラゼルが通りの少し先の『大陸通信』にいた頃、二人はよく連れ立って昼食を食べに出た。話題は決まって人生と愛、そして一次産品だった。キーフェルがジャーナリストとしてではなく政府から声のかかったコンサルタントとして行くことを話すと、それはまずいとグラゼルは答えた。「ジャーナリストはジャーナリストなんだ」とグラゼルはキーフェルに言った。「鏡の向こう側に行ったら、戻っては来られない。行きは良いが帰りは怖い」と。しかしキーフェルはルールなどお構いなしだとグラゼルは言う。グラゼルから見れば、キーフェルは「六八年世代なんだ。いまだに六八年（一九六八年五月フランスで、大学自治を求める左派学生運動から、一〇〇万人の労働者によるゼネストに発展、五月革命と呼ばれた）と同じ考え方をしている。権力を何とも思わないし、口を慎むことを知らない」

監査によってCCCのコンサルタントたちは闇の世界へ足を踏み入れることになった。浮かび上がった裏世界では、私欲に走る人間たちがうごめき、一方多国籍企業はただカカオが港に届きさえすれば、淡々と事を運んでいた。かつてはCAISTABの規制の下で安定した価格が保証され、農民は保護されていた。それがなくなった今、市場や投機による価格の乱高下にさらされている。ほとんどの場合、対価の不当な安さは深刻だった。しかし、世銀の肝いりで設立された二つの新機関は、事態を少しも改善できているようには見えなかった。CCCのコンサルタントは、カカオ管理機構の再編案を、農民にもっと有利になるように作成した。世銀とIMFはしぶしぶこれを支持した。自分たちのやり方がコートジボワールであまりうまく行っていないことを認めたのだ。

少なくとも当初は、バクボがコートジボワールのカカオ業界のあり方を本気で変えたがっているかのように見えた。政府はカカオ取引と官僚制度について、資料の閲覧や関係者の調査を行う許可を、前例がないほど広範にCCCの調査チームに与えた。しかし事情が変わる。CCCが仕事に取りかかる頃、バクボ政権は本当の性格を現し始めていた。キーフェルが期待していたような国民への配慮は消し飛んでいた。大統領が本性を現したのか、それとも腐敗根絶を約束していたミイラ取りがミイラになったのか。かつて社会主義者を標榜していたバクボは、今やエリート主義のウルトラナショナリストとして姿を現した。

シモーヌ・バクボが熱心な福音主義キリスト教徒だということはコートジボワールでは周知のことだった。彼女はアメリカに本部をおく教会に属していた。ジョージ・W・ブッシュ米大統領に近い人々の熱烈な支持を受ける会派だ。バクボ大統領夫妻は頻繁に訪米、原理主義の信仰を通じて、同じ信仰を持つ米政財界の有力者に近づくことができた。上層部にコネができたことになる。

いっそう不穏な変化もあった。以前のバクボは「イボワリテ」政策に批判的だったが、妻の信仰心をにわかに共有するようになったのと同じく、今では妻の人種差別の意識にとらわれたようだった。二〇〇二年九月、北部のイスラム勢力が反乱を起こしたとき、バクボは新たな友人となっていた米保守派に宣言した。反乱軍との闘いはイスラム過激派との戦いに貢献するものである。アメリカに劣らず、「対テロ戦争」に不退転の決意で臨むというわけだ。

この変貌を遠くから見て、キーフェルや理想主義者の同僚は呆然とした。ギー＝アンドレ・キーフェルが祖国とも考えた国や政権はこんなものではなかったはずだ。

アビジャンに来て一年と経たないうちに、キーフェルを始めとする二〇人ほどのCCCのメンバーは、相争う陣営の攻撃が飛び交う中にいるのを知った。硝煙が晴れたとき、そこには全く新しい政治状況が生まれていた。ポール・アントワーヌ・ボウン・ブアブレが経済財政大臣に就任。大金持ちでウルトラナショナリストのブアブレは、フランスからやって来た、理想に燃える白人青年たちと付き合うほど暇ではなかった。特に、アフリカ人の仕事のやり方に口を挟む社会主義者に用はない。カカオ管理機構の改革を目指したCCCは突如お払い箱になった。政府が独自の解決を編み出す。新しい四つの機関の設立。四機関は、政府に対して説明責任を持つ。

新機関は完全に公営でもなく、完全に民営でもなかった。カカオの利益に課税し、収入を自分たちの判断に応じて使う権利があったが、支出についての説明義務はなかった。こうした展開を見ていた人間の驚きをよそに、世銀とＩＭＦはこの新制度の提案を受け入れた。数カ月のうちに、キーフェルと同僚は蚊帳の外に追い出される。ピンはねを制度化するのが目的と思われる、厚かましい仕組みに呆れるしかなかった。

かつて改革を目指した人間は、有力政治家の攻撃の標的になった。ＣＣＣの理想主義者の多くは、嫌がらせや殺害予告に追われ、早々に荷物をまとめて国を離れた。他の人間が逃げる中、ＧＡＫはとどまった。もう一度鏡を通って、知り尽くした場所、ジャーナリズムの世界へ戻り、そこで理想主義を行動に移す。それをできると考えたところに、彼がまだ十分に理想家だったことが現れている。管理機構に蔓延する腐敗。腐敗を増殖させた制度に、ヨーロッパ系カナダ人の自分が数カ月、深々と鼻を突っ込んで得た内部情報のすべてを、正しい方向に活かせると彼は信じていたのだ。

いったんジャーナリズムの世界を離れたら、ジャーナリストはジャーナリストでなくなると言っていたアントワーヌ・グラゼルだったが、『大陸通信』への寄稿をキーフェルに依頼した。ＧＡＫは友人というだけでなく、優秀な記者だった。キーフェルがジャーナリズムを一度も完全には離れていなかったのをグラゼルは知ることになる。キーフェルを知る人間によれば、彼はあまりに頻繁に鏡を通り抜けて行き来し、どちら側にいるのか自分でもわかっていなかった。コンサルタントだったときも、GAKは外部に情報を提供した。「昼はコンサルタント、夜はジャーナリストだった」と、彼をよく知る同僚は言う。

再びジャーナリストになったキーフェルは、以前にもましてルールなど意にかけなくなった。『大陸通信』の寄稿は匿名が原則だった。情報源と知れれば生命が危険にさらされかねないような情報を載せていたからだ。グラゼルの心配をよそに、キーフェルは『大陸通信』に寄稿するフリーランス記者と名乗っていた。「GAKは地元の新聞にも筆名で寄稿していた」とグラゼルは怒る。「『大陸通信』に出したのと一字一句違わないものがコートジボワールの新聞に載るんだ」

二〇〇二年、コートジボワールが外国人の排斥と戦争、死の部隊の圧制へと落ちていく頃、GAKは使命感に燃えて古巣の仕事に戻った。彼は「ネットワーク」の最前線に立った。ネットワークのほとんどのメンバーは舞台裏で活動し、メンバーは政府部局の中にさえいた。彼らはキーフェルに情報を提供、彼は情報源を保護しながら記事にする。保護された情報源には、自分で記事を公にすることを恐れるコートジボワール人記者もいた。ネットワークは時折、外交官、政治家、援助関係者、外国人ジャーナリストなどに非公式に広く情報を流した。物事を動かす力があり、そうする気もある人間のところにいずれ届くのではないかという期待からだった。命懸けのゲームだったが、キーフェルは恐れることなく続けた。「GAKが自分の安全などどうでもよかったという人もいます。何かの理由で生きることはどうでもよくて、それであんなに無頓着だったんだ、と言うのです」とボードレール・ミューは言う。「でも彼は人生を大切にしていました。ただ腐敗を憎んでいただけです」

いずれにせよ彼は、カカオの利益を数々の事業に流用するからくりを明らかにした。こうした事業は、この国最大の換金作物の生産者である貧しい人々に、まったくといっていいほど恩恵をもたらさない。新規制機関が徴収した金は、本来は農民からの買い取り価格を支えることを目的とする基金のものだ。だが、これが武器購入に充てられていた。新機関は課税によって農民の活力を奪い取った。市場価格が高いときでさえ、農民はいっそう貧困に陥った。

ネットワークが収集し、キーフェルが報道した情報によって次第に明らかになってきたのは、複雑に絡み合った陰謀だった。収奪、海外企業へのカカオ、コーヒーの不正出荷〔カナダ証券取引所上場企業とのつながりがあるものもあった〕、フランス人やアルバニア系コソボ人傭兵への資金提供。こうした傭兵は、反政府勢力制圧地域のイスラム闘士と闘うためにアメリカがコートジボワールに連れてきた。多くの話に一枚かんでいるのが、モイーズ・コレ牧師だった。ラスプーチン〔帝政ロシア末期の宗教者。皇帝に取り入って権力をふるい、一九一六年暗殺〕ばりの怪僧で、バクボの精神的助言者と言われ、アメリカの右派政治家との強力なコネの持ち主とされる。

一つの報道は、複雑な資金洗浄システムに対する国際警察の捜査につながった。コムスター事件という名で呼ばれているもので、携帯電話会社を通して資金洗浄が行われた。バージン諸島とベルギーで法人登録し、バクボ政権と密接な関係を持つ外国企業数社が、プリペイドカードを輸入する。コートジボワール税関で水増し価格を申告。その後、カカオの利益から回されてきた金が、この会社の帳簿を通して、さまざまな秘密の行き先に送り込まれた。一つはリベリアで、洗浄された資金は反テイラー政権側に流れた。

それに劣らず不透明なのが、マグニフィック・エイ・サービス（MAS）・グループ事件だ。書類上ロサンジェルスに本拠をおくこの金融グループが、レバノン系の輸出入業数社やイタリアマフィアと協力、コートジボワールの怪しげなトマト処理工場を通して資金洗浄を行った。

謎解きの最も興味深い調査は、イスラエルの金融機関レブ・メンデル・グループとシモーヌ・バクボをつなげたものだ。シモーヌ・バクボはレブ・メンデル・グループのコートジボワール支社長だった。ファーストレディの庇護の下、レブ・コートジボワール社は国立投資銀行の提携企業となり、カカオ管理機構の財政管理を行った。この提携を通じて、国立投資銀行はカカオの利益を大統領の妻へ流した。国立投資銀行総裁のビクトル・ネンベリッシーニはバクボ一族とも、有力大臣ボウン・ブアブレとも近い間柄だ。

また二〇〇二年、キーフェルはEUによる調査の詳細を記事にした。この調査はコートジボワール・コーヒー・カカオ生産者全国連盟（ANAPROCI）の怪しげな運営を明るみに出したものだった。ANAPROCIはカカオ農民の大組合だが、農民の間ではカカオの利益を他の事業に流すことで悪名高かった。代表のアンリ・アムズーはバクボ政権に対し、キーフェルを「追っ払う」よう公然と要求、さもなければ自分でやると言った。しかしキーフェルを追い払いたがっている人間は長い行列になっていた。

行方不明になる前、キーフェルは、「さらに大きな事件を追っているが、まだ証拠がそろわない」

とアントワーヌ・グラゼルに語っている。それが何だったのか、グラゼルには知る由もない。

「ブルドッグ」、真相に迫る

キーフェルが行方不明になってから数週間、沈黙と秘密主義が捜査を覆っていた。フランス、コートジボワール両政府は、協力してキーフェル事件の隠蔽を図っているようだった。パリ『トリビューン』紙のアリーヌ・リシャールはアビジャン在住の人々とも連携しながら、フランス大統領府と外務省に回答を求めた。大統領府も外務省も公表した以上の情報を知っているとリシャールは確信していた。「自分の国の政府に義務を果たしてほしかった」と彼女は言う。リシャールは、事件を憂慮する友人やジャーナリストと共に「ギー・アンドレ・キーフェルの真実を求める会」を組織、パリで集会を開いた。国際団体「国境なき記者団」は、フランス、コートジボワール両国当局によるキーフェルの行方不明事件捜査の不調について、多くのプレスリリースを行った。

オサンジュ・シルー・キーフェルは彼の二度目の妻で、娘が一人いた。キーフェルの最も雄弁な擁護者となった彼女は猛然と、行方不明事件の真実を求めた。前夫と同じ政治党派に属し、揺さぶりに長けている。小柄で顔も体つきも丸く、大きな黒い目は熱を込めて話すと炎が燃えたつようだ。ギー・アンドレの行方不明のこととなると、彼女は情熱そのものだった。パリでの公式発言はフランス政府の痛いところをつくのを計算していた。さらに彼女はアビジャンにも飛んでローラン・バクボに面会、彼女によれば、バクボは胸に手をあてて彼女の夫が今も存命であると確信していると言ったという。バクボ率いるコートジボワール人民戦線（FPI）の御用新聞と言われるコートジボワール紙は、キーフェルがガーナにいると報道、身の安全のためにそこに逃れたと報じた。また匿名の電話がオサンジュにあり、キーフェルが反政府勢力に拉致されて、マリ国境に近い拠点に秘密裏に拘束されているると言ったという。「黙って聞きましたけれど」とオサンジュは言う。「私の知性に対する侮辱だと思うと悔しかったわ」

噂やほのめかしをたくみに撃退しながら、彼女がはっきり伝えたことは一つ。調査すべきはコートジボワール政府の行動の方であり、GAKの行動ではないという彼女の感触だった。フランスのメディアへの話では、彼女の夫（二人が正式に結婚していなかったことには触れなかった）には確かに敵がたくさんいたが、よく連絡をとっていたとき繰り返し出てきた名前が一つあったという。ポール・アントワーヌ・ボウン・ブアブレ。「ブアブレがこの件に絡んでいるかどうか知りませんが」と彼女は用心深く、しかしわざわざ記者に話した。

シルー・キーフェルがパリで精力的に活動する一方、ガーナ生まれの妻リタは目立たなくなった。リタには自分の安全や貧窮の不安があった。キーフェルの友人や仲間には、常に脅迫がつきまとった。ギー・アンドレの兄弟ベルナールはもう一つの訴えの声となり、キーフェルの情報を求めるプレスリリースを何度か行った。三大陸に広がる家族は圧力を緩めず、若いセバスチャンも可能な限り、カナダ政府の協力を要請した。

やがて、奔走する女性たち、外国人ジャーナリスト、「ネットワーク」の情報通、家族、心配する友人たちの統一戦線は、フランス外務省を動かす。フランス政府は突如、キーフェルを悪者扱いする戦略をやめ、ダメージ回復策に転じた。シラク大統領は拉致後すぐ、コートジボワール政府の対応についてローラン・バクボに問い合わせていた（カナダ政府からは同様の問い合わせは一度も行われていない）が、その後は何もしていなかった。五月半ば、プリマセンターでの裏切られた待ち合わせから一カ月後になって、フランス法務省はキーフェル行方不明事件の捜査のため、パトリック・ラメルという判事を任命した。

ラメル判事はコートジボワール政界とは知らない仲ではなかった。キーフェル拉致事件の六カ月前、コートジボワール警察によるフランス国際放送記者ジャン・エレーヌ銃殺事件の捜査で、フランス政府はラメルを派遣していた。警察官の間でラメルは、「ブルドッグ」という身もふたもないあだ名で呼ばれていた。

ラメル判事は二〇〇四年五月にアビジャン入りした。警察官、科学捜査官、探偵を引き連れ、コートジボワール警察を押しのけた格好だ。カナダ大使館のキーフェル事件担当チュードル・エラは、フランス警察による捜査の規模と迫力に驚いた。「フランスが捜査に無関心だったとかいろいろ言う人はありますけど、ラメルの着任後はそうは見えませんでしたね」

ラメルの最初の指令の一つは、通話記録を手に入れることだった。フランス側の専門家チームと最先端技術によって、捜査官たちは一日一〇〇万回の通話を一カ月にわたって分類、人の動きを追いかけた。これによってフランス警察は最初の手がかりを得る。

コートジボワールは、ラメル判事にミシェル・ルグレの尋問を許可した。ルグレは、GAKの生きている姿を最後に見た目撃者だ。ルグレは一切の責任を否定したが、彼の携帯電話の通話記録からそうでないことが浮かび上がった。捜査官は、有無を言わさぬ衛星回線の足跡をたどって、ルグレの動きを追っていた。通話記録が示したのは、四月一六日一時半にルグレがプリマセンターのある地域にいたことだった。ルグレはここでギー・アンドレ・キーフェルと会ったとされる。四時、彼は官庁街にいた。ここには経済財政大臣ボウン・ブアブレのオフィスもある。七時には再びプリマセンター、そして九時にウーフェ・ボワニ国際空港。ここでは、カナダ国旗のロゴのついた、キーフェルの韓国製小型車が駐車場に乗り捨てられているのが発見されている。ルグレの通話記録によれば、彼はまた、キーフェルが行方不明になった日も含めて、経済財政大臣に近い人々と継続的にコンタクトをとっていた。

犯罪の証拠がこれだけ出れば、ラメルもルグレを落とせた。ルグレは、キーフェルの拉致に関与した人間として八人の名前を挙げた。八人とも、ボウン・ブアブレに近い人間だった。経済財政大臣室長オベール・ゾオレ、国立投資銀行（シモーヌ・バクボが社長を務めるレブ・コートジボワール社の提携相手）総裁ビクトル・ネンベリッシーニ、モイーズ・コレ牧師、バクボの国防担当補佐官ベルタン・カデ、大統領護衛責任者パトリス・バイイ、それから二人の軍上級将校。尋問でルグレは、通話記録の示すとおり確かに四時に官庁街にいて、オベール・ゾオレの事務所に行ったとラメルに話した。そこでボウン・ブアブレ自身がルグレに、CFAフランの詰まった封筒（一五〇〇ユーロ相当）を渡し、「仕事料」だといったという。

事件は疑いなく、商取引のもつれによる報復殺人ではなく、国のエージェントによる高官絡みの殺人という方向を指していた。キーフェルのコンピュータは、ルグレの知人のアパートから発見された。

GAKの友人たちは、彼が大切なノートパソコンから離れたことがなかったのを知っていた。ノートパソコンは彼のネットワークの拠点となる機器で、第三者に預けたことは一度もない。ややこしい資料が詰まっていたからだ。キーフェルがプリマセンターで四駆に押し込まれた半時間後に、何者かがコンピュータを開けて、ファイルにアクセスしようとしたのをラメルは見つけた。キーフェルを拉致した人間が誰であれ、個人的な取引ではなく、彼の仕事が理由で拉致が実行されたと捜査チームは結論づけた。彼らはまた、ハードディスクが消去されていることも発見した。嘘つきがどのような話をまき散らそうと、キーフェルの行方不明には政治的暗殺の明らかな特徴がそろっていた。

疑惑の幻影

コートジボワール政府は対応を迫られた。当然ながら、手近なスケープゴートを見つける。検察は、拉致、不法拘束および、死体は未発見だが殺人容疑の共犯としてルグレを告発。これに対して「国境なき記者団」は、ルグレに名指しされた人間の共謀に捜査が及ばないようにする、トカゲの尻尾切りだと指摘した。コートジボワール当局の姿勢を物語るのは、警察が、八人の有力者の名前を挙げたとしてルグレを名誉棄損で告発したことだ。これで、八人の役割をルグレに話させようとしたラメル判事の捜査は進展を阻まれた。

ルグレは収監されたが、天の恵みと言うべきだろう。塀の中にいる方が安全だった。フランスがコートジボワール空軍戦闘機を破壊した後に起こった一一月の暴動で、デモ隊がアビジャン拘留矯正所（M

ACA刑務所）の入り口を押し破った。収監者たちはこの非公式の恩赦がもたらした機会に乗じて全員逃げたが、一人だけ例外がいた。ルグレは出たくなかった。

ラメルの方は、ルグレを刑務所から出したかった。刑務所内での面会は、看守や政府側の監視がかなり制約されていた。しかし、ラメルが尋問のためにルグレをパリに移そうとしたとき、その要請はコートジボワール、フランス両国当局によって却下された。

粘り腰で知られた「ブルドッグ」ラメルだったが、真実の追求には難題ばかりだった。問題はコートジボワール政府による妨害だけではなかった。フランス政府も負けずに、ラメルの仕事を遅らせる方策を見つけ出してくる。外務省を通す必要のある情報提供の要請は、一度もアビジャンに回されなかった。判事が捜査をボウン・ブアブレの周囲に絞るようになると、外務省は、安全確保が難しいという口実で、ラメルのコートジボワール行きを許可しなかった。後になって、圧力を受けて折れる。

ラメルはコートジボワールに戻り、障害に立ち向かい続けたが、標的は遠ざかるばかりだった。彼は、ルグレが名前を挙げた八人のうち、特に二人の軍事関係者の聴取を行いたかった。拉致の指揮をとった可能性がある。一人はファーストレディ、シモーヌ・バクボの護衛責任者、もう一人は大統領の国防担当補佐官であるベルタン・カデだった。二人とも面会には応じず、コートジボワール政府からも何の協力もなかった。政権からすれば、犯人はもうあがっていた。ミシェル・ルグレに決まっている。

これまでも多くのヨーロッパ人が経験してきたように、フランスの捜査員の前には、自然環境それ自体が立ちはだかった。「熱気と湿気が何もかも破壊してしまう」と捜査チームの一人は言った。「たとえば指紋にしても、文字通り熱で溶けてしまうんだ」。警察がアビジャン空港でキーフェルの車を発見したとき、車を運転してきた人物は誰にせよ、キーフェルより小柄だったことは明らかだった。運転席がハンドルに近づけられていたからだ。しかし古い車は二週間も太陽にさらされ、実に効果的に消毒されてしまっていた。捜査員はそれ以上のことを何も知ることができなかった。

　ラメルは手持ちの武器をすべて動員して、捜査の標的に近づこうとし、運に恵まれたときもあった。八月初旬、ボウン・ブアブレの広報責任者がパリに出張、ラメルは彼を逮捕させた。尋問を受けたレオナール・ゲデは、ルグレが名前を挙げた八人の協力者の関与を認めた。ゲデはまた、個人的にも公にもキーフェルの命を脅かしたことを認めた。拉致の直前で、ビクトル・ネンベリッシーニの指示だった。警察がゲデのパリのアパートを捜索、キーフェルについてかなりの資料がコンピューターにあるのを発見した。ゲデはフランスの法律では告発できないため、間もなく釈放された。いずれにせよ、ゲデもルグレも、ラメルが追いかける人物ではなかった。彼は政界のずっと上にいる大物を狙っていた。

　新しい弾みを得たラメルは一〇月にアビジャンに戻り、大統領特別顧問ベルタン・カデ、怪しげな宗教指導者モイーズ・コレ牧師、国立投資銀行のビクトル・ネンベリッシーニ、そして経済財政大臣室長オベール・ゾオレにようやく事情聴取できた。捜査に近い筋によれば、ラメルは驚くほどの成果をあげたという。彼は押しが強く、強気で的をはずさない。「しかしある時点で弾みが止まった。壁にぶつかった。ラメルはそれ以上進めなくなってしまった」と情報筋はいう。なぜか？　上に近づきすぎたのだろうと情報筋は見る。

　ラメルにとって自分自身の生命の危険が生じてきたこともあった。殺害予告を何度も受けていた。コートジボワールで調査にあたっていたフランス人に最近起こったことがなければ、手荒な妨害の手段にすぎないと一蹴することもできたかもしれなかったが。

　グザビエ・ゲルベルは、ＥＵがカカオ管理機構の会計監査を行うためアビジャンに派遣した弁護士だった。何億ユーロもの金がアフリカの闇に消え、ＥＵは、間違いなく組織的汚職と考えられるものを徹底的に明るみに出そうとしていた。

　二〇〇四年一一月の夜、武装兵士の一団がホテルの部屋を急襲して、ゲルベルを拘束。ロビーで頭に袋をかぶせられそうになったゲルベルは抵抗した。もみあううちにライフルが発砲、弾丸は壁にあたって跳ね返り、兵士二人が重傷を負った。パニックに陥った兵士たちは、ゲルベルの携帯電話をひったくって誰かに指示を仰いだ。ゲルベルは軍司令部に連れて行かれ、処刑すると脅されたが、結局解放された。フランスの捜査員が後で通話記録を調べると、通話先は大統領府、しかもローラン・バクボの護衛だった。

　グザビエ・ゲルベルは命拾いし、フランス軍兵士が安全のため、すかさず彼を国外へ連れ出した。しかしこの一件は、ここで世界がどのように動いているかを如実に示すものだった。カカオの世界。そこにラメルはヨーロッパ人の鼻を突っ込んでいる。それはギー・アンドレ・キーフェルが、何の手がかりも残さず消えていった世界だった。

　ラメル判事はコートジボワールに四度行き、一生かかっても、真実を見つけるまではやめないとキーフェルの家族に確約した。キーフェル殺害の情報を求めた兄弟ベルナールの訴えは、いくらか功を奏した。数人が生命の危険を侵して密かに捜査員に情報を提供した。ベルナール・キーフェルによれば、情報はいずれもコートジボワールの最上層部につながるものだった。家族には、すぐにもさらに逮捕が続くと思われている。

しかし「ネットワーク」のメンバーは、真実が明らかになるかどうか疑いを持っている。「バクボがいるうちは無理だ」。かつて「親父さん」に劣らず、新生コートジボワールの期待を背負っているように見えた人物について、メンバーたちはそう言うのだ。

第11章 盗まれた果実

発展途上国が世界各国との間で強いられた競争では、重いハンデを背負わされた彼らの馬がゲートから出走する前に、コースはすでにサラブレッドによってさんざんに踏み荒らされていた。自由貿易ハンディキャップレースのルールは、言うまでもなく、最高のサラブレッドの馬主が決めるのだ。

――ピーター・ロビンス『盗まれた果実』〔*Stolen Fruit*〕

組織的な搾取

もしアビジャンを遠くから眺めるだけなら、あるいはバラ色のレンズを通して見るなら、これぞまさしくアフリカの近代都市だと思うかもしれない。洗練された現代的ラインが空を切り取る超高層ビル、オフィスビル群。輸入品のブティック。バーやカジノの目もくらむネオンに彩られたナイトライフ。堂々たるホテル・アイボリーは、テニスコート、プール、スケートリンクを備え、魅力的な青さを湛えた湖のほとりにたたずむ。湖上では長い木製の釣り船が一日中たゆたっている。しかしよく見ると、おしゃれな街は寂れた顔を露呈する。傷んだ舗装、ビルは強い湿気でぼろぼろだ。湖にはごみが浮いている。ホテル・アイボリーは薄汚れ、プールには水もなく、かつて炎暑の中でも滑らかでぴかぴかしていたスケートリンクは遠い思い出となっている。

フェリックス・ウーフェ・ボワニが近代都市アビジャンを建設したとき、この街はアフリカの将来を約束するものだった。ヨーロッパのどの都市とも肩を並べる、繁栄と文化的活力を持つことになるはずだった。今では、大富豪層と絶望的なまでの貧困層の間に極端な格差のある、不幸な場所がもう一つ増えただけだ。ケーキ店や高級レストランの並ぶ高級住宅地では泥棒対策がとられている。中心部の通りでは、組織犯罪のボスたちの高級車が道をふさいでいる。白人は決して一人では出歩かない。まったく外出しない人もいる。貧困と死の部隊から逃れるために田舎から押し寄せた難民は、いっそうの貧困と死の部隊から自分たちを守ろうとしている。

アビジャン中心部にあるカナダ大使館は厳重に警備されている。ほとんどがケベック州出身の外交官たちの仕事は、息をのむほどの勢いで破綻国家へと転落していくコートジボワールを記録にとどめ、カナダ人を保護し、そしてすでにこの国を離れた他の外国人の後を、どの時点で追うべきか思案することだ。カナダ人だということは助けにはなるだろう。ただし攻撃してくる人間に自分たちはフランス人ではないと説明している時間があればの話だ。いつか暴力が手に負えなくなるときがくれば、カナダ国籍も身を守るのに大して役立たなくなるだろう。

私が訪れた各地のカナダ大使館の中で、おそらくここが最も親身になってくれたところだ。どうしても私に言っておかねばならないことがある、と彼らは言った。地方に行って「カカオ・コネクション」のことをあれこれ質問して回るのはよろしくない。しかしそれが自分のするべき仕事だと私が粘ったので、私たちは手持ちの連絡先を全部教え合った。彼らの自宅や携帯電話の番号、衛星電話の番号まであった。

行方不明になる前の二年ほど、ギー - アンドレ・キーフェルがカナダ大使館の重要な情報源だったことを私はここで初めて知った。キーフェルは同胞に情報提供を惜しんだことはなかった。もっとも彼の情報がいささか消化不良気味であったことを大使館の職員は知っていた。ブノワ・ゴーティエは政務・広報文化担当一等書記官で、二〇〇四年夏、チュードル・エラの後任になった。彼は、もしも私がどうしてもあれこれ質問しながら地方を回るというのであれば、キーフェルの名前を出さないよう特に用心するように注意してくれた。安全な話題ではありません。

このありがたい助言は実はあまり役に立たないことがわかる。行く先々でキーフェルの名前を出すのは相手の方だったからだ。たいていはやんわりとした脅しとしてだった。

「親父《ル・ヴィユ》さん」の時代も今も、カカオ生産者は政界、官界で重要な役割を果たしている。しかしローラン・バクボとその取り巻きは、利益を生み出すカカオ産業を、お気に入りのプロジェクトや個人的資産形成のための財源に変えた。腐敗は組織全体に蔓延している。しかし紛れもない職権乱用でさえ、平然とした否認や外部陰謀説によって軽くいなされてしまう。

ミシェル・イエウンは巨体の持ち主で声も大きい。ダラス大学に留学したことがある。彼に会ったのは、「カカオ栽培における危険な児童労働の撲滅に向けた生産者責任フォーラム」という大仰な名前のついたシンポジウムだった。ウーメのパイロットプロジェクトのことを最初に知ったのがこのときだ。駐車場には高級ＳＵＶがずらりと並んでいた。問題をすべて外国の影響力のせいにするカカオ業界のボスたちが、豪華な立食テーブルで数時間ごとに入れ替えられる料理を飲み食いしながら、シンポジウムをとり仕切っていた。イエウンは児童の搾取についての指摘をことさら鼻であしらった。児童労働問題はでっち上げだと彼は言う。有力ＮＧＯが欧米人をカモにして金を集めようとして行った、たちの悪いキャンペーンの戦術にすぎない。

イエウンは場違いに着込んでいた。彼の賞賛してやまないアメリカ人ビジネスマンのように長袖の綾織りのシャツに黒っぽいネクタイをしめ、スポーツジャケットを着込む。仕上げはトレードマークのフェルトの帽子だった。この贅沢なシンポジウムが開かれている海辺のリゾート地グラン・バサンでは外の気温は四〇度をゆうに越える。

「アメリカ人は好きだ」とイエウン。「特にテキサス人だね。テキサスでは誰だって自分が頼りよ。法律なんかない。自由の国なんだ。知ってるか？ テキサスには乞食なんかどこにもいないんだ」と、ギニア湾に近いテラスのテーブルで、一緒に座ったアフリカ人に話して聞かせている。「皆、精出してやってるからだ。働いてるってわけだ」

イエウンはブッシュ一族にまだ会っていないが、お目見えを待ちきれない。彼はテキサスに家を一軒、ワシントンにはアパートも持っている。だからいつか偉大なジョージ・W・ブッシュと出会えるだろうと期待もしている。たびたび訪米し、いろいろな取引に関わっているが、私とその話をしようと思ってはいないようだ。

バクボによるカカオ管理機構の再編で、イエウンにはかなりの利益が舞い込んでいる。彼は「コーヒー・カカオ生産者活動発展促進基金（FDPCC）」の副代表だ。FDPCCは重要な準公営機関の一つで、カカオとコーヒーの生産者から金を徴収する権利を持っている。しかし支出を説明する責任はない。資金はカカオ生産者の選択に応じて、道路、井戸、学校といった公共事業や経済状況の厳しいときに農民を支援する短期ローンに充てられることになっている。しかし貧困に苦しむカカオ農園にこの資金の恩恵がまわされた痕跡を見つけるのは至難の業だ。

資金は各地域の小農民協同組合を通じて分配されることになっている。しかしカカオ農民はあまり組織されていない。FDPCCに対抗して、資金を公共事業に回させる力はない。キーフェルの最も衝撃的な指摘の一つは、複数の幽霊協同組合を通してFDPCCの資金が組織的に流用され、ローラン・バクボ一党の直接の支配下に入ったということだった。その多くは武器業者の手に渡ったという。バクボは農民から集めた資金を武器購入に充てたことについて、農民自身の安全のためだとして正当化している。

イエウンは非難合戦の急先鋒だ。農民がカカオ豆を売って得る金額は目を覆うばかりに低いが、彼はその責任を他に押しつける。彼によれば、コートジボワールの腐敗の責任は多国籍企業にあるという。彼自身の組合がカーギル社にカカオ豆を提供している事実にはお構いなしだ。農民のおかれた苦境について多国籍企業がどういう点で非難されるべきなのか、私が説明を求めると、彼はすぐさま非難の矛先をメディアに向ける。メディアが問題の多くを占めていると言いながら、彼は同行してくれたロイター通信記者アンジュ・アボアの方を見やる。

アボアはその報道で、カカオ業界のボスたちの間でよく知られた存在だ。イエウンは本当の目的は何だとアボアに詰め寄る。カカオ産業の腐敗をめぐる人聞きの悪い報道は自分の利益を損なうとわめきちらし、「誰のために働いているんだ?」と言う。それからふと何げなく、禁断の話題を持ち出す。「ギー・アンドレ・キーフェルは今どこにいる? この下か?」とテーブルクロスをめくってのぞき込み、顔を上げて薄笑いする。「キーフェルはスパイだった」と言い放つ。「スパイがどうなるかわかっているだろう」

カカオ管理機構は、複数の機関が入り組んだ構造をなしている。農民の金が腐敗の闇に消えるまでの流れをわかりやすくするためキーフェルのネットワークは図を作った。金の流れの大部分は、EU

が指示した一連の会計監査によって裏付けられている。キーフェルの仲間が図のコピーをくれた。死海文書の方がまだしもわかりやすいだろう。何本もの矢印が農民から三つの主要機関への金の流れを表わしている。ミシェル・イエウンが副代表を務めるＦＤＰＣＣ。コーヒー・カカオ基金（ＢＣＣ）。規制管理基金（ＦＲＣ）。これらの機関からさらに矢印が伸びて私企業の迷宮に入り込み、そこから一本の太い矢印になって国立投資銀行に向かう。そこから非常に太い矢印が一本、バクボの支配下にある機密資金に向かっている。それから一部は国際金融機関に行く。これで世界銀行に口出しさせない。資金のほとんどは個人の手か、政界上層部のさまざまな事業に向かう。

忘れてはならないことは、これが農民から税金や納付金の形で徴収された金だということだ。搾取と絶望的な安値のために貧困に陥った村々と、そこの人々の生活を向上させるプロジェクトへ還元されるべき金なのだ。基金はカカオ豆の価格安定のために使われ、市場で価格低下が避けられないときの助けになると、農民は言われている。しかしカカオ栽培から上がるはずの利益のうち三分の二までが、「特別税」の形で消える。金の行き先は国庫と上層の準公営機関だ。何の目的か、農民たちはほとんどまったくといっていいほど知らない。経済自由化がカカオ価格にどれほど影響を与えたにせよ、地方の慢性的貧困の主要因は、バクボ政権によって課せられた納付金にある。

カカオ・コネクションの実力者

コーヒー・カカオ基金（ＢＣＣ）の代表、リュシアン・タペ・ドーは、「カカオ・コネクション」屈指の「実力者」だ。オフィスの待合室には、問題を抱えた人々が詰めかけ、タペ・ドーが姿を見せると、一斉にはじかれたように立ち上がる。タペ・ドーはアンジュと私を執務室へ案内した。私たちと一緒に、ひどく心配そうな様子の夫婦も入ってきた。「しばらくお待ちを」と彼は私たちに言い、椅子を勧める仕草をした。それから携帯電話で電話をかけ、怒鳴りつけた。「今すぐ払うんだ！」電話を切ると、夫婦に向かって、金は明日銀行口座に振り込まれると告げた。夫婦は恐縮しきって礼を言った。

タペ・ドーはずんぐりした体の持ち主で、伝統的な服を着ていた。鮮やかな色とりどりのシャツとズボンがゆったりと体を包む。しかし彼の服は、その太い胴回りにも大きすぎて、花柄の布地に埋もれてしまいそうだった。彼がデスクの書類を片付けるのを待つ間に、私は懐かしい甘い香りに気づいた。厚く切ったチョコレートケーキが熱気で溶けている。ケーキには、かぼちゃのように見える、オレンジ色の球根のような砂糖菓子が飾ってあった。だがよく見るとそれはカカオの実をかたどったものだった。ケーキの上には「コートジボワール、カカオの国」とある。

ここで本物のチョコレートを目にし、その香りをかぐのは不思議な気がする。アフリカではほとんど誰もチョコレートを食べない。高すぎるし、すぐに溶けてしまうのも理由の一つだ（一九九一年、マーズ社は暑さに耐える板チョコを開発しようとした。クウェートの砂漠に派遣された米軍部隊に送るためのチョコレートで、かなり儲けの大きい契約だった。しかし「お口でとろけて、手で溶けない」お菓子で知られた面々も、チョコレートの基本的な化学的性質を変えると、味や口当たりを保つのは難しいことを悟った）。

タペ・ドーも「カカオ・コネクション」の再編から利益を得た大金持ちの一人だ。ＢＣＣは中でも最も実態の不明瞭な機関だ。一応、コートジボワールの最も重要な輸出品の管理にあたることになっている。地元の人々は彼のことを教育のない「ブッシュマン」だと言うが、抜け目なく用心深い、やり手のブッシュマンだ。アフリカのナショナリズムの情熱がどのような目的のためにでも操れるということを、彼は示している。

ＢＣＣは私企業でも公営機関でもないと彼は言う。その二つを合体させたアフリカ独自のあり方。カカオ産業を牛耳る、こうした説明責任を欠く機関は、「アフリカの問題に対するアフリカ的解決」ということになる。この表現は、植民地主義が終焉を迎えて以来アフリカ全土で広がったナショナリズム的な感覚を表している。ＢＣＣの収入はすべて税金と納付金だが、ＢＣＣは公共事業体ではないと彼は言う。「透明性などというものは、我々の競争相手を有利にするだけの、外国人の考えにすぎない」「ＥＵは我々を支配したいだけだ」とタペ・ドーは、「カカオ・コネクション」のどこへ行っても耳にする、ナショナリスト的な発言を繰り返した。ガニョア市長ロジェ・ニョイテしかり、「愛国青年連合（ＣＯＪＥＰ）」しかり。ＣＯＪＥＰは、地域の農園からの移民追放を、「一国一城の主」になる行為だと正当化している。

ＢＣＣはカカオとコーヒーの輸出調整にあたり、コートジボワールから輸出される豆の最低基準価格を設定する。輸出から収入を保証し、農民が世界市場のカカオ価格上昇の恩恵を受けられるよう手助けすることになっている。しかし、内戦が最も激しかった時期、価格が最も高かったときも、農民は利益を得られなかった。タペ・ドーによれば、高い税金と納付金は戦争を賄うために必要だったという。農民には安全が必要で、武器は彼らのためなのだ。時には暴力の矛先が移民に向くことがあったとしても、「それは、おそらく移民たちが反乱軍を支持しているからだろう」

数十億ＣＦＡフランもの金がＢＣＣに流れ込んでいるが、金がどこへ行ったのか、公的記録は一切ない。コートジボワールの農民は、カカオ豆をガーナに密輸するようになった。ガーナの農民が享受している価格を利用するためだ。この点を指摘するとタペ・ドーは愉快そうに笑った。「わが国の方が価格が高ければ、ガーナ人は密輸してくる。何十年もそうなんだ」。しかし最近のカカオの密輸はコートジボワールの歳入を切り崩している。農民はさらに密輸の動きを広げている。「重要なのは、コートジボワール人が権力を取り戻すことだ。我々が外国人の支配を脱することなのだ」と彼は再三繰返した。タペ・ドーは経済自由化を支持している。ただ、効果が出るには時間がかかるのだと彼は言う。「ＣＡＩＳＴＡＢは四〇年続いた。ＢＣＣはまだ四年だ」「時間をくださいよ」

しかし、コートジボワールは時間切れになりつつある。ＥＵの会計監査報告から強く感じられるのは、カカオ管理機構を運営している金の亡者が、金の卵を産む鳥の首を絞めているということだ。顕著な例は、三番目に重要な機関、規制管理基金（ＦＲＣ）だ。ここは最大のドル箱で、しばしば「黒い基金」と呼ばれる。バクボの与党の裏金庫なのだ。ＦＲＣの職務はカカオとコーヒーに関わる金融規制で、カカオ、コーヒー関係の資金を全面的に管理している。

ＦＲＣの代表はアンジュリーヌ・ジラウ・キリという女性だ。大統領夫妻と緊密な関係にあり、「バクボを支持する二〇〇万人の少女」と呼ばれる運動の生みの親でもある。この運動は子供たちを使って大統領を国父として神話化するキャンペーンだ。キリは、カカオ生産とはほとんどまったくといっていいほど何のつながりもなく、この分野の専門知識もない。キーフェルの「ネットワーク」によれば、数十億ＣＦＡフランが基金から流出、武器購入や新設された農業銀行への助成、バクボと取り巻きへの「融資」に充てられたという。ＥＵ報告もこれを示唆している。ＥＵの会計監査は、助成金と融資の裁定には「明らかな不正行為」が伴っていたと結論している。

私たちがＦＲＣを訪れたとき、キリ女史は面会に応じられなかった。訪米中だったのだ。

「アメリカのどちらに？」と私は秘書に聞いた。秘書はその日私たちが行く前に、面会の約束を再確認していたはずだ。

「ニューヨークです」と秘書は言う。「キリ代表は出発されたところです」

「ひょっとして、フルトンじゃありませんか、ニューヨーク州の」

ＦＲＣの受付は一瞬にして、氷のような沈黙に包まれた。

フルトンという名前を持ち出すのは、ギー‐アンドレ・キーフェルの名前を出すのと同じ効果があった。誰もが避けたがる話題だった。この言葉で、部屋に誰もいなくなったり、ドアが閉ざされたりする。あれこれ喋り続けるミシェル・イエウンも、フルトンの話をしてもいいかと私が聞くと、かみつくように「あんたらには関係ない」。彼が防衛的になったのにはそれなりの理由があったことがわかった。フルトンの名前を出すことは、暗に詐欺と言っているのと同じなのだ。

ニューヨーク・チョコレート工場

フルトンはニューヨーク州北部の小さな町だ。二〇〇三年、町はほとんど閉鎖されかけた。当時フルトンで雇用を提供していた主要企業の一つ、ネスレ社が、一世紀前から続いていたチョコレート工場を閉鎖したのだ。ネスレ社はブラジルなどに生産拠点を移転、五〇〇人のフルトン市民を放り出した。ネスレ社は当時、工場は操業不能といっていたが、コートジボワールの「カカオ・コネクション」の専門家の考えは違っていたようだ。まもなくFRCが工場を購入、フルトンを再び稼動させると宣言した。

アフリカからやってきた面々はアメリカで大歓迎された。ニューヨーク州選出上院議員チャールズ・シューマーは取引を後押しし（ミシェル・イエウンはアメリカ側の支持を得るために中心になって働いたようだ）、工場の宣伝用の写真にシューマー議員が何枚も写っている。工場の新しい名前は、「ニューヨーク・チョコレート製菓工場（NY3C）」。連邦政府機関が八五万ドルの融資とさらに多額の優遇税制措置を提供、コートジボワール側が操業復活を支援した。そのうち事態は複雑な様相を呈するようになる。

数カ月が経ち、一年が経過しても、あのおなじみのチョコレートの香りはまったく漂わなかった。郡の経済開発局が『ニューヨークタイムズ』に語ったところでは、NY3C社は七桁台後半に達する資金を口座に持ち、税金も支払っているという。しかしフルトン市民とNY3C社に投資した側は不安になり始めた。

何が障害になっているのか？　コートジボワール側は当初、内戦でコートジボワールからのカカオ豆の調達に支障が出たと言っていた。この説明はもっともらしかった。だが、コートジボワールから原料を輸入している他のチョコレート企業では、原料調達に何の問題もなさそうだった。サンペドロ港湾当局の報告によれば、二〇〇三年から二〇〇四年にかけてカカオ輸出は急増している。

説明責任がコートジボワールの「カカオ・コネクション」の得意分野だったためしはない。アメリカ政界と金融機関が不審を抱き始めたが、ＦＲＣからの回答はほとんどなかった。

サンフランシスコに本拠をおく投資会社、ライオン・キャピタル・マネージメントは、ＮＹ３Ｃ社のアメリカ側の提携者として、株式の二〇％を保有していた。ライオン・キャピタル・マネージメントは不満をあらわにし始めた。変則的なビジネス手法や、ＮＹ３Ｃ社の二人のコートジボワール人顧問の間の利害の対立がうかがえたからだ。ＦＲＣが任命した財務担当者ヤレ・アグブレは、アメリカの商習慣として確立されたルールを守らず、ＮＹ３Ｃ社は支払いが遅れがちだった。一方法律顧問のケマコラム・コマスは一九九七年からアメリカで法律業務を行っていたが、ニューヨーク法律ジャーナルによれば、顧客のクレームを受け、弁護士資格の無期限停止になっていた。

やがてフルトンのチョコレート工場の実態が浮かび上がり始める。二〇〇三年にネスレ社が工場を閉鎖した後、設備が取り外され、競売にかけられた。地元政界は強引に圧力をかけ、建物だけは残すことでネスレ社の合意をとりつけた。操業再開のために投資しようという人間が現れた場合に備えたわけだ。その後ネスレ社は、レンガ造りのこの広い工場を、一〇〇ドルという名目だけの価格でオスウィーゴ郡に売却した。ライオン・キャピタル・マネージメント社が同額でこれを購入、ＮＹ３Ｃ社に譲渡した。まもなく、オーナーはチョコレート製造設備の設置と従業員の雇用を開始。チョコレートの匂いはまだ漂っていなかったが、フルトンには楽観的な見方が広がった。工場を買い取ったアフリカ側は、この工場はコートジボワールのカカオ農民の利益のためだという、厚情あふれる主張をした。

原則的には、アフリカ側がチョコレート会社を所有することには意味がある。コートジボワール大統領は、自国の主要産品からさらに付加価値を得ようとしているだけだと言った。工場の資金は農民が支払いを義務付けられている税金・納付金からきている。しかし利益は農民に還元されるのだ。ニューヨークの工場の収益によってFRCは、学校の開設、井戸の掘削、農民の生活の向上を図れるだろう。一方フルトンは、カカオ豆を農園直販の価格で調達できる独占的権利を持つ。市場でカカオ豆を購入するよりはるかに安いわけだ。いったいこれのどこがまずいのか？　あれもこれもだ、とジェリー・ランフェアは気づいた。

ランフェアはフルトン生まれで、ネスレ社工場が閉鎖されるまで二六年間働いていた。新しいオーナーは、工場長として彼を引きとめた。職を得られたことは嬉しかったが、ネスレ社のために解雇せざるをえなかった人々を再雇用しようという気持ちの方がもっと強かった。彼の満足は少ししか続かなかった。

ニューヨーク北部で三〇年近くもチョコレート製造に携わっている間には、ランフェアもおかしなことをいろいろと見てきた。しかしNY3C社の工場長として、首をひねることにいろいろ出会った。「ビジネスマンでないことは確かですね」とランフェアはコートジボワール側経営陣について話す。ランフェアがビジネスと考える範囲にあることに、彼らは携わっていなかったのだ。ランフェアの話では、NY3C社理事会を牛耳っていたのはFRCの理事会のメンバーだった。経営陣の中にライオン・キャピタル・マネージメント社の人間は二人しかいなかったが、ランフェアによれば、コートジボワール側は後に彼らを解任する方策を見つけ出したという。

二〇〇四年春、コートジボワール側経営陣は、まもなく資金が工場に流れ込むと発表した。しかしジェリー・ランフェアはどうにかやり繰りして従業員に給料を払い続けるため奮闘していた。彼が後で知ったところによれば、資金は確かにコートジボワールから来ていたが、別の口座に直行していたという。ICマネージメント社という会社で、ヤレ・アグブレが所有、経営していた。ヤレ・アグブレは、NY3C社の財務担当者で、FRC理事会のメンバーだ。

ランフェアはライオン・キャピタル・マネージメント社へ請求書をまわす。そこからアグブレにまわり、アグブレは自分の会社の口座から支払う（もしも支払いが行われればの話だ）。このような手続きで実際にどれほどの資金が動いたのか、ランフェアにはまったくわからない。コートジボワールのメディアは、数千万ドルがフルトンの工場へ渡ったと報じていた。もしそうなら、とランフェアは言う。彼は一ドルたりとも見ていない。「腐っていました」と彼は言う。

ランフェアにとってもっと奇妙だったのは、NY3C社のカカオ豆調達の仕方だ。コートジボワールの農園直販でカカオを調達できるという話とは違って、NY3C社はアメリカのブローカーから割り増し価格でカカオ豆を買い入れねばならなかった。買い付け担当者は、なんとヤレ・アグブレその人だった。もっと買い付け価格を下げずにやっていけるのかどうかランフェアには定かではなかったが、さらに困ったのは、豆の品質がお粗末だったことだ。ランフェアはキツネにつままれたようだった。技術者が買い付ける豆を抜き取り検査して調べても、工場に届くのは買い付けたはずのものより品質の悪い豆だった。ランフェアは、ハーシー社などにカカオバターを販売する契約を結んでいたが、低品質の豆を前にしてしばしば往生した。こうしたことすべてから誰が財をなしていたのか？　とランフェアは自問してみる。

ランフェアは七〇人を雇用して、大量の粉末チョコレートとカカオバターを生産していた。収益は従業員の給料を払うのにようやく足りた。しかし二〇〇六年三月、従業員たちは小切手が不渡りになっているのを知った。その後まもなく町は工場への水道供給を停止。工場の税金の未払い分は四五万ドルに上った。二〇〇六年春には、NY3C社には七〇〇万ドルの延滞金があった。三月末、コートジボワールからハイレベルの代表団が工場の視察に訪れ、状況の見直しを約束して帰国した。工場の開業式典でテープカットをし、NY3C社への融資と助成金の支出を支援したアメリカの政治家たちは困惑し、コートジボワール側に、総力をあげて事態の収拾を図り、少なくとも従業員が給料を受け取れるようにすることを要請した。

二〇〇六年春、コートジボワールのカカオ管理機構について、EUの会計監査報告がもう一つ公表された。報告が手厳しく示したのは、FRCの実態と説明責任に対する無頓着さだった。EUの監査官はコートジボワール政府の記録を手に入れた。記録によれば、FRCの理事たちは、ネスレ社の古工場が操業可能な状態かどうか調査もせずに、九〇億CFAフラン〔約二二億円〕で買い取る決定を下したという。FRCを牛耳る面々と相棒の銀行家たち、ボウン・ブアブレ、ビクトル・ネンベリッシーニは闇雲に買取りを進め、寿命が来た工場に二六〇〇万ドルもの金を投資した（コートジボワールのメディアはこの数倍の金額がチョコレート会社に流れたと主張している）。

キーフェルの「ネットワーク」から見れば、工場の目的は明らかだった。NY3C社は合法性を持たせる表看板にすぎず、資金を他の目的に流用する隠れみのだ。目的には「戦争行動」の財源にすることも含まれていた。フルトンのチョコレート職人たちは、単なる不運な駒にすぎなかった。

ランフェアは現在、フルトンの自宅近くをまわって仕事を探している。あるいは、工場を本気で立て直してくれる投資家がいればいいのだがと願っている。工場の再建は十分可能だと彼は考えている。しかし彼は首を振り振り、FRCとの一幕について思いをめぐらす。「裏で何が起こっていたのか、金をどうしたのか知りませんが」と彼は言う。「初めから工場の操業など考えていなかったのだと思いますよ。個人的にはね。私たちはそれにもかかわらず操業した、ということです。彼らは巻き込む相手を間違えたんじゃないですか。スタッフは皆チョコレート作りに打ち込んでいただけでしたから」

表に出せば殺される

ある日アビジャンで、アンジュ・アボアが私を連れて行ってくれたのは、この国で有数の成功を収めている、合法的なカカオ協同組合のトップの所だった。名前はもちろん、特定できるようなことは一切出さない約束になっている。仮にX氏と呼ぶことにする。

X氏は自宅の庭で私たちを迎えてくれた。塀をめぐらし、セキュリティのプロを雇って警備を固めた敷地にある。この自宅の庭の中でさえ、彼は声をひそめ、時折肩越しに様子をうかがう。恐怖がありありと伝わってくる。X氏はビジネスで成功する前は農民だった。教育はほとんど受けていない。洗練されたスーツを着ているものの、田舎出の無骨さが残っているのが感じられる。しかし彼はカカオ業界では、最も豊富な知識と尊敬すべき誠実さを持つ一人だ。私は、「カカオ・コネクション」が本当のところどのように働いているのかと彼にたずねた。

金はどこへ行くのですか？――彼はあんぐりと口をあけ、小さな悲鳴のような声をあげた。「連中がどうやってカカオを動かしているか、私に話せというのかね。ギー・アンドレ・キーフェルは今どこにいる？」と、目を大きく見開いて、彼はほとんど聞き取れない声を絞り出した。「ジャン・エレーヌ（銃撃されたフランス国際放送記者）はどうなった？　質問する人間を連中はああするんだ。質問に答えようとすればどうなるか想像がつくだろう？」

秘密は絶対に守るというアンジュの説得により、ようやくX氏は彼が見るところの「カカオ・コネクション」について話す気になってくれた。カカオ管理機構の変遷を、彼はコートジボワールの古くからの氏族制度を通して説明した。

元大統領ウーフェ・ボワニは、自分が知り、信頼もしていた農民の手にカカオの支配権を任せたという。この農民たちは土地を耕しカカオ栽培の技術を開発した。彼らの基盤は地方だった。他の氏族、中でもクル族は官僚となり、また商業を専門にするようになった他の氏族もあった。こうしたすべてはうまく機能し、三〇年ほどの間はチェックアンドバランスが働いていた。支配権が大きく拡散していたため、腐敗の根がはびこることはなかった。「親父さん」の手腕の賜物だったが、彼は逝き、時は流れた。「今はクル族が権力を独り占めしている」とX氏は言う。「連中は怪しげな機関をつくる。財政大臣にコネがあるんだ。でも何も生産するわけじゃない。こっち（生産者）はびくびくしている。何の力もないからね。でもカカオを作っているのはこっちなんだよ」

納付金として農民から徴集した金は、インフラ整備や低利子融資に充てられて農民に役立つことになっている。しかしひとたび金が、体裁だけの機関の網の目に消えてしまえば、農民たちは金の行き先を知ることができない。彼らはかつてのように助成金や融資を受けることができなくなった。カカオの木を維持するだけの資金もない。農薬や新しい苗木さえ買えない。

「農民はなぜ、納付金を納めるのを拒否しないのですか？」と私は聞いた。

「やってみてはいるよ。でも払うしかないんだ」

「もしこのことを全部表に出したらどうなりますか？」

「殺されるね」と彼は言う。言葉はほとんど聞き取れない。額には玉のような汗が浮かんでいる。

　国家機構が金の亡者によってどれほど蝕まれているか、理解するのは容易ではない。何年もコートジボワールに住むフランスのNGO関係者がやはり匿名を条件に語ってくれたことは、X氏の重苦しい、おびえた分析を裏付ける。このNGO関係者は全国をまわって、移民労働者の保護にあたり、バクボ政権の暴政から彼らを守ろうとしてきた。彼は「マフィアを思い浮かべてくれ」とだけ言う。「シチリア島を」

アグリビジネスの深い闇

　アビジャンやカカオ関連地区でオフィスビルをまわり、秘書にインタビューの約束をしたり名刺をやり取りしたりしていれば、普通の合法的な国家機構の中にいるような気がしてくる。しかし一皮むけば実態はまったく違う。「連中は権力と権威をわが物にしたブッシュマンだ」と言うNGO関係の友人によれば、信頼できそうな見かけは、言葉も体裁も、何もかも偽者だという。彼と同じくらい長くこの国にいる外国人ビジネスマンの言うことも同じだ。「アフリカ大陸全体に腐敗はありますが、ここの場合はアフリカでは普通というレベルを越えていますよ。犯罪的です」

ＧＡＫは、コートジボワールのカカオ産業が組織的に犯罪を行っていると考えるようになっていた。彼の手厳しい分析を、外からこの国を見ていた他の人間たちはなかなか受け入れようとしなかった。世銀とＩＭＦは過去にコートジボワールへの資金提供を停止したことがある。しかしバクボ政権が国外の債権者への返済義務の期日を守っている限り、そして、カカオ輸出会社に貴重な商品の輸出を許可している限り、両機関は政権の腐敗の証拠には目をつぶるつもりのようだ。

外交官たちの非公式の話によれば、国際社会がコートジボワールの明らかな腐敗に寛容な理由がもう一つあるという。腐敗は深刻なようだが、少なくともコートジボワールは今、政治的に安定している。批判が過ぎれば、それが揺らぎかねない。西アフリカに、もう一つのリベリアやシエラレオネが出現するのは困るのだ。

もっと別の要因もある。外交筋によればコートジボワールは、外から簡単に支配できるという。「本当の意味で植民地でなくなったことはないんです」と、コートジボワールへのフランスの影響力を研究したある外交官は言う。「コートジボワール側が何と言おうと、この国は相変わらず、パリの支配下にあります」

ＥＵはカカオ管理機構の闇に包まれた活動を突き止めようとしてきた。ＥＵがカカオ資金の出入りを綿密に監査するようになったのは二〇〇二年からだ。キーフェルはＣＣＣで働いていた間もその後も、ＥＵの予備報告の多くを手に入れ、あちこちにまわした。こうした報告でＥＵの監査官は透明性の欠如に次第に苛立ちを募らせている。重要な公的書類を見ることができないのだ。カカオ管理機構の幹部たちは、カカオ取引の内部事情は、監査官の関知するところではないと監査官に言っている。カカオ取引は私企業の事業だというのだ。版を重ねるごとに監査報告の言い方は批判を強め、ついにはEUが使える範囲で最も強い言葉で、コートジボワールの制度を糾弾している。「カカオ・コネクション」を犯罪と呼ぶのだけはかろうじて控えているだけだ。

EUの報告書が明らかにしたのは、資金がカカオ管理機構の迷路を通って徐々に消えていくペテンだ。フルトンのチョコレート工場に出資したFRCは、中でも最悪と見なされている。資金を握っているからだ。農民のために基準価格を保つことに充てられるはずの資金が流用され、まず戦費にまわり、それから大統領官邸へまわった。悲劇的なサイクル。税金、納付金、恣意的な価格設定が重なり、農民はカカオ豆を非合法に他国へ売却せざるをえなくなる。こうして失われた財源を確保するためコートジボワール政府は一方では増税や納付金引き上げを行い、一方では、農民の生活向上と価格安定化のために使われるはずの準備資金を切り崩す。農民は搾取を逃れるために、ますます自分で解決を求めるようになる。カカオ産業はやせ細り、やがて枯渇するだろう。

政治権力と影響力をもつ立場にある人間の欲は飽くことを知らないようだ。EUの予備調査によれば、数十億CFAフランが大統領と国防省に融資されたという。コートジボワールの経済財政省が融資を組み、国立投資銀行が支援した。他にも異例の資金移転がある。ワシントン・ワールド・グループ（多くの独裁者、暴君を顧客にする広告会社。顧客にはイディ・アミン〔一九七一年〜七九年のウガンダ大統領〕、サダム・フセインもいた）への支払いだ。アメリカ国内でコートジボワールのためのロビー活動を行うためだった。ＦＲＣはこうした活動についてＥＵの監査官に何も説明しようとしなかった。さらに別の金融機関を登録すらせずに設立した経緯についての説明にも応じなかった。農業金融銀行（ＢＦＡ）はカカオとコーヒーの財政管理にあたる機関のようだが、実際の所有者が誰で資金がどこへ行くのか、誰もはっきりと知らない。

ＥＵの標的はカカオ管理機構と政権だ。しかしキーフェルの報道は、この政治制度の核心に及んでいた。ＧＡＫが深い関心を持っていたのは、西アフリカのカカオ産業に拠点を築き上げていた多国籍企業の活動だった。コートジボワールのカカオ取引の九〇％は一五の外国企業に支配され、シェア上位数社による事実上の独占状態だ。

カーギル、アーチャー・ダニエルズ・ミッドランド（ＡＤＭ）両社がコーヒーでもカカオでもトップを争う。キーフェルの資料によれば、コートジボワールのカカオ取引の支配をめぐって両社は熾烈な競争を繰り広げている。カーギル社の倉庫、カカオ磨砕（すりつぶしてペースト状のカカオマスにする工程）施設はコートジボワールのどこでも目につくが、アンジュと私に話をしようという会社関係者はどこにも一人もいなかった。面会の約束をとりつけても、行く前にキャンセルされるだけだった。チョコレート業界は全体にきわめて競争が厳しく秘密主義で知られる。業界トップに接触できるジャーナリストはほとんどいない。

ミネアポリスの農園地帯に本拠をおくカーギル社は、巨大多国籍企業であると同時に同族会社でもある。おそらく個人企業としては世界最大だろう。私たちが口にする食品の調達、生産両面で、カーギル社の影響力は驚くべきものだ。アグリビジネス（農業関連産業）の専門家、カナダ人のブルースター・

ニーンは、謎に包まれたこの巨大企業の実態を解き明かす数少ない一人だ。彼の著書『カーギル――アグリビジネスの世界戦略』〔中野一新訳、一九九七年、大月書店〕では、人々の生活に圧倒的影響を持ちながらほとんど知られていない、この企業の姿が描かれている。北アメリカでは、カーギル帝国を通らずに消費者に届く食品はほとんど一口もないといっていいだろう。

カーギル社は以前、五年から七年ごとに企業規模を倍増することを目標に掲げた。年商数十億ドルといえば、サハラ以南の最貧国すべてのGDP総計と肩を並べる。農業部門の多国籍企業の例にもれず、カーギル社も各国に、食糧生産から輸出用作物への切り替えを勧めた。世銀が経済自由化計画によって、途上国に食糧輸入を強いたことも追い風となった。輸入先は主に多国籍企業からだ。カーギル社のコーヒー部門の取引額だけでも、コーヒー買い付け相手国のGDP総計を上回っている。遺伝子組み換え食品関係でも世界有数で、アフリカの農園地帯を科学的に開発した種子の栽培に開放させようと大攻勢をかけている。

アーチャー・ダニエルズ・ミッドランド社はアグリビジネスのもう一方の雄で、コートジボワールのカカオ取引ではカーギル社に次ぐ地位を占める。ADM社はカカオ豆の処理では世界最大企業で、私たちの口に入る有名ブランドチョコレートの原料の多くを製造している。しかしADM社の最も得意とする分野は政界工作だ。この株式会社は企業助成金の最大の給付先の一つだが、その多くは、権力構造の裏舞台で人脈を通して得たものだ。『フォーチュン』誌はかつてアグリビジネスについて「地球上で最も工作の行われる業界」と呼んだが、ADM社ほどこのゲームをうまくやる企業はほとんどない。

アメリカのライター、ジェイムズ・リーバーは著書『穀物にひそむネズミ』〔*Rats in the Grain: The Dirty*

Tricks and Trials of Archer Daniels Midland, the Supermarket to the World〕で、ＡＤＭ社の絶大な影響力を描いている。「一九世紀末から二〇世紀初頭にかけてトラストを作り上げたボスたち以来、ビジネスと政治の癒着にこれほどよりかかっているケース、あるいは政府官僚とのコネを作るためにこれほど工作したケースはおそらくないだろう」

元カナダ首相ブライアン・マルルーニーは、アメリカと自由貿易協定（ＦＴＡ）を結び、ＡＤＭ社を始めとする米企業を利したが、彼はＡＤＭ社の名誉ある理事会に名を連ねている。トム・ハーキン上院議員（ハーキン・エンゲル議定書の）が一九九〇年代初めに名誉棄損で訴えられたとき、ＡＤＭ社の社長は彼の弁護費用に一万ドルを提供した。ハーキンはアイオワ州選出だが、アイオワは全米有数のエタノール生産地だ。何かと問題の多いこのガソリン代替燃料をＡＤＭ社は製造している。ＡＤＭ社はエタノールのために「税金がぶ飲み状態」だと、あるシンクタンクの専門家は言う。ジェイムズ・リーバーは、一九九〇年代末に、ＡＤＭ社が政府の企業補助金の受給額第一位になっていたことを発見した。

ワシントンに本拠をおく世銀とＩＭＦが、農業部門への政府補助金の停止、安定化公庫（ＣＡＩＳＴＡＢ）などの解体をコートジボワールに要求していたとき、多額の補助金を受けた米企業がコートジボワールに進出し、そのカカオ取引の支配権を握ることができたわけだ。コートジボワールのカカオとコーヒーが独占状態におかれているということは、地元企業には事業参入の足がかりさえ得られないことを意味する。多国籍企業は全世界で自社の扱う商品作物の過剰生産を歓迎している。価格をできる限り抑えて他者の参入意欲を削ぐ方策になるからだ。コートジボワールの国家機構はほとんど機能せず、経済自由化後も残ったわずかな機関が、腐敗した指導層に牛耳られている。この状態では、コートジボワール企業が多国籍企業と張り合うのは無理だ。融資は事業の開始と運営には欠かせないが、巨大企業には国際的な信用があり、はるかに有利な利率で融資を受けられる。

コートジボワールはほとんどのカカオ豆を未処理で輸出している。加工食品に対する欧米の関税は、一次産品の関税よりはるかに高いからだ（コートジボワールのように「自由化された」国々は、こうした高い関税を輸入品にかけることは許されない）。しかしコートジボワール国内で細々と行われていたカカオ磨砕工程は、製造業部門の雇用を提供していたにもかかわらず、巨大企業のカカオ産業独占に伴って停止、他国へ移された。

コートジボワールの腐敗。どれほどが国際社会の干渉と多国籍企業によるもので、どれほどがコートジボワール指導層の不正行為によるものか。コートジボワールでは多くの人間が自分の利益を追いかける。一方、国際法と国際機関は企業を保護する。金の卵を産む鳥は、欲にかられた人間によって骨までしゃぶりとられている。

陰謀の渦の中で

白人の女が暗くなってから出かけるというので、ホテルのスタッフは青くなっていた。しかし真夜中を少しまわった頃、私はタクシーを拾い、アビジャンの高級住宅地の一つにある家へ向かった。GAKの「ネットワーク」の何人かと会うことになっていた。彼らの名前はよく知っていた。彼ら同士いつも連絡を取り合っていたし、私もしばらく前から彼らと話していた。ＧＡＫのように、最前線に立って彼らの調査を発表する人間はもういない。しかしそれでくじけて仕事を続けていくのをやめたりはしない。

「ネットワーク」のメンバーには黒人も白人も、アフリカ人もヨーロッパ人もいた。しかし最近、どのメンバーもコートジボワールでは脅かされていると感じている。ＧＡＫの事件について、あまりにも何もされてこなかったからだ。キーフェルの行方不明に対する公式捜査は遅々として進まず、おそらく的外れだと人々は言う。「ラメル判事は努力しているが、フランスは真実を知りたがらない」と言う人もいた。ラメルは誠実だ。誰もそのことに異論はない。だがコートジボワールはフランスではない。彼が真相にたどり着けるか危ぶまれる。

　キーフェルの仲間はカナダにもひどく失望していた。カナダ官僚がコートジボワール政府に圧力をかけるためにできたことは多かったはずだと考えている。フランスは旧宗主国として大きな重荷を背負っているが、カナダにはアフリカでカナダにしかできないことがある。もし外交官がその力を発揮できればの話だが（カナダ官僚はできる手は尽くしたと強調している）。

「ギー・アンドレは馬鹿だった」仲間の一人が突然言い出す。「何でも知りたがる性癖に引きずられたんだ。コネクションの人間がうろついているバーに行ったりした。連中の名前も住所も、すべて知っていた」。ＧＡＫは資本家嫌いだった、と仲間たちは私に言う。彼の政治的傾向からすれば、驚くには当たらない。「でも何よりも」と一人がきっぱり言った。「金の力を嫌っていた」

「ネットワーク」は、キーフェルが中断した所からまた調査を始めようとしている。不正と疑わしい取引をすべて追いかけている。なぜ彼らがわざわざそんなことをするのかと思っている人は多い。「ポケットを一万ドルで膨らませた人間をもう一人見つけたからってどうなるんです？」と、外国人ビジネスマンに言われたことがある。「何も変わりはしません。誰も気にしませんよ。ギー‐アンドレ・キーフェルは犬死にでした」

しかし、キーフェルの執念は何か呪文をかけていた。おそらく一〇〇年前にヘンリー・ウッド・ネビンソンが作り出したのと違わない磁場が生まれている。サントメ島のように、コートジボワールの「カカオ・コネクション」もいつか明るみに出されるだろう。もちろん、巨大多国籍企業は他国に移り、そこで同じ事を繰り返すのだろうが。

それでもこの夜「ネットワーク」のメンバーと交わした会話で、私はますますこのグループに引き込まれるのを感じた。秘密結社の控え目な一員として。彼らは資料を渡し、名前や情報を教えてくれた。闇に包まれた部分が多い。湿気の多い、息詰まる熱帯の空気のように、陰謀の渦が私たちを包んでいる。ネットワークのメンバーは、分別を忘れないようにと繰り返し注意してくれた。誰に何を言うべきか、わきまえること。キーフェルにはそれができなかった。

「でも一線を越えてしまったとき、どうすればわかる？」と私は聞いた。

「コートジボワールに来たとき、もう越えたんだよ」

BITTER CHOCOLATE

第12章 ほろ苦い勝利

人々が食糧問題でアメリカに依存するようになる可能性があるとのことである。協力をとりつけるという観点から考えて、人々をアメリカ頼みとし、アメリカに依存するようにしたいならば、食糧の依存は最高だと思われる。

——ヒューバート・ハンフリー米上院議員（一九五七年）

対外援助は、アメリカが世界に影響と支配を及ぼす地位を維持するための方策である。

——ジョン・F・ケネディ米大統領（一九六一年）

念頭におくべきは、援助の主目的が他国の支援ではなく、自国の支援にあるということである。

——リチャード・ニクソン米大統領（一九六八年）

時間のゆったり流れる街

ベリーズ市空港。ごった返す観光客とおなじみのネスレ製品の看板。その喧騒を後にした定員一五人の小型双発プロペラ機は、もやにかすむ熱帯の太陽の光の中に吸い込まれ、南へ向かう。下を見ると、深緑色のジャングルがマヤ山地の斜面にはりつき、機体の反対側には、アクアマリン色に輝くカリブ海がはるか遠くの水平線に消えている。西半球最長の珊瑚礁のあるベリーズ沿岸の浅い海は、海洋生物の驚異の世界を育んでいる。熱帯魚、イソギンチャク、マナティ。石灰岩の小島や中州は現在では漁師たちがしばらくの間、船を停める場所になっているが、かつてはもっと獰猛な種族の船が潜んだものだった。

かつてイギリス海賊がこの輝く湾と熱帯の礁湖に潜み、新世界を出発してくるスペインの大型帆船を待ち伏せして略奪した。帆船の船倉には、コンキスタドールが新大陸で発見した土地と人々から奪った富があふれんばかりに詰まっていた。ユカタン半島南部からニカラグアの「モスキートコースト（蚊海岸）」に至る沼と森に覆われた地帯には、どの帝国も興味を示さず、後に英領ホンジュラスとなる。一九八一年、この地域は完全な独立を獲得、国名はベリーズとなった。

海賊の支配は長く続いたが、イギリス商人は次第にこの地の天然資源の潜在的価値に気づくようになった。糸の染料になるロッグウッドの木。家具用のマホガニー。砂糖や柑橘類。イギリス植民者はジャマイカから移住し、活発に事業を展開した。

「ベイマン（湾岸の人々）」として知られるようになった彼らだが、しばらくするとロッグウッドの市場を失う。この熱帯産の染料に代わる、安い人工染料ができたからだ。彼らは新たな富の源泉を求めてさらに内陸に入り込む。定住し、大領主になった彼らは、スペイン人の支配する世界の中で、英語圏の前哨基地の役割を果たした。領主がイギリス人であれスペイン人であれ、国籍、言語の違いを問わず、新世界での商業活動を特徴づける共通項があった。強制労働だ。

悲惨をきわめる状況で重労働に従事したのは、「ベイマン」ではなくアフリカ人だった。ベリーズの低地のジャングルは害虫の棲む沼地で、奴隷の住む木の小屋は沼の上に建てられていた。食べ物も満足にないことも多かった。数千とも数万ともわからないアフリカ人が飢えと病気で死亡。自殺も後を絶たなかった。

イギリスへの家具用マホガニーの供給でアフリカ人が命を落とした一方、ベリーズの先住民マヤ人はイギリス人奴隷使用者の手を逃れることができた。何世紀も外部からの侵入者をうまく避け、衝突したときは戦って何とか追い払ってきた。この難しい土地とジャングルでの戦闘術を知り尽くしていたおかげだった。マヤ人は今日まで他民族の支配をあまり受けずにきている。

モクテスマの時代以来、この地域は南北アメリカ大陸で最高品質のカカオ豆を産出してきた。しかしスペイン人もイギリス人も、カカオ生産の潜在的可能性を発展させることに特に興味があったようには見えない。木材の方が利益が大きかった。何百年もの間、ベリーズのマヤ人は、自家用とマヤ人同士の取引用にカカオを栽培してきた。女性たちは、泡の浮かんだ、唐辛子とスパイス入りの伝統的なチョコレート飲料を作っている。二〇〇〇年前オルメカ人から伝えられたものだ。もっとも、現在では表面の泡は、容器から容器へと飲料を注ぎ替えるのではなく、スペイン式ミルを使って立てる。茂った森には、コンキスタドール以前の時代と同じように、カカオの木が自生している。しかし外部の人間がカカオに気づいているように見えたことはなかった。つい最近までは。

途中で何カ所か短時間経由した後、飛行機はタールと砂利の混じった滑走路に着陸した。ここプンタ・ゴルダは南部最大の「都市」だ。エルナン・コルテスが帝国の夢を追ったとき、この密生したジャングルを抜けるのに何日もかかったに違いない。ワニの棲む沼と毒草の茂みを抜け、蛇とサソリを撃退しながら。そして言うまでもなく、侵入者に屈しようとしない、誇り高く敵対的なマヤ人の抵抗を退けながら。今日では航空路線があり、大部分は舗装された幹線道路がベリーズ市から延びている。道路は、グアテマラ国境から二〇キロのこの街が終点だ。

プンタ・ゴルダ、地元の人々から親しみをこめてPGと呼ばれる、時間のゆったり流れる街。ここにあるのは、郵便局、桟橋、ずっと前から止まっている時計塔のある公園、病院、それにこんな遠くまで足を延ばす観光客用の小さいカフェとホテルが数軒くらいだ。観光客用のビーチと世界的に有名な潜水スポットはベリーズ北部にある。南部の沼地の多いジャングルは観光客に敬遠されている。ここへ来る物好きな少数派の中には、ジャングルを歩いて、昔のまま残っているマヤ文化を見たり、地球上にわずかに残された未開の地を経験したりすることに興味がある人もいるが、たいていは、グアテマラ行きの水上タクシーを待っているだけだ。

グレゴール・ハーグローブはここではいささか異色の人物だ。家も仕事場もプンタ・ゴルダにあるが、観光とは関係がなく、他の外国人ともあまり関係がない。彼のオフィスはPG一番の大通りにある。L字型のコンクリートのビルは、雨風日差しを避けることだけを考えた設計だ。いくつかの小さな窓とドアは、ハリケーンの季節以外は開け放しになっている。風通しをよくするためだが、市場のある日には人々が派手な色のバスで近郊の小村から街に流れ込んできて、通りの喧騒で会話が聞こえなくなる。

ハーグローブのオフィスは地域の核だ。農民や農園管理の役人が立ち寄り、この地域のカカオ取引を動かしている彼と言葉を交わしていく。行商人が、ほかほかのパンから取れたての魚まであらゆるものを売りに来る。子供たちはガムがないかと聞きに来る（たいていはある）。電話がひっきりなしに鳴るが、隣の店主のおかみさんへの電話であることが多い。隣の店には電話がないのだ。ハーグローブの間に合わせのデスクの後ろの棚には、農業、特にカカオ関係の本やノートが積み上げてある。長い間、外国の農学者が調べてきた、この地域の農業の知恵が記録されている。「アメリカ平和部隊（APC）」〔ケネディ大統領が創設した、発展途上国援助を目的とする長期ボランティア派遣プログラム〕のボランティアが一人、プンタ・ゴルダ周辺のトレドという地区の全カカオ農園一覧を記録するのに余念がない。

ハーグローブはカナダから来た者に懐かしさを感じさせる。彼のふるまいにも言葉にも、カナダ南東部沿海州を思い出させるものがある。案の定、彼はニューブランズウィック州のセント・ジョン川地方の出身だといった。それに名字。カナダ自動車労組とその高名な委員長バズ・ハーグローブを知るカナダ人にとってはおなじみだ。グレゴールはバズの従弟にあたる。名前と出身地は社会活動に対する姿勢を示唆するものかもしれない。彼自身も否定しない。しかし彼は、ビジネスの成功の中に社会を発展させる可能性があるという実際的な見方を持っている。

「自分の生まれ育った地域がマケイン一族によって、貧困から繁栄に変わるのを見たんです」とハーグローブは言う。マケインは東海岸の有力者一族だ。ニューブランズウィック州の農業を経済的に支配し、州北西部で農薬依存型のジャガイモ栽培を行っていることで、しばしば批判されてきた。しかしニューブランズウィックの発展はマケインのおかげだとハーグローブは言う。マケインは土地を所有せず、農民から作物を買いつけるだけだった。農産物を現地で加工、数百万トンのジャガイモを畑のすぐ隣でフライドポテト用のカット済み冷凍ポテトにした。「一次産品を輸出するより、製品に加工する方がいいんです」とハーグローブは説明する。沿海州は「石炭や木材、未加工の魚を輸出してきました。それから人間も」と彼はいう。でもジャガイモは違った。彼によれば、マケインのビジネス手法のおかげで、人々が土地を離れずに繁栄を享受できるようになったという。

ハーグローブはニューブランズウィックで材木業を成功させていた。仕事は厳しかった。子供たちがまだ幼いうちに妻は癌で世を去り、彼は男手一つで頑張ってきた。いつか苦労を乗り越え、責任を果たし終えたらカナダを離れ、残りの人生を捧げる何か意味のあることを見つけようと、自分に誓っていた。時が経ち、子供は独立、生活が一段落して退屈し始めたある日、掲示板でカナダ国際援助大学機構（CUSO）が出した求人が目にとまる。ベリーズでビジネス専門技能を指導する仕事だった。夢見てきた機会だと直感した。世界に貢献するチャンスだ。

マヤ人のカカオ栽培

「もう天国に来てしまったのかと思いましたよ」

ベリーズに着いた日のことを彼はこう語る。収入はスズメの涙ほどだったが、食費には十分、車も持てた。この仕事の後、ユネスコとの契約で珊瑚礁の研究に携わった。それからオーデュボン協会の仕事でバードサンクチュアリの観光客集客力を調査。二〇〇一年、仕事でベリーズの奥地へ行き、そこで外界とあまり接触をもたない先住民と出会う。孤立気味で他と比べても開発の遅れているプンタ・ゴルダ周辺のトレド地区。ここは大半がマヤ人農民で、話題はいつも一つだった。「誰もがカカオとカカオ市場のことを話していた」。彼は、カカオ業界のこともマヤ人とカカオ豆の長い歴史のことも何も知らなかったが、住民の話に大いに興味を持った。農民たちは、どれほど生産しても売れるだけのカカオ市場はあり、さらに拡大しつつあると確信していた。しかし投資を増やすことには神経質になっていた。トレドの農民は痛い目にあったことがあったのだ。

一九九〇年代初め、この地域のマヤ人農民はグリーン＆ブラックというイギリスの会社のために高品質カカオの栽培を始めていた。しかし会社側は、ベリーズ人にはビジネス感覚がないと思い、不満を感じていた。トレドの生産者は問題を手いっぱい抱えていたが、中でも組織力を欠いていることが大問題だった。トレドカカオ生産者協会（TCGA）という協同組合が誕生したばかりで、農民に代わって外部との折衝を行うことになっていたが、生き馬の目を抜くカカオ業界のディーラーにかなうはずもなかった。

ハーグローブは気づいた。もし農民が本当の支援を得られなければ、グリーン&ブラック社との契約を失いかねない。彼はオーデュボン協会の仕事が終わったら、ベリーズを離れるつもりだった。しかしマヤ人には、カナダ沿海州の故郷で彼が囲まれて育った人たちを思い起こさせるものがあった。地域社会には緊密な結びつきがあり、受け継がれた知恵に疑問を呈したがらない。「マヤ人は大家族なんです」とハーグローブは言う。彼自身、一一人兄弟の一番上だ。「といっても私の故郷と同じくらいですけど。人間関係がセント・ジョン渓谷と似ているし、昔のケープブレトン島みたいなんですよ。親戚の言うことなんか聞くわけじゃなくても、やっぱり身内は身内、というところがあったりしてね」。事業を管理しなければならない農民たちには、「白人の世界」で物事がどう運ぶのかを知っている実務家が必要だった。ハーグローブはTCGAの運営を引き受けた。

トレドの農民はほとんど、モパン・マヤ人やケクチ・マヤ人だ。一六世紀ドミニコ会士が最初の「カカワトル」と共にスペインに送り、フェリペ皇太子が謁見した氏族の子孫にあたる。四〇〇年前バルトロメ・デ・ラス・カサスは、ケクチ・マヤ人を頑固で気難しいと思ったが、二〇〇三年に彼らと仕事を始めたハーグローブもまったく同感だった。彼を歓迎する農民もいたが、敵もできた。彼が、能力のない人間を解雇して、協会をクラブか何かではなくビジネスと考えているように思える人間を雇ったからだ。これは一大事だった。しかもベリーズに来るまでカカオの木など一度も見たことのなかった外国人がやったのだ。

トレド地区の辺境森林地帯では、進歩は一様ではなかった。コロンビアのサンペドロへ向かう道はマヤ山地の麓を走っていたが、多くの村をくねくねと抜けるでこぼこ道だった。家は草や木、時にはもう少し値の張る漆喰で建てられていた。電気が通っている家もあれば、ランプを使っている家もあった。夕方になれば、コンキスタドールが来る前の習慣そのままに、小さな料理小屋のまわりで女たちが米と豆の食事の支度をする。

こうした村ではカカオは依然、マヤ人の文化の大きな部分を占めていた。一部は自家用に生産していた。カカオ豆を収穫すると、子供たちは隙をついて甘い果肉をすすりに来る。男たちは乾燥した豆でポケットをふくらませ、ピーナッツのようにむいては食べる。TCGA理事のアルマンド・チョコは今でも、母親が週に一度家族のために作ってくれる、唐辛子入りのチョコレート飲料を楽しみにしている。先住民女性が棒状の固形チョコレートをグアテマラから運んでくる。この破片を沸騰したお湯に入れて飲料を作る。コルテスが何世紀も前に、同じような女性が同じようにしているのを見た通りだ。しかし、サンミゲルの雑貨屋には〈キットカット〉やネスレの〈クランチ〉〈ミスタービッグ〉も売っている。プンタ・ゴルダのスーパーにはハーシーを始め外国製チョコレート製品があふれている。ただし古代マヤ式のチョコレートが飲みたければ、自分で作らなければならない。

ハーグローブがTCGAの運営を任された後、初めての年次総会には、以前の五倍近くの農民が姿を見せた。「三五〇人いました」とハーグローブは振り返る。「道にもどこにでもいました。厳しい総会で、厳しい質問が出ました」

皆で協力しなければ始まらないとハーグローブは農民たちに言った。彼の隣には、地元農民でTCGA理事長のジャスティノ・ペックがいた。オフィスは毎日開く。以前はたいてい誰もいなかった。取引はすべて公平に行われる。誰もただ働きすることはないとハーグローブは約束した。「オフィスを開けて、毎日続けているうちに、農民が来るようになりました。そして広がっていったんです」

外部の人間に対する敵意は根深かった。何世紀も前、マヤ人とヨーロッパ人との最初の接触以来のものなのだ。略奪するコンキスタドールからイギリス人商人に至るまで、マヤ人の記憶にあるのは搾取と虐待。一八三〇年代にイギリスが奴隷制を非合法化した後、いくらかましになったにすぎない。

ベリーズは貿易関係をアメリカ市場に向けるようになり、一九五〇年代にはこの地域は、綻びた植民地主義の代わりに、大半がアメリカに本拠をおく多国籍企業各社の影響下におかれるようになった。アフリカと同様、中米の国境も、列強の都合に合わせて引かれた恣意的なものだった。歴史や部族の現実に対する配慮はほとんどない。隣国ホンジュラスにつけられた「バナナ共和国」という名前がこの地域で一般に使われるようになった。

木材が主要産業だった時代に続いて、ベリーズの輸出の主軸として農業がようやく登場してきた。柑橘類、バナナ、砂糖、そして次第にしかし確実に、カカオが重要性を増した。一九七〇年代、この英領植民地の資源に目をつけてアメリカの食品企業が進出してきた。その一つがペンシルバニアのハーシー・チョコレート社だった。

見せられた夢

アメリカのチョコレート製造各社はガーナからカカオ豆を輸入してきたが、自国に近いカカオ供給地を求めていた。米外交政策の直接の支配下にある国、特にモンロー主義の地域覇権の下にある国だ。

ハーシー社経営陣は、原料供給源を何としても確保するという創業者のこだわりを受け継いでおり、ユカタン半島南部の「神々の食べ物」の原産地を真剣に視野に入れるようになっていた。ペンシルバニアのハーシーの町では、通りに昔のカカオ生産地域の名前がつけられている。アルバ、カラカス、グラナダ。こうした地域では、カカオ生産の大部分が過剰生産と病害の被害を受けていた。もしハーシー社が天狗巣病やメクラガメ、黒実病に感染しない交配品種を作ることができれば、供給が確保できるだけでなく、増えつつある競争相手に対して大きな強みを得ることができる。

ベリーズがハーシー社のような米企業を惹きつけたのには理由が多々ある。アメリカに近い。人口も少なく開発も遅れている。処女地があり土地は肥沃だ。英語が話されている。先住民は従順だ。政治的に安定し、他の中米諸国の独裁制とは異なる。ベリーズのカカオ生産は少なく、地元の生産に限られている。自国方式の操業を行おうとする多国籍企業にとって制約が少ない。ベリーズ政府は国内で全面的に外国資本による事業を認め、輸入関税を減免、税金免除期間を延長した。まさにハーシー・チョコレート社が探していた通りの、願ってもない場所だった。

ハミングバード・ハーシー社はベリーズに本拠をおいてカカオの交配種を開発、栽培し、ハーシー社向けの生産を考えている生産者の農園に交配種の提供も行った。苗木の育成と植え付けは、まもなく幹線道路ハミングバード・ハイウェイに近いシブン川に沿って、数百エーカーに広がった。ハーシー社は交配種によるカカオ生産だけでなく、研究推進と地元生産者の啓発も行った。

数千年にわたって「神々の食べ物」を栽培してきたマヤ人農民は、カカオ生産について多少は知識を持っているはずだ。しかしハーシー社は大昔のまだるっこい栽培方法などに興味はなかった。自生する旧来のクリオロ種は掘り返され、何倍もの収量のある品種が植えられた。ハミングバード・ハーシー社の専門家によれば、新品種は一エーカーあたりの収量をあげるため、木と木の間隔を詰めて植えることができるという。専門家はまた、カカオの木が陰を必要とするということが園芸学で受け入れられてきたが、これは必ずしも正しくないと農民に言った。「神々の食べ物」は実は他の木の陰ではなく日向でも育つのである。ただしこうした生育条件での栽培が可能になるには、化学肥料と殺虫剤が大量に必要だった。こうした手法と規模を持つ工業化された農業は、もちろんコストが高いが、融資が受けられる。

一九七〇年代、カカオ豆の国際市場価格は記録的な高値を何度か記録し、一トンあたり五三〇〇ドルに達した。ベリーズ政府はその分け前を手に入れようと必死だった。ただ、土地の所有問題はあった。先住民マヤ人は土地を個人の私有ではなく公有地として持っていた。しかし政府はいずれこれを解決できるだろう。重要なのはハーシー社が提供した機会を逃さないことだ。カカオ価格の急上昇もあって、ハミングバード・ハーシー社のプロジェクトに不安を持つ農民はほとんどなく、多くがこれに関わるようになる。

トレドのマヤ人も分け前にあずかろうとした。土地所有の問題を回避するため、彼らは共同体としてまとまった。トレドカカオ生産者協会（ＴＣＧＡ）だ。一九八〇年代初めにカカオを植えた数年後、カカオ価格が一トン当たり一五三〇ドルまで急落、農民たちは衝撃を受けた。しかし一九八六年世界銀行が重要な報告を発表、カカオ価格の低下傾向はまもなく逆転するだろうと予測した。国際市場にカカオがあふれて、フェリックス・ウーフェ - ボワニのコートジボワールの奇跡が崩れ去り、多国籍企業が喜んだことなど、トレドの農民はまったく知らなかった。業界関係者は皆、これはバラ色の見通しの中の小さな染みにすぎないと農民に語った。

楽観主義の一因として、アメリカ政府の方針と政策がベリーズのカカオを強力に後押ししているのを皆が知っていたことがある。ベリーズのカカオ生産を推進していたのは、アメリカ国際開発庁（USAID）だった。この部局はアメリカの外交政策の重要な実行部隊だ。支援を必要とする相手に物質的な恩恵を与えるが、USAIDは自らの目的の優先順位を決して間違えることはない。一九六一年にケネディが身も蓋もなく言った通り、「アメリカの政治的、経済的利益を推進する」ことだ。

USAIDの官僚はCIA（中央情報局）と怪しげなつながりを持っている。繰り返し否定されてはいるが、ベトナム戦争期の東南アジア、ニカラグアやエルサルバドル動乱のときの中米、ソ連侵攻時のアフガニスタンでの工作にも関係してきた。いずれにせよ、USAIDはアメリカの利益が関わる所ではどこでも、政治的・経済的影響力を働かせる手段になっている。

一九八〇年代後半、USAIDとその下部機関、保守的な汎米開発基金（PADF）はハーシー社、ベリーズ農務省と共同で、「カカオ促進プロジェクト」を始動させた。これはより多くの農民をより早く交配種の栽培に移らせるプロジェクトだった。一九八八年、三日間にわたってベリーズで開かれた長い会議の資料と議事録を見ると、有力関係者がカカオ産業の商業的可能性について、どれほど甘い言葉を並べたかがわかる。この会議はベリーズ政府主催第一回カカオフォーラムと銘打ち、カカオ産業の「課題と可能性」を議論するため、首都ベルモパンで開かれた。関係者が一堂に会していた。ハーシー社、対外援助機関（会議の経費はUSAIDが出した）、首相を含むベリーズ政府関係者、そして農民。

フォーラムで示された約束と態度を見れば、出席していたトレドのカカオ生産者は大きな希望を持って会場を後にしたに違いない。

会議のポイントは、ベリーズの農民に対して企業・政府が一見、誠意ある対応を表明していることだ。記録によれば、会議を通じて、ハミングバード・ハーシー社は「ベリーズで生産されたすべてのカカオ」を購入し、適切に発酵・乾燥された豆一ポンド当たり一ドル七〇セントを払うと言明している。これを価格保証として確約させようとする試みは無視された。会社はどのカカオ豆に対しても市場価格を払うことを約束している。世界のカカオ需要は増大しており、ハーシー社の需要も減る気遣いはない。懸念には及ばない。少なくとも、このフォーラムのバラ色の雰囲気では心配なさそうだった。

ベリーズ農務大臣が壇上に上がって、農民に請け合った。時にはカカオ価格が低迷することもあるかもしれないが、「絶望することはない」。ハーシー社の保証があれば、そしてベリーズのカカオの品質があれば、うまくいかないはずがない。「当面、成功につながる唯一の道は」と大臣は言った。「地元の農業手法を見直し、ハーシー社と出資者の勧めるカカオ促進プロジェクトを実行に移すことだ」。農民は「改良交配種を植え付け、勧められた栽培手法を用いねばならない」。パパは何でも知っているのだ。

壇上に上がった別のベリーズ政府関係者は、耳寄りな話をちらりと披露してみせた。わが国は現在、二〇〇〇万ドルの融資を世界銀行と交渉中である。わが国の熱帯雨林を生産性豊かなカカオ農園に生まれ変わらせるためだ。世界で最も有力な機関のうち二つまでがついている。カカオ促進プロジェクトの有難い話にも説得されたトレド農民に、議論の余地などあるはずもなかった。

もちろん、夢が実現するには農民が自らの役割をきちんと果たすことが肝要である。それは、借り入れ、それも多額の借り入れを余儀なくされることを意味した。事業主に融資を提供するベリーズ政府の一部局、開発融資法人（ＤＦＣ）が資金を提供するが、条件がある。ハミングバード・ハーシー社で少なくとも三日間、新栽培手法の研修を受けること。土地と全資産を融資の担保として提供すること。高価な農薬を要する、新開発の交配種を栽培すること（農薬の購入には別途借り入れ可能）。国際機関の勧める収穫管理法を採用すること。

トレドのマヤ人にとって問題だったのは、融資の担保がなかったことだ。土地を個人所有していなかったからだ。そこで融資機関は、コメを始め共同農場の他の農産物を保証とする、「収穫融資」を提供し、また融資の担保にできるように公有地の外に土地を獲得することをマヤ人に奨励した（この土地購入のためにさらに借り入れが必要になる場合でも）。利率は一二％、経済開発を促進する政府融資部局としては、目の飛び出るような数字だ。しかしＤＦＣによれば、国際的な利子水準に見合っているのだという。

カカオ生産促進のために、農民は農薬を必要とすることになった。たとえば除草剤パラコート。これは環境団体から「最も有害な一二の農薬」の一つとされている。あるいはアメリカで生産されている除草剤ラウンドアップ（ＰＣＢ、枯葉剤の製造メーカーだった、遺伝子組み換え作物最大手の米モンサント社製品）。フォーラムの出席者はこうした先端手法が環境に与える影響に疑問を呈した。出席者の一人、エラスモ・フランクリンは反対の声をあげた数少ない一人だ。彼は思わずこう言った。

「ハミングバード社の周辺で環境破壊が起きている。水路は殺虫剤や硝酸エステル（化学肥料）で汚染されている。要は、リスクかベネフィットか。飢え死にするか、それとも亜硝酸塩を川へ垂れ流すか、でしょう?」

答えはなかった。

ハーシー社所属の科学者としてプロジェクトに名を連ねていたゴードン・パターソンは、農民に新市場の開拓を勧告した。言葉の効果を計算してのことだろう。「他の買い手を探されるようお勧めします。市場で競争原理が働きますので。当社が有利な取引を提供しているということをおわかりいただくには、それが一番です」

農業関係の政府スポークスマンは、何も心配ないと農民に請け合った。「ハミングバード・ハーシー社の保証する取引を遠慮なくお受けなさい」とアルバート・ウイリアムズは言った。「世銀の予測があたれば、わが国のカカオは前途洋々です」

一九九〇年代初めに「神々の食べ物」のハーシー社による交配種が収穫時期を迎えたとき、トレドの農民は巨額の債務を負っていた。米政府機関はとっくに手を引き、農民たちは独力で買い付け相手企業との交渉の詳細を詰めなければならなかった。確かに、ハミングバード・ハーシー社を設立した人間たちの中に、自分たちがベリーズ南部に経済的恩恵をもたらしているのだと本気で信じていた人間もいただろう。植物科学者や農学者は、新種の木を育て、収量を増やすため農民と緊密に連携した。しかし今日では、ハーシー社が何をしようとしていたのか、あるいはカカオの収益が上昇に転じるという予測がでたらめだと知っていた人間がいたのかどうか、説明できる人間は誰もいない。

ハミングバード・ハーシー社は、ベリーズ産の豆をすべて「市場価格で」買い取るという約束を喜んで守るつもりだった。一九八八年、ベルモパンのフォーラム会場を埋めた生産者にハーシー社が約束をしたときには、一ポンド当たり一ドル七〇セントだった。まもなく一九九〇年代初めに価格は一ドル二五セントに下落、さらに九〇セント、七〇セントと急落した。一九九三年ハーシー社が五五セントしか出さないことに決めたとき、農民たちはこれでおしまいだと悟った。「収穫することさえ意味がなくなっていました」とTCGAのマヤ農民ジャスティノ・チアクは言う。農民たちはカカオを農園で腐るに任せた。

背負い込んでいた債務からは、そう簡単には逃れられなかった。カカオの木が成木になった今、すべての融資の返済期限が来ていたが、市場価格の崩落で返済にあてる金は誰にもなかった。マヤ人は仕事を求めて家を離れ、柑橘類やサトウキビの収穫をして、返済する金を工面した。土地も貯金も失い、国際機関とチョコレート企業に対していくらかは持っていた信頼もすっかり失われた。一九九三年、TCGAは破産していた。祖先が二〇〇〇年前に育てた奇跡の作物で貧困を脱するという夢は破れ去った。

そこへ現れたのが、グリーン&ブラック社だった。

グリーン&ブラック

クレイグ・サムズは、世界の加工食品業界で最も目覚しく成長している分野である、有機食品産業のリーダーだ。反グローバリゼーションへのこだわり、「小さいことはいいことだ」という価値観を持った消費者のうねりが起こりつつある頃、サムズは彼の本拠地、イギリス南東部のヘイスティングスから世の中を眺め、「グリーン・コンシューマー」、つまり環境意識の高い消費者に売れる新商品を模索していた。

一九八七年ベリーズ南部を旅行中に、もともとこの地域に自生していたクリオロ種のカカオを今でも栽培している地元農民数人と出会っている。彼らの手法は三〇〇〇年前にオルメカ人から受け継いだ手法そのままで、化学肥料も農薬も使わず、熱帯雨林の木々で陰を作り、根元は有機腐葉土だった。こうした伝統はすべて、先進国が現在有機作物と呼ぶものに合っていた。消費者はそのためには少々高くても金を出す。サムズは後で考えるため日記にメモを残しておいた。マヤ人のカカオは環境という点から有望というだけでなく、商業的にも大きな潜在的可能性を持っていた。熱帯雨林産の産物は特に、環境、人権意識の高い「倫理的」消費者にとって特別なものだった。

クレイグ・サムズは六〇代、アメリカ生まれのイギリス人で、自然食業界のパイオニアだった。ロンドン初の有機食品レストランのうちの一軒を開業、また最初期の自然食品店のうちの一軒では、朝鮮人参や味噌、小豆などを売っていた。健康的な食品にこだわる人々の市場は拡大を続けていた。一九七〇年代、サムズは兄弟と共にホール・アースというブランドを立ち上げた。玄米から始めて、やがてノンシュガーの有機コーラ、ピーナッツバター、トマト抜きのスパゲッティ・ソース、ベークドビーンズ〔トマトソースで煮たインゲン豆の缶詰〕、パンにも手を広げた。

六〇年代のヒッピー世代に属する食の改革者たちはたいてい、缶詰野菜やチーズ、精白パンのサンドイッチ、マシュマロ・ゼリーといった食生活で育っている。巨大アグリビジネスの工場で加工された製品ばかりだ。大企業による工業化された農業、また戦後ほとんどの人々が口にしていたような、殺虫剤まみれで栄養価の失われた食べ物。彼らはそういうものに反対したのだった。

サムズは若い頃からカウンターカルチャーを擁護していた一人だったが、同時に、敏腕ビジネスマンでもあった。宣伝の才能に恵まれ、食品にこだわりを持つ層への売り込みにかけては並々ならぬ才覚があった。まもなく彼の有機食品ブランドはイギリスの主要食品チェーンにおかれるようになる。こうした店の伝統的な客の多くは、オレガノやチリペッパー、まして海塩や昆布に至っては、何なのかよく知らなかった。サムズは最新の流行よりさらに先を行っていることが多く、フルーツジュースで甘みを出したジャムや全粒小麦粉パンを製造した。ちょうど、医学界で、精白小麦粉や精糖が胃癌や心臓病、少なくとも慢性の便秘を引き起こす危険性が指摘され始めたところだった。

それにしても、ビルケンストック社製の健康サンダルを履いた、健康オタクたちの買い物かごにチョコレートを仲間入りさせるには、特別なテクニックが要った。

オーガニックチョコレートという、新しい有望ビジネスに乗り出す考えを推し進めたのは、クレイグ・サムズの妻、ジョセフィン・フェアリーだった。クレイグは難色を示した。彼のホール・アースブランドのマーケティング戦略は、フルーツジュースの天然の甘みだけを使い、全製品ノンシュガーという点にあった。「全製品のパッケージに〈砂糖無添加〉と謳っていましたからね」とサムズは言う。「これだけ支持されていたノンシュガーブランドを、三〇％砂糖からできている製品に使うことはできなかったんです」

しかしフェアリーは、特選オーガニックチョコレートを売る手を見つけないのは愚の骨頂だと考えていた。チョコレートにはこれほど多くの人々、特に女性が特別なこだわりをもっている。女性はまた、環境、人権に配慮した「倫理的」製品を最も買ってくれるはずの層だった。

フェアリーは、一九九一年サムズとの結婚を機に自宅を売っていた。その金で新ブランドを立ち上げ、オーガニックチョコレートを売ることにした。ブランド名は考えどころだった。「見るからに〝緑〟っぽい名前は嫌だったんです。〈エコチョコ〉とか〈天然チョコ〉〈チョコオーガニコ〉みたいなのはね」とサムズは言う。彼らが決めた名前は、しっかりした厚みのある響きがあった。グリーン＆ブラック。「長い歴史があるように聞こえるし、何といっても英語らしいですからね」と言う。「グリーン」で環境に関心のある層にアピールし、「ブラック」はオーガニックチョコレートの七〇％を占める原料カカオを示す。

オーガニックチョコレートの原料探しは難航した。生産性のきわめて高い、大衆市場向けカカオが世界中に広がっていた。合成肥料に頼らず、有害殺虫剤の定期的散布も受けずに栽培されている木はほとんど一本もないといっていい。製品が有機認証を受けるには、非常に厳しい栽培基準を満たすことが必要だ。基本的には製造過程で合成化合物の投与はゼロでなければならない。

グリーン＆ブラック社は運よくトーゴに行き当たった。トーゴでは旧宗主国フランスが無農薬のカカオを栽培するパイロットプロジェクトに出資していた。トーゴはガーナとベニンに挟まれた細長い国で、ギニア湾に面している。クレイグ・サムズがロンドンのヒッピー族に初めて豆腐を売るようになった頃からずっと、トーゴでは入れ替わり立ち代わり軍事独裁の支配が続いていた。フランスのエコプロジェクトは植民地時代の環境破壊に多少なりとも埋め合わせをしようという、罪悪感からきたものだった。プロジェクトは厳密に運営され、グリーン&ブラック社は厳格なイギリス土壌協会（有機農産物の基準を満たしているか検証する、イギリスの機関）の認証を受けることができた。

一九九一年、カカオを七〇％含む、グリーン&ブラック社のオーガニックチョコレートが、高級チョコレートの本場フランスにある工場の生産ラインから届き始める。製品はすぐに人気を博し、まもなくサムズの板チョコは、主要スーパーにも、またハーベイニコルズやハロッズなど有名デパートの高級チョコレート売り場にも登場した。グリーン&ブラック社は「倫理性」という切り札を最大限に活用。パッケージにはメッセージを書いた。「当社はカカオ豆を高価格で買い取り、アフリカ農民の無農薬の環境を支援しています」。グリーン&ブラック社は「倫理的消費者賞」を受賞、またトーゴの母権制社会の女性家長に最大の恩恵を与えたとして「女性環境ネットワーク」の支援を受けるようになった。『インディペンデント』紙は見出しをこう掲げた。「大正解！ しかもおいしい」

しかしまもなく、急変しやすいアフリカ政治情勢がエコチョコレート製造会社に災難をもたらした。一九九三年、不正選挙の疑いで、トーゴの首都ロメとその周辺で暴動が起こった。反体制派が全国ストライキをよびかけ、経済活動を妨害、トーゴの輸出を差し止めると、フランスは援助を停止した。西アフリカの基準で見れば、ちょっとした騒動にすぎなかったが、グリーン&ブラック社の操業には深刻な影響を与えた。グリーン&ブラック社の契約相手は、納期の遅れの口実として革命などというのは認めなかった。「カカオ豆のコンテナをフランスの提携製造会社に空輸、できたてのチョコレートを今度はロンドンのガトウィック空港へ空輸、そこにトラックを待たせておいて、すっ飛ばしてセインズベリーズ（イギリス有数の老舗スーパーチェーン）の二時半の配達指定時間に間に合わせた」とサムズは振り返る。

グリーン&ブラック社はトーゴでの契約を徐々に打ち切り、もっと平穏なカカオ生産国を探した。住民の間に不穏な動きの少ない所。サムズは一九八〇年代のマヤ人との出会いを思い出した。マヤ人はサムズのイギリスでの市場のために有機カカオを十分生産してくれるだろうか？

サムズとフェアリーは、トレド農民がハーシー社向けカカオの栽培契約を結んでいたことを知った。しかしちょうどトーゴで暴動が起こったのと同じ頃、取引は破綻していた。可能性は大いにあるわけだ。ただ一つ問題があった。マヤ人農民はハーシー社の意向を受け入れて、農薬まみれの新交配種を植えつけていた。グリーン&ブラック社のために有機クリオロ種を栽培するには手法の変更が必要だ。実際には彼らの先祖が取ってきた手法への回帰だが、商業的規模でということになる。クレイグ・サムズはTCGA代表ジャスティノ・ペックに電話して、これが可能かどうか問い合わせた。

ペックは、ハミングバード・ハーシー社の撤退後、どれほど状況が悪化したかをサムズに伝えた。「最悪の状況だった。カカオ栽培をやめる人が多く、ジャングルに戻りつつあった」とサムズは言う。彼はTCGAに取引を申し出た。グリーン&ブラック社は、トレド農民を有機栽培カカオの主供給者とする五年契約を結ぶ。契約は更新可能。農民は一ポンド当たり一ドル七五セントを受け取る（ハーシー社の当初の金額より若干高く、最終的にハーシー社が支払いに応じるとした、話にならない五五セントよりははるかに高い）。グリーン&ブラック社はTCGAのために有機認証を得る。これによりもしもグリーン&ブラック社が撤退した場合でも、農民はヨーロッパの高級カカオ市場に参入できる。サムズは開業支援として二万ドルをＴＣＧＡに提供すると申し出た。ＴＣＧＡが懐疑的だったのは当然だろう。当初、組合員は抵抗した。しかしトレド、特にマヤ人には選択肢はほとんどなく、やがて多くの農民が取引に応じる。

　グリーン＆ブラック社はさらに事業を展開することにした。〈マヤ・ゴールド〉というブランド名の板チョコの生産だ。もちろんマヤ人がチョコレート製造をするのではない。豆を挽きさえしない。こうした高賃金の仕事はヨーロッパの製造業に行くのだ。しかしサムズとフェアリーは、新しい〈マヤ・ゴールド〉ブランドが他にはない特徴をもう一つ持つことになると宣言した。認証を受けたオーガニックチョコレートというだけでなく、「フェアトレード」製品としても認定されるだろう。

　生まれたばかりのフェアトレード運動は、欧米の消費者意識の高まりによる運動の最新の展開だった。オックスファム〔オックスフォードに本拠をおく国際ＮＧＯ連合、貧困撲滅を目指す〕、クリスチャンエイド〔イギリスの代表的開発ＮＧＯ、フェアトレードを積極推進〕、イギリス女性センターが後押ししている。公正と判断された価格で途上国の生産者から購入された商品には、認証スタンプがつけられる〔判断はフェアトレード基金が行う〕。フェアトレードのロゴがつくわけだ。

　製品が「フェア」という認証を得るためには、有機認証よりさらに厳密な審査を経ることが必要だ。強制労働、特に児童労働、奴隷制が使われていてはならない。栽培と生産の過程で化学薬品が使われるのは、労働者が適切な防護服と清浄な空気を保証される場合に限られる〔オーガニックチョコレートでは、化学薬品の使用は認められない〕。フェアトレード商品の価格割り増し分は、協同組合あるいは会社に支払われ、浄水設備や労働者の子供が通える学校の整備に共同で使われることになっている。

しかしフェアトレード制度の最も重要な側面は、需要と供給に支配され、利益が至上命令となる弱肉強食の世界で、途上国の人間に多少なりとも公正になるようにするということだ。

〈マヤ・ゴールド〉は一九九四年三月に発売された。オーガニックチョコレートであることに加えて、イギリスで最初にフェアトレード基金のロゴがついた製品となった。評論家は、すばらしい香りがある、オレンジとスパイスがアクセントになってブラックチョコレートに複雑な味わいを出していると評した。

あの手この手で商品の売り込みを図る仁義なき世界では、品質は気まぐれな消費者の獲得競争のごく一部にすぎない。フェアトレードのラベルの方が、味のよさよりも何倍も重要だ。グリーン＆ブラック社は、「倫理的に正しい」嗜好品の重要な展開を発表するために、記者会見を行っている。またBBCはベリーズに取材班を派遣してカカオ豆の生産にあたるマヤ人農民のドキュメンタリーを制作した。イギリスの消費者の持つ数多くの選択肢の中に、今や、「道徳的」というお墨つきの、心おきなく食べられる商品が加わったのだ。〈マヤ・ゴールド〉という名前も特別だ。豊かに生い茂る新世界の熱帯に、かつて高度な文明と豊かな感性をもって君臨した、神秘的民族のイメージを呼び起こす。大英帝国が、数世紀にわたる略奪、殺戮、征服の結果、ベリーズの先住民を存続の危ぶまれる状況に追い込んだという事実は、趣向を凝らしてブランド化された製品の能書きをわざわざ読もうという人間にとっては、この上なく重要な情報だった。

イギリスの小売店で一ポンド六〇ペンスで売られている板チョコ一枚当たり、ベリーズの農民は約六ペンス受け取ることになっている。フェアトレード商品でないチョコレートの場合と比べれば数倍とはいえ、決して多くはない。フェアトレードの成功の本当の理由は、実は農民の収入の問題ではない。クレイグ・サムズは、「倫理的」消費の人気が、生産者よりも消費者の問題だと最初に認めた人間の一人だ。「消費者は、自分が問題に関与しているというのを好みません。解決の一端を担わせろと製造会社に要求する。そうやって、熱帯雨林の破壊や地元文化の消滅、地球温暖化といった問題を前にして感じる、絶望や悲観主義や無力感を自ら慰めるわけです」

フェアトレード運動が、途上国の農民に恩恵を与えるよりも、先進国の罪悪感をなだめるためのものだったにせよ、サムズは農民との約束を守った。契約以来カカオの全生産量を買い取り、国際市場で何が起ころうと、設定価格に一〇％のフェアトレード割り増しを上乗せした価格を支払ってきた。英国国際開発省（DFID）は当初、失敗することが（おそらく）目に見えているカカオ生産プロジェクトにまた関わるのをやめるよう、トレドの農民に警告していた。しかし成功が数年続くと、DFIDはこれを高く評価、トレド事業に五〇万ドル近い資金を提供した。TCGAの農民は徐々に伝統的な栽培手法に戻り、古くからの品種の育成を再開、化学薬品を使わずにクリオロ種を栽培した。

国連をはじめとする他の国際機関も当初は、プロジェクトが失敗するに決まっているとして、グリーン＆ブラック社の事業に乗らないよう、マヤ人に警告していた。高品質のカカオ豆の市場は小さすぎるというのが彼らの説だった。カカオを栽培したいなら、大量の大衆向け市場に戻るべきだ。数年後には価格上昇が見込まれる。しかし二〇〇一年になると、反対の声はほとんど聞かれなくなった。世界銀行は中米でのカカオ栽培報告を出した。この報告は一度も公表されていないが、トレド地域でクレイグ・サムズが目覚しい成果を上げたことを認めている。この地域で生産されるカカオ豆は、最も品質が高い。理由は主に、価格保証のおかげで適切な発酵・乾燥方法を開発できたことによる。報告によれば、他の中米地域では、品質が価格に影響しないため、農民は品質に関心を持っていない。ベリーズのマヤ人は、今では地域全体の中では生活が比較的良くなっている。

収入が増えて、トレド農民のほとんどはまた子供を学校に通わせ始め、プンタ・ゴルダ市が通学用バスを運行させるほどになった。一〇%だった高校への登録率は七〇%に達した。しかし生活がどれほど向上したとしても、結局マヤ人が携わるのは、よそで製造されるチョコレートのためのカカオ豆の生産だけだろう。ヨーロッパの関税障壁が食料製品の国内への流入を阻んでいる。輸入できるのは原料だけだ。消費者がほしい商品を手に入れ、かつ、ヨーロッパの労働者が必要とする製造業の職を得られるようにするためだ。この状況が変わり、カカオ豆以外のものを輸出できるようになるまでは、マヤ人は彼らの名前のついた高いチョコレートが買えるほど豊かになることは決してないだろう。

「緑」は売れる

二〇〇〇年代初めにはグリーン&ブラック社は大成功を収めていたが、さらに成長を続けるには資本が必要だということがクレイグ・サムズにはわかっていた。「手持ちの限られた資金源でできることはかなりうまくいって、ビジネスとして質を高めていくことが必要でした」とサムズは言う。食品業界のカウンターカルチャー派の一匹狼は、市場を確保するために、エスタブリッシュメントの人間を必要とするようになった。そこへ現れたのがウィリアム・ケンダルだった。

ケンダルはサムズとは違って、六〇年代ロンドンのモッズシーンの一員ではなかった。彼は、イギリスの有機食品業界の主流を占めるようになっていた、有能な新世代に属していた。ロンドンのビジネスマンで、「ニュー・コベントガーデン・スープ」という会社の経営を引き受け、競争の激しい、有機スープ業界に参入。損失を出していたこの会社を年商二〇〇〇万ドルの企業に押し上げたとき、まだ二〇代後半だった。一九九七年ケンダルとパートナーはこの会社を売却、巨額の利益を得て、イギリスで最も目覚しく成長している有機食品製造企業の一つを買い取った。チョコレート会社のグリーン&ブラック社だった。

この頃、グリーン&ブラック社はアメリカで順調に業績をあげ、最も売れ筋のオーガニックチョコレート・ブランド「ニューマンズ・オウン」の手ごわい競争相手になるまでになっていた。このブランドはハリウッドの伝説的スター、ポール・ニューマンが創設、娘が経営していた。「ニューマンズ・オウン」のチョコレートは、このブランドの他の製品同様、もう一つの倫理的強みをもっていた。利益のすべてが寄付されていたのだ。もう一つのアメリカの競争相手、「エンジェンダード・スピーシーズ〈絶滅危惧種〉・チョコレート」も野生動物の保護に寄付していた。罪悪感で動く消費者を取り合う、この熾烈な闘いで、グリーン&ブラック社の〈マヤ・ゴールド〉は、有機食品とフェアトレード製品という二つの認証によって、アメリカでもシェアを拡大していた。それには新しい大株主の鋭敏なビジネス感覚も寄与していた。

ケンダルはあらゆる点で、有機食品界の新しい顔だった。ビルケンストック社製のサンダルに代わってアイルランド風の短靴が、またカウンターカルチャーのたまり場に代わって企業役員室が登場した。

彼はサフォークに三〇〇エーカーの有機農場を持っているが、自分はあくまでもビジネスマン、ベンチャー投資家で、たまたま有機食品とフェアトレードに関心を持つようになったにすぎないと言う。反グローバリゼーション運動の価値観と、企業世界の原理に何の矛盾も感じない。ビジネスというのはいつでも、倫理と利益の間の危ういバランスだ。これは不可能だという人もいる。過去に多くの人間が失敗してきた。キャドバリー一族も、ボーンビルでジンの代わりにホットココアを提供し、労働条件の改善を目指した高徳企業家のつもりだったのではなかったか。しかしキャドバリー社も結局は、大英帝国の他の奴隷商人と同じ非難の矢面に立たされたのだった。

二〇〇二年ケンダルはグリーン&ブラック社の経営のため資本の増強を考え、新しい株主と取引を行った。キャドバリー・シュウェップス社が最高値で株式の五%を取得、「良心的」消費者相手の有望市場に参入してきた。有機食品とフェアトレードを生み出した理想主義者は会社を売り渡したとケンダルを非難したが、彼はビジネスとして有望だっただけだと反論した。クレイグ・サムズもこの取引を擁護する。「こっちはカカオ市場のことをずいぶん勉強したし、向こうも有機食品やフェアトレード、企業責任について習ってくれた。まあ希望的観測かもしれないが、向こうの関与はこれからも深まるだろう。会社の経営を左右するようにもなるだろうが、でもその過程でこちらとしては逆に、世界最大の製菓会社を企業文化のレベルで乗っ取っていくつもりですよ」

こうした風潮はこのケースにとどまらない。ラベルを見ただけでは消費者にはわからないが、自然食品店の最も人気のある有機食品ブランドの中に多国籍企業が持っているものがある。マーズ社はシーズ・オブ・チェンジ社（認証有機農作物の種会社）を買収している。シーズ・オブ・チェンジ社は一九八〇年代後半にアメリカ市場に登場、「生物多様性を回復し、食品についての考え方を変革する」ことを目的と謳っている。株式の売却について質問を受けたオーナーはクレイグ・サムズとほとんど同じことを言っている。つまり、資金が必要だった。アメリカ人にきちんと栄養を提供することの重要さで評判を確立してきた会社が、ジャンクフード企業に所有されることになったのだ。

シーズ・オブ・チェンジ社だけではない。ハインツ社は多くの有機食品ブランドを所有している。有機食品運動の「小さいことはいいことだ」というスローガンを思い出させるブランドばかりだ。イマジン・フーズのライス・ドリーム（有機米から作った飲料）、ヘルス・バレー（シリアル、クッキー、スープなど）、ウォールナット・エイカー（マヨネーズ、ドレッシングなど）、シャリアンズ（スープ、豆など）、マウンテンサン（ジュース）。各ブランドとも、ハインツ社がアローヘッド・ミルズ社（シリアル、小麦粉、米、豆など）を獲得したときに、一挙に買収された。ユニリーバ社（食品、飲料、ヘアケア・ボディケア製品）はカウンターカルチャー派のアイスクリームメーカー、ベン&ジェリー社を所有。コカコーラ社はフルーツジュースとグラノーラ・バーのオドワラ社。食肉処理業界で最悪の労働条件という評判で物議を醸した食肉加工業タイソン・フーズ社が所有しているのは、放し飼いの鶏で知られる鶏肉加工業ネイチャーズ・ファーム・オーガニック社。

アグリビジネスへの株式売却は、彼らに企業責任を教える「逆乗っ取り」になるという、クレイグ・サムズの夢のような考えを実現するのは至難の業だ。多国籍食品企業は、何を「有機」と呼ぶべきか規則や規制を緩和しようと膨大な労力を傾けている。有機食品ラベルの基準を設定するのは米農務省（USDA）だ。有機認証の規制はもともと、有機食品ブランドを立ち上げた草の根の消費者団体によって一九七〇年代に確立された。当時は規制が法制化されても、大食品企業はこの動きを無視していた。

これほど多くの消費者が大量生産品に代わるものを求めるようになるとは、どの企業も思いもよらなかった。今や彼らは知ったのだ。「緑」は売れる。有機食品はおいしいビジネスだ。食品大企業はアメリカ政府に圧力をかけ、健康食品としての品質を保証する厳しい条件のうち、いくつかを覆そうとし始めた。遺伝子組み換え作物や放射線照射、安全性の確認されていない肥料に対して、禁止の撤廃を求めている。有機食品運動が次々と大企業に買収されて以来、USDAは数回にわたって法改正を試み、乳牛へのホルモン剤や抗生物質の投与、野菜・果物への殺虫剤散布、問題の多い魚粉の家畜の餌としての使用を認めようとした。有機取引協会（OTA）は改正に向けてロビー活動を行った。かつては「大地に帰れ」派が仕切っていたOTAには今や、ドール社（野菜・果物で世界第一位）、クラフト社（ネスレ社に次ぐ世界第二位の食品企業、傘下にナビスコなど）、全米食品製造業協会（GMA）、ジェネラルミルズ社（ケロッグ社に次ぐ米第二位のシリアルメーカー）、タイソン社が入っている。OTAへの主要な出資は有数の大企業から来ている。

オドワラ（ジュースなど）やカシ（全粒シリアルなど）の製品を〈チップスアホイ！〉（ナビスコのチョコレートチップクッキー）や〈シュガーポップ〉（ケロッグ社のシリアル）の隣で売っているスーパーの言い分では、規制撤廃の背後にある最大の力は消費者だという。有機食品はほしいが、もっと安く買いたい。大企業の販促力は低価格につながり、また大企業の方が原料の安い供給源を見つけられる。たいていは生産者からの買い取り価格を下げるのだ。有機食品運動は、現在ではほぼ全面的に市場原理主義に吸収されてしまった。この原理がアグリビジネスを動かし、また世界中で農民を貧困に追いやった。コストは最小に、利益は最大に。

企業のアナリストはあながち間違ってはいない。この風潮を招いている本当の要因は消費者だ。安全性、手軽さ、手頃な値段がある限り、消費者は、生産者が誰なのか、原料が何なのかあまり関心を持たない。ウィリアム・ケンダルは妥協線を見つけ出せると考えている。グリーン＆ブラック社の新経営陣は全員、宣伝攻勢と販売競争の感覚に優れた一流ビジネスマンだが、カウンターカルチャーの原理にあくまでも忠実なつもりだと表明する。最優先の目標は生産者にもっと公正な条件を与えることでなければならない。このケンダル派の人間が、トレドでＴＣＧＡの新代表と会うことになる。あるときはニューブランズウィックの材木業者、あるときはＣＵＳＯのボランティアだった新代表は、ＴＣＧＡをビジネスとして機能させる約束で運営を引き受けたのだった。

フェアトレード運動の現実

グレゴール・ハーグローブが登場したのは二〇〇三年、クレイグ・サムズが最初にジャスティノ・ペックと話し、取引を決めた一〇年後のことだった。ハーグローブは当時を振り返り、自分がＴＣＧＡに入ってすぐ直面した問題は、自らの成功に押しつぶされた会社と同じだったと言う。ハミングバード・ハーシー社が撤退した後（トレドでは「脱出」といわれている）、この年この地域では、カカオは二万ポンドしか収穫されなかった。

一九九三年グリーン&ブラック社向けの最初の船の積荷は六万ポンドほどだった。グリーン&ブラック社の需要はとどまるところを知らず、五年後には農民は五〇万ポンド売るようになっていた。「そして今度は七〇万ポンドの問い合わせです」とハーグローブは言う。「そんな量を供給することを一度でも思ってみたことがあれば、供給できたはずですが、夢にも思わなかったのです」という。ハーグローブは増産のため二つの緩衝苗床を発注、五万本を植えた。それでもまだ需要に追いつかない。グリーン&ブラック社のケンダル派が農民に圧力をかけ始めたのはこのときだった。

着任後まもなく、ハーグローブはグリーン&ブラック社の役員と会った。彼らはTCGAにはもううんざりだ、農民は怠け者だ、と言った。「連中（トレドのカカオ農民）は、『ハーグローブは神様だ』とか思って、甘えきっているんじゃないですか」

「そういう言い方はないだろう」とハーグローブは答えた。しかしケンダル派の役員たちは、我慢も限界だ、トレドの農民はやるべきことをやってほしい、と言った。

このときまでに、グリーン&ブラック社のオーガニックチョコレートは種類が増えていた。ミルクチョコレート、アーモンド、ヘーゼルナッツなど。しかしフェアトレード製品は、〈マヤ・ゴールド〉だけだった。新役員はもっと手を広げる計画を持っていた。しかしネックになったのは、有機認証ラベルではなく、〈マヤ・ゴールド〉には付いているもう一つの小さなロゴ、フェアトレード基金のロゴの方だった。

フェアトレードの認証ラベル運動は一九八八年オランダで、「マックス・ハーフェラール」という団体によって始まった。企業側が強制されない限り、途上国からの一次産品は最安値で買い取られ続けると見越していたのだ。妥協を許さないフェアトレード運動は、世界のカカオ農民にとっての最後にして最大の望みと賞賛された。カカオ豆を収穫する手と、チョコレートの包みをはがす手の間で広がるばかりのギャップを狭めるために、農民に残された唯一のチャンス。

フェアトレード運動はチョコレート大企業に対して、フェアトレードに加わるようロビー攻勢をかけた。チョコレート企業の抱える問題の多くに対して、フェアトレード基金の厳しい規則が答えになると強調した。アフリカの農民は収支を合わせるため安上がりの児童労働、時には児童奴隷さえ使わざるをえない状況にある。フェアトレードによる価格の割り増しがあれば、そうした状況に追い込まれなくなるだろう。企業にとっても、いい宣伝になるはずだ。

活動家はまた、児童労働問題への関与でチョコレート大企業のイメージを落とす機会を見つけ出した。アメリカで運動の最前線にいる筋金入りのフェアトレード支持派「グローバル・エクスチェンジ」は、学校できわめて効果的なプログラムを行った。大企業製造のチョコレートを食べるということは、他の国の子供たちが学校に行けないことを意味するとアメリカの子供たちに教えたのだ。メッセージは単純化されすぎ、身も蓋もないものだったが、感化されやすい子供の心に期待通りの効果を及ぼした。三年生から六年生向けの『フェアトレード・チョコレートの本』〔*Fair Trade Chocolate Activity Book*〕は、チョコレートをめぐる不公平について書かれている。メッセージはこれ以上単純にはできないくらい単純化され、またこれほど正確なものもない。「カカオ農民は貧しいです。カカオを売ってもたくさんのお金をもらえないからです」

子供たちは二五セント分の硬貨の絵に丸をつけるように指示される。カカオ豆一ポンドあたりの値段だ。他のページには、八〇セント分に丸をするよう指示がある。こちらはフェアトレード制度で一ポンド当たりに支払われる金額だ。

「グローバル・エクスチェンジ」と「グローバル・エクスチェンジ・カナダ」は、ハロウィーンに集会やキャンペーンを企画、お菓子袋に奴隷労働が入り込んでいると子供たちに注意した。また学校に対してロビー活動を行って、疑わしいチョコレートを体育館設備の資金集めとして売ったりしないよう働きかけた。映画『チャーリーとチョコレート工場』が公開されると、映画館の外で抗議集会を開き、これは保守系の『フォーブス』誌にさえ好意的に報道された。

「グローバル・エクスチェンジ」はまた、国際労働権利基金（ＩＬＲＦ）がネスレ、アーチャー・ダニエルズ・ミッドランド、カーギルの三社を相手取って起こした集団訴訟にも加わった。フェアトレード側弁護団によれば、チョコレート大企業はフェアトレード・チョコレート製造会社に比べて不当に有利な競争力を持っている。原料の収穫に「児童強制労働」を使っているからだ。訴訟は、多国籍企業三社がフェアトレードチョコレート製造会社の犠牲の上に「不当な蓄財」をすることができたとしている。フェアトレード会社は製造に強制労働を関与させないために、割り増しした額を支払う必要があるからだ。

今までのところ、オーガニックチョコレートのときのように、チョコレート大企業がフェアトレードに乗ってくる可能性はほとんどない。影響力を持つチョコレート製造業者協会（ＣＭＡ）のスーザン・スミスは「フェアトレードは私たちにはそぐいません」とそっけない。

グレゴール・ハーグローブも、フェアトレードが自分たちに合うかどうかわからないと思っている。

フェアトレードは理論的には現代の最も倫理的な運動の一つだが、実践となると煩雑なお役所仕事を生み出している。「この紙屑の中に埋もれてしまいそうですよ」と、プンタ・ゴルダのオフィスで、フェアトレード認証機関を満足させるのに必要な書類の山を指差しながら彼は言う。ヨーロッパとイギリスのフェアトレード認証機関はほとんどドイツのボンにあり、ここでフェアトレードの国際基準が一連の規則にされている。しかし途上国の多くの事業にとっては、フェアトレードの手続きはもう一つの厄介な仕事になっているのだ。

ボンのフェアトレード機関の職員は「書類書き屋」だと、ハーグローブは言う。現実世界、特に彼が生きている世界からあまりにかけ離れている。官僚は「まず手続きありき」。ボンの機関が出してくるのはごたごたした書類一式だ。「先進国のデスクの上ではすばらしく見えるかも知れませんが、第三世界の私の所に来る頃には、フランケンシュタインみたいな怪物になっています。フェアトレードは先進国の官僚にとってはものすごくいい話になっていて、生産者にとってはそれほどよくないってことなんです。しかも認証費用はこちらで出さなければなりませんからね」

フェアトレード認証にかかる金はTCGAのような小規模事業にとっては目が飛び出るほど高い。ハーグローブの見積もりでは、TCGAの収入の二〇〜二五％も払っている。その中には専門家の先生方が定期的に視察にやってくる費用も含まれる。「フェアトレードで成功している組合や協会がどのくらいあるか知りませんが、そう多くはないと思っています」と彼は言う。ハーグローブの最大の心配は、複雑な書類手続きを農民が自力ではできないだろうということだ。英語で書かれているが、意味がわからないことも多い。それでもフェアトレード認証機関はその手続きを要求する。手続きができないのは、農民が読み書きできないからではない。ヨーロッパの官僚制度のやり方を知らない人間には、こうした書類はさっぱり意味をなさないのだ。自分がいなくなったとき手続きをこなせそうな人間はただの一人も見つかっていないと彼は言う。

トレド周辺のカカオ農園を一巡りすると、ハーグローブの言っていることがよくわかる。書類手続きを言われた通り滞りなくやるのに必要な読み書き能力を持つ農民は、ほとんどいない。「アメリカ平和部隊」のボランティアが「アルファベット順」の意味を説明するのに半日かかっていた。ボンの石頭にとってはこれが金科玉条。彼らは情報が整然と並んで提出されるのが好きなのだ。

しかしハーグローブによれば、たいていの場合、マヤ人は簡単には変わろうとしない。農民はカカオ栽培について知るべきことは知っている。土壌、木、気象条件。彼らの共通の知識は直感と実地の経験から自然に生まれてきたものだ。有機食品の科学も、フェアトレードのアルファベット順の必要性も知らないし、わかりもしないシステムを習う気もない。農民が知っていることはただ、ある方法でカカオ豆を育てれば売れる市場があるということだ。

しかし昔は、まったく別のやり方でやれば、市場があった。市場というのは、そういうおかしなものだ。殺虫剤を散布せずに済み、子供たちを学校へやれるというのは、もちろん以前の経験よりはいい。しかしバブルがはじけて、気まぐれな消費者が他のものをほしがるようになるまで、あとどのくらいあるのだろうか？

ジャスティノ・ペックは農民たちの腰の重さに不満を持っている。「軌道に乗るにはある程度時間もかかるし、収穫の乏しい時期を乗り切らなければならない」と彼は言う。農民たちは諦めがよすぎる、繁栄をもたらすのに必要な高い収穫量を得られるよう十分に木の世話をしていない、と。

数年前、世界の新聞にペックの顔が載ったことがある。フェアトレード支持派が彼を、いわばフェアトレード・チョコレート大使として紹介したのだ。宣教師とコンキスタドールが先住民マヤ人をスペイン宮廷に連れて行き、新世界でいかなる興味深い人間が作られるのか見せたのを思い起こさせる。しかしジャスティノは利用されたとは思っていない。「こういうものなんでしょう」とため息まじりに彼は言う。


二〇〇五年の初め、多国籍企業キャドバリー・シュウェップス社は、グリーン&ブラック社の株式の過半数を取得した。ウィリアム・ケンダルは、ロンドンの『ファイナンシャル・タイムズ』紙に語った。グリーン&ブラック社は、「株主のために多くの利益をあげると同時に、大会社にフェアトレードへの参加という実りの多い種をまくものである」

しかし、顧客からはグリーン&ブラック社は身売りしたという苦情が殺到、彼はすぐ守勢に立たされた。ケンダルは会社の公式サイトで声明を発表した。「グリーン&ブラック社に偏見の入り込む余地はありません。大会社がおしなべて悪いというのも一つの偏見です」

グレゴール・ハーグローブにとって、まだ結論は出ていない。買収のニュースを聞いたとき、ニューブランズウィックの人間として出身地のことを思い出した。マケイン一族も利益最優先だった。「大企業が中小企業を買収したとき何が起こるか」記憶にある。しかし、初めて多国籍企業のために働いてみて、いろいろと動く余地が増えるとも感じている。

「考えてみれば」だが、「寄らば大樹の陰ということもありますし」とハーグローブは慎重に言う。

と付け加えた。

「キャドバリーも、一〇〇年の間にはいくらか物事がわかるようになったのかもしれませんね」

エピローグ——公正を求めて

五セントの板チョコがほしい
八セントは高すぎる
五セントの板チョコがほしい
五セントのチョコが

——一九四七年のチョコレート・デモで
子供たちが作った歌

一九四七年春のチョコレート「十字軍」は、二〇世紀のカナダで、あるいは世界でも、最も奇妙な抗議運動の一つだ。それは、少年少女たちの主張がほとばしり出たものだった。また、戦場で勝ち取られたばかりの新しい自由の象徴であり、正義と公正の要求でもあった。バンクーバー島の一握りの子供たちの熱気はすぐに国の反対側まで広がった。少年少女のデモ行進はレジャイナ、オタワ、ケベック市の市街を通り抜けた。沿海州のどこでも、手作りのプラカードが掲げられた。大勢が口々に叫びつつビクトリア州議会に押し寄せた。

デモは、世界が子供にとってもっと公平な場所になることを求めるものだった。少なくともチョコレートを味わえる恵まれた子供にとって。チョコレート大企業は板チョコを八セントに値上げしていた。カナダ中の少年少女が五セントのままであるべきだと考えた。アメリカでミルトン・ハーシーが、カナダではニューブランズウィックのギャノン・ブラザーズ社が決めた値段だ。子供たちは値上げを不公平と考え、抗議のため町に繰り出したのだ。

〈クリスピークランチ〉〈ジャージーミルク〉〈エアロ〉〈コーヒークリスプ〉〈オーヘンリー〉〈スウィートマリー〉〈バーントアーモンド〉〈モルテドミルク（麦芽乳）〉。一九三〇年代から四〇年代初めにかけて、カナダやアメリカで五セントで買えたお菓子だ。しかし製造会社によれば、価格は無理に低く設定されていた。戦時中の賃金と物価の統制がなくなり、チョコレート製造会社はカカオ豆の買い付けに以前の二倍、労働者には実質的にそれ以上の額を払うことになった。一九三〇年代以来賃金はほぼ二倍になっていた。こうしたコストの上昇は、消費者に転嫁されることになる。今やあらゆるものが高くなった。ごく少数のうるさ型主婦消費者団体を除いて、人々はこのインフレを、経済正常化の副作用としてしかたがないものとして受け入れていた。しかし子供たちはそういう見方をしなかった。

十字軍は太平洋側バンクーバー島ののどかな町レディスミスと隣のシュメイナスから始まった。ブルース・ソンダース、パーカー・ウィリアムズ、バート・ギズボーン、ジェラルド・ウィリアムズが友達を集めて、ウィグワムという地元のアイスクリーム店でピケをはった。彼らはいつもこの店で安いキャンディやチョコレートを買っていた。抗議集会のニュースに刺激されたバンクーバー島の他の子供たちも、あちこちでデモをし始めた。数日のうちに、数十人がブリティッシュ・コロンビア州議会に押し寄せ、「ぼくらの五セントのチョコを返せ」と叫び、その日の議会活動を一部滞らせた。

この動きはまもなく中部のサスカチュワン州レジャイナ、ワイバーンに広がり、さらにウィニペグへ、そして東海岸のセント・ジョン、ハリファックスまで及んだ。三〇〇〇人以上の少年少女が放課後にトロントのブロア通りをデモ、リピンコット通りのお菓子屋でピケをはった。首都オタワでは、パーラメント・ヒル（連邦政府議会）に押し寄せ、八セントのチョコレートを食べるくらいなら虫を食べるほうがましだと、シュプレヒコールをした。

手作りの抗議プラカードが、全国に林立した。「だまされるな！　八セントの板チョコを買ってはいけない！」「八セントチョコなんてまっぴらだ」「チョコはおいしい、でも八セントは高い」「五セントチョコのためにがんばるぞ」。最も象徴的だったのは、「この国が必要とするのは、五セントのおいしい板チョコだ」

「十字軍」はすぐに大人の想像力もひきつけた。大人はすべての商品の値上がりを嘆いていたが、文句を言うのは非愛国的だと考えていた。運動はメディアや政界からさえも大きな支持を受けるようになる。生活費の上昇にみなうんざりしていたのだ。

当初、チョコレート製造会社は子供たちの説得を試みた。国内のチョコレート売り上げが数週間で八〇％も落ち込むと、カナダに工場をもつ大多国籍企業になっていたラウントリー社は、消費者への公開書簡を出し、自社の立場を説明した。まず、熱帯のアフリカや中米という遠く離れた場所からカカオ豆を調達するコストの上昇を嘆く。カリブ海地域から輸入されるサトウキビの価格も急騰している。最後に戦後の完全雇用問題。大恐慌時代とは違って、労働者を確保するには競争が要るのだという。ラウントリー社は新聞にも意見広告を出した。広告の最後はいつも、社の宣伝文句で締めくくられていた。「ラウントリー社のチョコレートは、補助食品として栄養豊かで、心も豊かに。今すぐお買い求めください」。チョコレート製造各社のメディア担当者がラジオに登場、市場の力の厳しい現実と一次産品価格の世界的な上昇圧力について少年少女に語りかけた。しかし子供たちは耳を貸さなかった。チョコレート大企業を窮地に追い込み、なおも手を緩める気配はなかった。

しかしいろいろな利害が絡み出し、突然デモに逆風が吹き始めた。抗議行動を効率よく抑え込み、リーダー格の少年を悪者扱いする。抗議が数週間成果をあげた後、右派の『トロント・イブニング・テレグラム』紙は子供たちとその支持者にしかつめらしく説教。「チョコレートはおいしい武器だった」と不穏な警告をしたのだ。ほとんど間をおかずに、牧師や警察官、青少年会、校長や親が集まり、突如として国の安全を脅かすという烙印を押されるようになったデモをやめさせにかかった。

主にカナダ王立騎馬警官隊が先頭に立った地域の指導層は、子供たちが公の秩序を乱す不良ではないかと恐れた。彼らによれば、デモはそうそう無邪気なものとはいえない。ボイコットは「赤の脅威」の一部で、スターリンの指示の下、モスクワで工作されたものなのだ。大目に見るわけにはいかない。『テレグラム』紙はボイコットに「共産主義十字軍」のレッテルを貼った。反乱分子が物陰にひそみ、この国の少年少女を操っていると非難した。「チョコレートと世界革命とは両極のように思えるかもしれないが、歪んだ共産主義者の頭の中では、密接に関係しているのである」と同紙は書いた。「プラカードを掲げて行進し、五セントチョコレートを要求した怒れる生徒たちは、混乱を引き起こすという全体構想の道具と化したのだ」

「鉄のカーテン」がヨーロッパに下りたとウィンストン・チャーチルが表明したばかりのときだった。まもなく冷戦の不安が世界中でヒステリーを呼び起こした。ジョー・マッカーシー米上院議員が強力な陰謀説をあおり、一九五〇年代のほとんどを通じて、アメリカ言論界は暗い影に覆われた。オタワは一九四五年、国際的大騒動の渦中にあった。イゴール・グーゼンコというソ連の亡命者の存在がセンセーショナルに暴露されたのだ。またソ連がカナダとアメリカに活発なスパイ網を持っているとささやかれた。共産主義者はどこにでもいて、反対の声をあおる。たとえそれが八セントチョコレートに対してでさえ。

チョコレートの正義を求める「共産主義十字軍」に、実際に社会主義の強い影響があったことがわかったのも災いした。比較的規模の大きい集会の多くは、カナダ共産党の青年部門、全国青年労働者連盟（ＮＦＬＹ）によって組織され、また激しく抗議する若者の中に社会主義者の青年グループがいた。

しかし当時の新聞とCBCテレビのインタビューを客観的に見れば、ボイコット運動が基本的に自発的だったことがわかる。混沌としたチョコレートの宇宙で自分たちも少しでも力をもちたいという、子供っぽい欲求が素直に表れたものだった。

ヒステリーは次第におさまった。子供たちへの対応のトーンは落ち着いたものになったが、厳しさは変わらなかった。

一九四七年五月『テレグラム』紙は書いた。「五セントチョコレートの復活を求める気持ちにおいて本紙は人後に落ちない。実を言えば、五セントのソフトドリンクとタバコの復活も求めたいところだ。われわれが民主主義と呼ぶところのこの独特の生活様式にとって、これらはみな、なじみ深いシンボルだ。本当のところ、こうした商品がモスクワで同じような値段で手に入るという証拠はほとんどない」しかし記事の結論では、問題になっているのはもっと重要な価値観なのだという。民主主義体制下にいる子供は、チョコレートの本当のコストを理解せねばならない。それが資本主義を支持することになるのだ。

一九四七年カナダの子供たちは諭されたわけだ。「父や祖父が戦って勝ち取ったばかりの民主主義にはチョコレートの市場価格を払うという特権が含まれているのです」。子供たちは戦いに負けた。しかしはじめから勝ち目はなかっただろう。彼らの行動にも関わらず、値段は上がった。不公平だ。しかし子供たちはチョコレートを買い続けた。

チョコレートの物語は、公平とは何かということと深い関係がある。バルトロメ・デ・ラス・カサス、ヘンリー・ウッド・ネビンソン、ギー-アンドレ・キーフェル、マルクス-ヴィレール・アリスティド、その他にも多くの人間が不公正を直観的に感じ取り、それに突き動かされた。彼らはみなそれぞれの時代に、熱帯の植民地や旧植民地のカカオ農園で目にしたものに怒りを感じた。問題を指摘したことで、権力側の不興を買った。公平さ、そしてその成長した兄ともいうべき正義は、チョコレートのような嗜好品の原料生産に当たる人々のもっと正当な扱いを求める。しかし公平を求めた人間たちは、彼らの道徳的潔癖さよりも強い力をもつ側によって無視され、打ち負かされた。彼らはエリートに立ち向かい、また倫理に鈍感な市場に立ち向かった。最大の障害は、一般消費者のどっちつかずの倫理観だった。不公正の非難にはいつでもすぐとびつくが、同時に世界の成果を可能な限り安い値段で享受することは譲らない。そうする権利は何もやましいことではないと、相変わらず多くの消費者は考えている。

チョコレート十字軍の後、価格は徐々に上がり続け今日の水準になった。八セントのチョコレートとは現在では、リッター一〇セントのガソリンくらい想像もつかない安さだ。それでもわずかな例外を除けば、チョコレートの原料生産のために厳しい労働をしている人々は、この高価格とかつてないほどの需要がもたらす恩恵から排除されている。

トロントの自宅近くでは、春になって雪が解け、フェンスや垣根にひっかかった冬の間中のごみが現れると、いちばん多いのはチョコレートの包み紙だ。鮮やかな色の紙やアルミホイルが何百枚も、葉の落ちた木にからまっているのを見ると、一月になって捨てられたクリスマスツリーに金モールがくくりつけられたままになっているようだ。〈マーズバー〉〈スニッカーズ〉〈ミスタービッグ〉〈キットカット〉〈アーモンドジョイ〉〈マウンズ〉〈リースィズ・ピーナッツバターカップ〉〈キャラミルク〉。これらの包み紙は春の物憂げな都市の光景を飾り、五感の喜びを高らかに約束する。

チョコレートを手に近くのセブンイレブンから出てくる若者を見る。数秒で食べ切ってしまうだろう。チョコ一枚一ドル、恵まれた私たちの世界の若者にとっては、わずかな額だ。スーパーでは母親たちがぐずる子供にチョコレートをやって、買い物の間おとなしくさせておく。ミルクココア、チョコレートケーキ、アイスクリーム、チョコレートクッキー、ハロウィーンのお菓子。どれも豊富で安い。少年少女のグループが近所の家を一軒一軒たずねて、アーモンドチョコレートの箱を売る。そうやって修学旅行や学校のスポーツ設備の資金を集める。こうしたことはみな公平で正当なことに思える。チョコレートは、民族、宗教、国の違いを越えて誰でも楽しめる嗜好品になった。手ごろな値段の、万人のお楽しみ。ただしチョコレートのことを聞いたこともなければ、買うこともできない人々がいる。皮肉なことに、このうらやましくない立場におかれた人々の中に、チョコレートに欠かせない原料の生産に携わる人々がいる。

私が会ったマリ人少年は仕事と冒険を求めてコートジボワールに行き、人生の一部をカカオ農園の強制労働に費やした。彼らはチョコレートを見たことさえなくても、チョコレートの本当の値段を身をもって知った。チョコレートには、自分たちのような何百人という子供を奴隷にするという計り知れないコストが含まれているのを、今や彼らは知っている。彼らはチョコレートの味を知らず、これからも知ることはないだろう。チョコレートの本当の歴史は、何世代にもわたって、多かれ少なかれ彼らのような人々の血と汗で書かれてきた。未来を見通してみるとすれば、ずっと昔から続くこの不公正が正される見込みは、ほとんどない。

謝辞

本書を書くことができたのは、あるいは本書にこのような情報量を盛り込むことができたのは、調査を担当してくれた編集助手マギー・マッキンタイヤーの力による。マギーは本書のために、イギリス、フランス、アメリカ、ベリーズで取材を行い、持ち前の才能を駆使して、口の重い取材相手から話を引き出し、図書館の資料室の迷宮から事実を掘り起こしてくれた。最大の感謝を捧げたい。

アンジュ・アボアは、コートジボワール、マリ、ブルキナファソ、ガーナでの取材に同行してくれた。現地事情に非常に詳しく、疲れを知らず、彼の周りは笑いが絶えない。コフィ・ブノワは、さんたんたる道路事情の中、何週間もずっと運転を担当した。毎時間のように金をせびられる状況でも、警察や兵士を相手に「料金」の値引き交渉をするエネルギーと機知を持ち合わせてくれた。二人のおかげで、多難な、しばしば危険を伴う取材が愉快なものになった。

駐コートジボワールカナダ大使館の政務・広報文化担当一等書記官ブノワ・ゴーティエの存在も心強かった。私の行き先を常に把握し、また変わりつつあるコートジボワール事情について情報提供してくれた。

ユチャウ・トラオレがマリの取材に同行してくれたことは記憶に刻まれている。通訳を務め、辛抱強く物事を説明してくれた。知識の豊富さ、個人的経験の深さは、彼の温かさと人間的魅力と共に忘れ難い。ユチャウの家族は私を迎え、手厚くもてなしてくれた。またサリア・カンテの誠実さと、子供を救うために彼が続けている終わりのない闘いに特に感謝をささげたい。

ラジオ・カナダの西アフリカ特派員ジャン・フランソワ・ベランジェも非常に大きな支援をしてくれた。情報源、相手の連絡先、背景を教えてくれた。感謝をささげたい。BBCのハンフリー・ホークスリーは問題の本質を見る視点を与えてくれた。アフリカについてもカカオについても彼の長い経験を通して得たものを教えてくれた。「パートナーシップ・アフリカ・カナダ」のバーナード・テイラー、「カナダ平和構築委員会」のディビッド・ロードも彼らの西アフリカでの人脈を紹介してくれた。

フランスでは、ギー・アンドレ・キーフェルの友人、同僚、家族の方々に大変お世話になった。名前を出せる中では、アリーヌ・リシャール、「国境なき記者団」のレオナール・バンサン、『リベラシオン』紙のトマ・オフナン、『大陸通信』のアントワーヌ・グラゼルに感謝したい。名前を出せない他の方々にも私の感謝の念を理解いただいている。いつか公に感謝の意を表せる日が来ると思う。

ベリーズでは、トレドカカオ生産者協会の方々に感謝をささげたい。グレゴール・ハーグローブは、まさにカナダ沿海州人らしく、率直で温かく、仕事に情熱をもっていた。アルマンド・チョコ、アナマリー・チョー、オスカー・カネロはカカオ栽培の知識を教えてくれた。農民も、苦闘、汗、そして成功の物語を聞かせてくれた。

アニータ・シェスはカカオ産業の児童労働問題に最初に気づかせてくれた。子供の権利のための疲れを知らない活動に敬意を表する。リチャード・スウィフトは、彼の西アフリカでのカカオ研究の成果を教えてくれた。ボストン大学のパトリシア・マッカナニー教授には研究を参照させていただいた。

図書館と資料室は、本書のような本には欠かせない。トロント図書館、ヨーク大学図書館、バーミンガム大学特別書庫のキャドバリー文書集、ハーシーにあるハーシー社資料室、ロンドンのICCO図書館に感謝する。

CBCテレビの同僚ジェット・ベルグレイバーは、オランダのチョコレート産業について、伝説を排して信頼できる情報を提供し、また多くの資料の翻訳もしてくれた。本書のせいで、今までのようにチョコレートを楽しむことができなくなるかもしれないと知った後でも。チョコレートざんまいが続けられなくなると知りながら、カカオ産業についてのニュースに飢えた私に情報を提供してくれた同僚には、ハリー・シャヒター、ダン・シュウォーツ、ジェイ・バータゴリもいる。アレックス・シュプリントセンにも特別の感謝をささげたい。精神的支えとなり、また本書執筆中に味わった最高のチョコレートを手に入れてくれた。ロシアのチョコレートだった！

ドン・セジウィックとショーン・ブラッドリーは私のエージェントだが、そう言うだけでは、二人が個人的にも、仕事の上でもしてくれたことを説明するには程遠い。本書の原稿を丁寧に読み、貴重な指摘をしてくれただけでなく、企画段階から執筆終了まで精神的支えになってくれた。ランダムハウス・カナダのアン・コリンズは本書を誕生させてくれた。彼女が編集者として、またジャーナリストとしての厳しさをもって励ましてくれたおかげで、本書は私の能力以上の力をもつものになった。またランダムハウス・カナダの代表取締役パメラ・マレーと初めて一緒にさせてもらう仕事になった。原稿を修正するたび、長い時間をかけて目を通し（前の原稿は喜んで古紙回収行きとなった）、貴重な指摘をし、かつ続けるよう励ましてくれた。ランダムハウス・カナダのマーケティング戦略担当取締役スコット・セラーズも励ましてくれ、本書を強く売り込んでくれた。本書の宣伝写真を撮ってくれたケビン・ケリーのことも書かねばならない。私を何とか見られるようにするという不可能を可能にしてくれただけでなく、愉快な仕事仲間だった。

夫リンドン・マッキンタイヤーは、本書執筆にあたってどんな助力をしてくれたか十分わかっていると思う。謝辞を書き始めたら本文より長くなってしまうだろう。彼がいなければ、本書はなかったとだけ言うことにする。

最後に、シニコッソンの子供たちに深い感謝をささげたい。本書執筆の動機を誰よりも与えてくれたのは彼らだった。彼らのおかげで、カカオ豆を収穫する手とチョコレートの包み紙を開ける手の間の溝がなぜ埋められねばならないのか、それを説明しようと思うようになったのだった。

キャロル・オフ

第 8 章　チョコレートの兵隊

本章の資料はほぼ全面的に、コートジボワールとマリのカカオ農民と農園労働者へのインタビューによる。この他、ロジェ・ニョイテ、シャルル・ブレ・グデを含むコートジボワール政界関係者および NGO 関係者にもインタビューを行った。オフレコのものもある。アムネスティ・インターナショナル、ヒューマンライツ・ウォッチ、国際危機グループ（ICC）の報告も随時参照した。

第 9 章　カカオ集団訴訟

本章の資料は、コートジボワールとマリでの取材とインタビュー、および議定書の主な関係者へのインタビューによる。議定書関係は NGO、労働団体幹部、ウィンロック・インターナショナル（Winrock International）、世界カカオ基金（WCF）、国際労働権利基金（ILRF）を含む。こうした団体のウェブサイトの情報も参照した。

第 10 章　知りすぎた男

本章の資料は、ほぼ全面的にコートジボワール、カナダ、フランスで、ギー - アンドレ・キーフェルの友人、家族、仕事仲間、敵に行ったインタビューによる。ほとんどの場合、本文中に名を記したが、生命の安全のため匿名のインタビューを希望した場合もある。

第 11 章　盗まれた果実

本章は、コートジボワールのカカオ管理機構の主な関係者、およびカカオ協同組合関係者と農民へのインタビューによる。安全のため名を記せない場合が多い。この他、ニューヨーク州フルトンで取材を行った。

第 12 章　ほろ苦い勝利

本章の資料は、ベリーズへの取材旅行、農民とトレドカカオ生産者協会へのインタビュー、およびグリーン＆ブラック社、「グローバル・エクスチェンジ」を始めとするフェアトレード専門家へのインタビューによる。この他、ハミングバード・ハーシー社とトレド地区での事業について、詳細な資料を参照した。

エピローグ　公正を求めて

子供たちのチョコレート・デモについては、トラベスティ・プロダクションの映画 *The Five Cent War*（『五セントの戦争』）が最も役立つ資料である。この他、トロント図書館所蔵の資料も参照した。

（鈴木主税訳、2002年、徳間書店）、ジョセフ・E・ハリス（Joseph E. Harris）著 *Africans and Their History*（『アフリカ人とその歴史』）、ジョン・マドリー（John Madeley）著 *Hungry for Trade: How the Poor Pay for Free Trade*（『貿易への欲望——貧困層が払う自由貿易の代償』）、ジャン・ルイ・ゴンボー（Jean-Louis Gombeaud）、コリーヌ・ムートゥー（Corinne Moutout）、スティーブン・スミス（Stephen Smith）著 *La guerre du cacao: Histoire secrete d'un embargo*（『カカオ戦争——禁輸措置の真相』）を参考にした。この他、「アフリカの奇跡」の問題について、1970年代の "Africa Report" 記事を参照。1960年代から70年代にかけてのコートジボワールについての『エコノミスト』記事を参照。UNCTAD（国連貿易開発会議）報告書、1980年代の世界銀行報告書 *Structural Readjustment for Cote d'Ivoire*（『コートジボワールの構造調整』）、"International Labour Review" 1971年12月号掲載の "Employment Problems and Policies in the Ivory Coast"（「コートジボワールの雇用——課題と政策」）、*Political Africa: A Who's Who of Personalities and Parties*（『アフリカ政界図——党名人名紳士録』（1961年版））、ジェームズ・S・コールマン（James S. Coleman）、カール・G・ロスバーグ・ジュニア（Carl G. Rosberg, Jr.）著 *Political Parties and National Integration in Tropical Africa*（『熱帯アフリカの政党と国家』（1961年再版））。ガーナ（黄金海岸）とそのカカオ栽培のはじまりについては、"Journal of Economic History" 1966年号を参照した。

第6章　使い捨て

本章の資料のほとんどは、直接のインタビューによる。インタビューしたのは、アブドゥライ・マッコとサリア・カンテ、「セーブ・ザ・チルドレン・カナダ」およびマリのNGO、「マリ・アンジュー」、「グアミナ」関係者、英BBCのハンフリー・ホークスリー、コートジボワール政府関係者である。新聞記事、BBCの報道、ユニセフ報告、米国務省報告も参照した。

第7章　汚れたチョコレート

本章の資料は、西アフリカでの取材、およびカナダ、アメリカ、ヨーロッパの関係者へのインタビューによる。NGO、労働団体、政治家が含まれる。チョコレート企業へのインタビューは、チョコレート製造業協会（CMA）を通じて行った。カナダの製菓業協会と広報担当者にもインタビューした。この他に、国際反奴隷制協会（ASI）による報告書、特に2004年の包括的報告 *The Cocoa Industry in West Africa: A History of Exploitation*（『西アフリカのカカオ産業——搾取の歴史』）には、大変役立つ現地調査情報がある。「セーブ・ザ・チルドレン・カナダ」のアニータ・シェスによる一連の詳細な報告。調査を実施した国際熱帯農業研究所（IITA）の報告書。ハーキン・エンゲル議定書。

第3章　チョコレート会社の法廷闘争

本章の資料として、1928年に出版された、バンホーテン社設立100周年記念の *Honderd Jaar*（『100年史』）を参照した。CBCの同僚ジェット・ベルグレイバーが部分的に翻訳してくれた。"Anti-Slavery Reporter"はバーミンガム大学特別書庫およびキャドバリー社資料室で閲覧できる。キャドバリー社資料室からは多くの資料を参考にした。ラウントリー一族とラウントリー社に関する資料はヨーク大学ボースウィック（Borthwick）資料研究所から。ローウェル・J・セイター（Lowell J. Satre）著 *Chocolate on Trial: Slavery , Politics and the Ethics of Business*（『チョコレート会社の法廷闘争――奴隷制、政治と企業倫理』）も本章の重要な資料である。特に、法廷でのドラマチックなやりとり、また他にはほとんど資料のないヘンリー・ウッド・ネビンソンについての情報を参照した。アダム・ホスチャイルド著 *King Leopold's Ghost: A Story of Greed, Terror, and Heroism in Colonial Africa*（『レオポルド二世の亡霊――植民地下のアフリカにおける欲望、暴力、ヒロイズム』）に、エドマンド・D・モレルと彼のベルギー王との闘争についての驚くべき話がある。

第4章　ハーシーの地政学

ミルトン・S・ハーシーとハーシー社についてはペンシルバニアのハーシー社資料室とハーシー社口述史、およびこうした時代を直接知るハーシーの町の住民から。ハーシー、マーズ両社については、ジョエル・グレン・ブレナー（Joel Glenn Brenner）著 *The Emperors of Chocolate: Inside the Secret World of Hershey and Mars*（『チョコレートの皇帝―ハーシー、マーズ社の知られざる世界の内幕』）、ジャン・ポトカー（Jan Pottker）著 *Crisis in Candyland: Melting the Chocolate Shell of the Mars Family Empire*（『お菓子の国の危機――マーズ帝国、チョコレートの壁の崩壊』）、マイケル・ダントニオ（Michael D'Antonio）著 *Hershey: Milton S. Hershey's Extraordinary life of Wealth, empire and Utopian Dreams*（『ミルトン・ハーシーの数奇な生涯――富、帝国、理想郷の夢』）、チャーナン・サイモン（Charnan Simon）著 *Milton Hershey: Chocolate King, Town Builder*（『ミルトン・ハーシー――都市建設者だったチョコレート王』）、ベティ・バーフォード（Betty Burford）著 *Chocolate by Hershey: A Story about Milton S. Hershey*（『ハーシーのチョコレート――ミルトン・ハーシー物語』）を参照した。

第5章　甘くない世界

コートジボワール国内での取材旅行の他に、ピーター・シュワブ（Peter Schwab）著 *Africa: A Continent of Self-Destructs*（『アフリカ――自壊作用の大陸』）、ジョセフ・E・スティグリッツ著『世界を不幸にしたグローバリズムの正体』

参考文献

序章　善と悪の交錯する場所

本章のインタビューは、2005年5月と7月にコートジボワール中部および南西部で行われた。チョコレートの化学的効能については、インターネットに情報があふれているが、効能を絶賛する研究結果は、信ぴょう性のあるものもないものも、多くがチョコレート企業の出資を受けていることを踏まえておく必要がある。『ニューヨークタイムズ・マガジン』2004年10月10日号掲載、ジョン・ガートナー（Jon Gertner）の "Eat Chocolate, Live Longer?"（「チョコレートを食べて、長生き？」）はチョコレートの健康上の効能について、いくつかの神話を解体している。

第1章　流血の歴史を経て

最も権威あるチョコレートの歴史は、ソフィー・コウ&マイケル・コウ著『チョコレートの歴史』（樋口幸子訳、1999年、河出書房新社）であり、本章の歴史記述の多くはこれに拠っている。この他、ボストン大学パトリシア・A・マッカナニー（Patricia A. McAnany）、サトル・ムラタ（Satoru Murata）著 *From Chocolate Pots to Maya Gold : Belizean Cacao Farmers through the Ages*（『チョコレート・ポットからマヤゴールドまで――ベリーズのカカオ農民の歴史』）を原稿段階で見せていただき、参考にした。ヘンリー・ケイメン（Henry Kamen）著 *Philip of Spain*（『スペイン王フェリペ』）、ジム・タック（Jim Tuck）著 *History of Mexico : Affirmative Action and Hernan Cortes*（『メキシコ史――アファーマティブアクションとエルナン・コルテス』）、エルナン・コルテス著、アンソニー・パグデン（Anthony Pagden）訳 *Letters from Mexico*（『メキシコ書簡』）、C・A・バーランド（C. A. Burland）著 *Montezuma: Lord of the Aztecs*（『アステカ王モクテスマ』）、リチャード・リー・マークス（Richard Lee Marks）著 *Cortes: The Great Adventurer and the Fate of Aztec Mexico*（『コルテス――大冒険家とメキシコ・アステカ帝国の運命』）。

第2章　黄金の液体

第一章にあげた資料を本章でも使用した。その他、権威あるR・R・パーマー（R. R. Palmer）&ジョエル・コルトン（Joel Colton）著 *A History of the Modern World*（『近代世界史』）を参照した。奴隷貿易については、アダム・ホスチャイルド（Adam Hochschild）著 *Bury the Chains: Prophets and Rebels in the Fight to Free an Empire's Slaves*（『鎖を葬れ――大英帝国奴隷解放運動の預言者と反乱者』）、ピーター・マキニス（Peter Macinnis）著 *Bittersweet: The Story of Sugar*（『ほろ苦い砂糖の物語』）を参考にした。

● 著者

キャロル・オフ

Caroll Off

ジャーナリスト。ユーゴスラビアの崩壊からアフガニスタンにおけるアメリカ主導の「対テロ戦争」まで、世界で数多くの紛争を取材、報道している。アフリカ、アジア、ヨーロッパについてのCBCテレビ・ドキュメンタリーで数多くの賞を受賞。他の著作に *The Lion, The Fox And The Eagle*（ライオンと狐と鷲）、*The Ghosts of Medak Pocket: The Story of Canada's Secret War*（クロアチア・メダック村の亡霊――カナダPKO部隊の知られざる戦争）。後者は2005年ダフォー賞を受賞。

● 訳者

北村 陽子

Yoko Kitamura

東京都生まれ。上智大学外国語学部フランス語科卒。共訳書にS・ペレティエ『陰謀国家アメリカの石油戦争』（ビジネス社、2006年）、H・ジン「怒りを胸に立ち上がれ」（『自然と人間』2005年2月号）などがある。

● 英治出版からのお知らせ
本書に関するご意見・ご感想を E-mail（editor@eijipress.co.jp）で受け付けています。
また、英治出版ではメールマガジン、Web メディア、SNS で新刊情報や書籍に関する記事、イベント情報などを配信しております。ぜひ一度、アクセスしてみてください。

メールマガジン：会員登録はホームページにて
Web メディア「英治出版オンライン」：eijionline.com
X / Facebook / Instagram：eijipress

チョコレートの真実

発行日	2007 年 9 月 1 日 第 1 版 第 1 刷
	2024 年 9 月 10 日 第 1 版 第 11 刷
著者	キャロル・オフ
訳者	北村陽子（きたむら・ようこ）
発行人	高野達成
発行	英治出版株式会社
	〒 150-0022 東京都渋谷区恵比寿南 1-9-12 ピトレスクビル 4F
	電話 03-5773-0193 FAX 03-5773-0194
	www.eijipress.co.jp
プロデューサー	高野達成
スタッフ	原田英治 藤竹賢一郎 山下智也 鈴木美穂 下田理
	田中三枝 平野貴裕 上村悠也 桑江リリー 石﨑優木
	渡邉吏佐子 中西さおり 関紀子 齋藤さくら
	荒金真美 廣畑達也 太田英里
印刷・製本	シナノ書籍印刷株式会社
装丁	長島真理

ISBN978-4-86276-015-9 C0036 Printed in Japan

DIALOGUE FOR THE
INTERDEPENDENT PLANET

世界最初の人工衛星スプートニク１号が地球のまわりを周回してから今年（2007年）でちょうど50年。地球の外への進出を果たしたことで、国や人種の違いを超えて「地球を見つめる目」を持ち得たはずの私たち人類は、しかし、この50年の間だけでも多くの悪影響を地球に対して及ぼしてきたように思います。

また同時に、この半世紀で飛躍的に進んだ科学・情報技術の発展によって私たちは、日常の些細な事柄が広く周囲にどのような影響を及ぼすか、地球上のあちこちでどのような問題が起きているかを、よりよく知ることができるようになりました。

キッチンで流した油が、エアコンの温度設定が、自動車の排気ガスが、環境にどのような影響を与えるか。自分たちの仕事や、普段の食生活が、世界各地の状況とどのように関係しているか。――この地球上では、さまざまな要因が複雑に絡み合い、影響し合って、ポジティブ／ネガティブな変化を生みだします。

「相互依存性(Interdependence)」。地球はまさに相互依存性の上に成り立っています。私たち自身が「何に依存しているか（What we depend on?)」、「何に影響を及ぼしているか（What we impact on?)」を自らに問いかけ、考え、行動することが今日、求められています。

こうした考えのもと、英治出版は、地球環境や資源・エネルギー、貧困・飢餓、人権、紛争などグローバルな視点と行動が要される諸問題について、良書の発行を通じて広く問題提起や情報提供を行い、明日への「対話」を促したいと考えています。

2007年　英治出版株式会社

〔本書は以下の方々のご協力を得て発行しています（敬称略）〕
勝屋信昭、谷口和司、辻野伸一、泊庄一、今野玲、松島栄樹、吉本康徳、柴沼晃
高橋渉、香取徹、武藤智夫、圓山真人、三浦直樹、渡邉正美、牧野剛士